속 보이는 물리

전기와 자기
밀고 당기기

한국물리학회 지음

동아엠앤비

속 보이는 물리

전기와 자기 밀고 당기기

1판 1쇄 발행 | 2006년 3월 8일
2판 1쇄 발행 | 2016년 9월 12일

지은이 | 한국물리학회
펴낸이 | 이경민

편집 | 최정미 김세나
디자인 | 손수연
학습일러스트 | 박현정
만화일러스트 | 서석근
펴낸곳 | ㈜동아엠앤비
출판등록 | 2014년 3월 28일(제25100-2014-000025호)
주 소 | (03737) 서울특별시 서대문구 충정로 35-17 인촌빌딩 1층
전 화 | (편집) 02-392-6901 (마케팅) 02-392-6900
팩 스 | 02-392-6902
전자우편 | damnb0401@nate.com
블로그 | blog.naver.com/damnb0401
페이스북 | www.facebook.com/damnb0401

ISBN 979-11-87336-20-4 (44420)
979-11-87336-18-1 (set)

※ 책값은 뒤표지에 있습니다.

※ 잘못된 책은 구입하신 곳에서 바꾸어 드립니다.

※ 이 도서의 국립중앙도서관 출판예정도서목록(CIP)은 서지정보유통지원시스템 홈페이지 http://seoji.nl.go.kr와 국가자료공동목록시스템 http://www.nl.go.kr/kolisnet에서 이용하실 수 있습니다.(CIP제어번호: CIP2016019944)

속 보이는 **물리**

전기와 자기
밀고 당기기

물 리학은 과학에서 가장 기본이 되는 과목입니다. 역사적으로도 물리학은 17세기 이후에 근대 과학이 발전할 수 있는 기반을 제공하였습니다. 뉴턴이 중력과 운동의 법칙을 발견하고서 과학적인 사고와 추론의 방법을 확립한 것을 계기로 근대 과학은 눈부시게 발전할 수 있었습니다. 20세기에 들어서도 물리학은 과학과 기술의 발전을 주도하였습니다. 원자력 에너지의 이용, 반도체, 레이저 등이 모두 물리학이 찾아낸 기술들이고, 물리학은 일일이 언급하기 힘들 정도로 우리 생활 곳곳에 이용되고 있습니다.

그런데 일반인들은 물리학을 그저 어렵기만 한 과목으로 생각하는 것으로 보입니다. 전공 이야기가 나올 때 '물리학을 한다'고 하면, '아이구, 어려운 것 하시네요'가 일반적인 반응입니다. 초등학교에서는 학생들이 과학 과목을 재미있어 하지만, 중·고등학교를 지나면서 사람들은 과학에서 점점 멀어지고, 물리학과 우리 생활은 서로 관계가 없는 것으로 생각합니다. 그러나 물리학자들의 생각은 좀 다릅니다. 물리학은 재미있고, 자연 현상을 정확하게 기술하는, 논리적이고 실용적인 학문이라고 생각합니다. 물리학의 원리를 알면 일상 생활도 슬기롭게 살 수 있다고 생각합니다. 어디에서 이런 차이가 생겼을까요? 중·고등학교의 과학 교육에 그 원인의 일부가 있을 것입니다.

이러한 시각차가 존재한다는 것은 분명 안타까운 일입니다. 이 시각차를 좁히기 위해 그동안 한국물리학회의 많은 회원들이 개인적인 노력을 기울여 왔고, 학회 차원에서도 교육위원회를 중심으로 물리 교육을 개선하기 위한 방안들을 모색하고 있었습니다. 때마침 한국과학문화재단에서 중·고등학교 물리학을 위한 새로운 형식의 쉽고 재미있는 물리 교재를 개발해 보자고 제의하여, 교육위원회가 중심이 되어 이 시리즈의 제1권을 쓰게 되었습니다.

현재 국민 공통 기본 교육 과정인 중학교 1학년(7학년)~고등학교 1학년(10학년) 과학에서는 물리학의 여러 분야를 학년별로 조금씩 다루고 있습니다. 게다가 기존 교과서는 탐구 활동을 강조하다 보니 물리학 개념에 대한 설명이 매우 부족합니다. 이 책은 힘, 운동과 함께 물리학의 기본이 되는 전기와 자기에 대한 개념들을 정확하게 잡아 주기 위해 중학교 1학년부터 고등학교 1학년까지의 전기와 자기 분야를 대상으로 집필하였습니다.

특히 이 책은 다른 사람의 설명이나 도움이 없이도 학생들이 읽기만 하면 물리적 개념을 잡을 수 있고, 일상 생활에 응용할 수 있는 능력을 키워 주기 때문에 현 교과서의 문제점을 어느 정도 보완하고 있습니다. 앞으로도 이 책과 같이 다양하고 새로운 형태의 책이 많이 나와서 학생들의 과학에 대한 흥미를 채울 수 있게 되길 바랍니다.

여러분이 자연을 보고 궁금해 하고, 수수께끼 풀기와 같은 게임을 좋아한다면, 여러분은 과학적인 적성이 있는 사람입니다. 흥미와 궁금증이 과학의 원동력이고, 이해와 따지기가 과학의 추진력입니다. 여러분이 개척해 나갈 21세기의 세상은 지금보다 훨씬 신기한 것들로 가득 차 있을 것이고, 이것을 가능하게 해 주는 열쇠는 물리학입니다. 물리학을 비롯한 모든 학문은 앎을 키워 나가는 작업이며, 그 작업은 노력을 필요로 합니다. 이 책이 여러분의 노력에 도움을 주고 훌륭한 과학자로 자라는 계기를 마련한다면 이 책의 목적은 달성된 것이라고 봅니다.

이 책의 집필에 수고하신 김영태, 김수봉 교수님과 감수를 해 주신 손정우 교수님과 이선희 선생님의 노고에 감사드립니다.

전 한국물리학회 회장 김채옥

이 책의 의도

이 책은 교육 과정의 중학교 1학년(7학년)부터 고등학교 1학년(10학년)까지의 국민 공통 기본 교육과정 중 물리의 전기와 자기 분야를 다룹니다. 7학년에서 10학년까지의 교육 과정 중 물리는 역학, 전자기학, 파동 분야의 내용이 나선형 구조로 제시됩니다. 중학교에서 학년별로 각 분야의 중심 개념에 대해 소개하고, 10학년의 과학에서 그 내용을 다시 다루면서 종합적으로 복습하는 형태입니다. 교육 방법론적으로는 이런 식으로 제시하는 것이 의미가 있겠지만, 학생들은 한 시기에 한 분야에 대한 단편적인 지식만을 습득하게 되므로 종합적인 개념을 형성하기는 어려운 형편입니다.

이 책은 이를 보완하고 전기와 자기 분야에 대한 전체적인 통찰력을 키우기 위해 제작하였습니다. 각 학년에서 소개되는 단편적 지식을 종합하고, 전기와 자기에서 사용하는 각 개념을 왜 도입했는지 설명해 주고, 각 개념의 상호 연관 관계를 밝힘으로써, 전기와 자기의 유용성을 알리고 이를 일상 생활에 응용할 수 있는 능력을 길러 주는 것이 이 책의 목적입니다. 물리학은 현대과학 기술의 기초가 되는 중요한 학문 분야이지만 학생들의 개념을 이해하는 데 큰 어려움을 느끼고 있습니다. 게다가 기존 교과서들은 탐구 학습 과정을 너무 강조한 나머지 기본 개념에 대한 설명이 부족합니다.

이 책은 '쉽고 재미있는 물리 부교재'를 지향합니다. 기존의 교과서들은 제한된 분량 안에 교육 과정에 명시된 내용을 모두 제시해야 하기 때문에 재미를 가미하기 어려웠고, 설명도 충분하지 않아 이해하기가 힘들었습니다. 이 책에는 전기와 자기에 대한 충분한 설명이 녹아들어 있으므로 학생들이 읽기만 하면 물리적인 개념을 쉽게 파악할 수 있을 것입니다. 또한 우리 주변의 일상 생활에서 접할 수 있는 내용이 많이 소개되어 있으므로 첨단 과학 기술의 근본인 물리학의 재미있는 면을 많이 발견할 수 있을 것입니다.

이 책은 평소 제대로 된 설명을 들을 수 없어서 물리학을 어렵게 생각했던 학생들, 어려운 물리 문제 풀기를 즐기는 학생들과 모두를 위해 만들어진 책입니다. 물리학을 전공한 교수님들이 전기와 자기에 대해 어떻게 말하면 학생들이 가장 재미있고 쉽게 알아들을 수 있을까를 고민하면서 썼습니다. 학생들이 과학의 개념들을 즐겁게 따지고 생활에 응용하면서 성적도 올릴 수 있도록, 한국물리학회의 추천을 받은 교수님들이 심혈을 기울여 만들었습니다. 한국물리학회에서도 독자들의 의견을 적극 반영하여 더 좋은 책이 되도록 노력할 계획이니 좋은 의견이 있으면 언제든지 *office@kps.or.kr*로 알려 주기 바랍니다.

이 책의 활용법

이 책은 크게 본문과 박스(box)로 이루어져 있습니다. 전체적인 순서는 교육 과정의 순서를 따르고 있지만, 모든 개념의 제시 순서가 교육 과정을 그대로 따르고 있지는 않습니다. 이 책에 등장하는 물리학의 기본적인 개념들은 학생들이 쉽게 파악할 수 있는 순서대로 정리되어 있습니다. 모든 개념에 대해 충실하게 설명하였으며, 좀 더 알고 싶어 하는 학생들을 위해 교육 과정을 다소 벗어나는 내용도 과감하게 다루었습니다.

본문은 학년별로 제시된 물리적인 개념을 파악하기 위한 내용을 주로 담고 있습니다. 기존의 교과서에 비하면 내용이 무척 많은 편이지만, 물리적인 개념을 제대로 이해하기 위해서는 꼭 필요한 내용들입니다. 현재의 교육 과정에 명시되어 있지 않은 내용이라도, 개념 파악에 도움이 된다고 판단되는 것은 포함하였습니다. 내용 제시의 순서도 기존의 책들과는 다른 새로운 면이 있습니다. 전하와 전기 현상을 소개한 후 전류와 자기 현상을 설명하는 교육 과정의 순서를 따르지 않고 전하와 전류를 같이 소개한 것이 하나의 예입니다. 같은 개념을 반복해서 소개하기도 하였습니다. 하나의 개념이 여러 가지 다른 개념과 연관되기 때문입니다.

박스의 내용은 크게 '역사 속의 물리학', '생활 속의 물리학', '좀 더 자세히', '직접 해 보자'로 나뉩니다. 박스의 내용은 본문과 별도로 거의 독립적인 내용으로 구성되어 있습니다. 본문을 읽어야 박스의 내용을 이해할 수 있는 경우도 있지만, 박스의 내용을 읽지 않더라도 본문을 이해하는 데에는 지장이 없습니다. 박스의 내용은 보다 넓은 응용 분야, 보다 깊은 지식 등을 다루어 궁금증을 해결하고 물리학의 유용함을 알려 줍니다. 또, 역사 속의 사건이나 생활 속의 응용 등을 다루어 흥미 있는 읽을거리를 제공하기도 합니다.

차 례

Contents

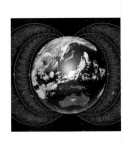

음. 전기 현상이 관찰되는군.

난 정지 건하다!!
전하~ 설온이 망국하옵니다 궤궤궤

오옷~! 날아가면서 보니까 자기 현상이 관찰되는데?

쿠쿠쿠

번쩍

전기와 자기는 눈에 안 보이니까 **어렵**기만 하다고? 너무 **복잡**해서 이해할 수 없다고?

어리석은 말은 이제 그만! 전기와 자기 현상은 다양하지만

그 현상을 만들어 내는 원인은 몇 가지밖에 없다.

이 몇 가지만 알고 나면 우리 모두 **전자기 도사**가 될 수 있다. 자, 얼른 책장을 넘겨 보자.

물리학자들의 발견과 실수의 흔적들을 따라가다 보면 누구나 이렇게 외치게 될 것이다.

"어라? 전자기가 이렇게 재미있는 거였어?"

우아악~
절대로 따라하지
마세요~
살려 주세요~

역시 **번개**도 전기였어!

아무리 복잡한 현상이라도 **수식**으로 정리하면 깔끔!

앙페르의 법칙

물리학자 따라잡기

난 수학은 앙페르만큼 못 해. 하지만 사람들은 수학보다 내 **그림**을 더 좋아하지.

으음…. 전류가 자기를 만든다고? 그럼 **자기**도 **전류**를 만들 수 있지 않을까?

과학일보

꿈쩍 꿈쩍

흥! 나는 절대 저 무식한 에디슨과 함께 노벨상을 받을 수 없어!

무슨 소리!

연구만 하는 너희가 뭘 알아?

Quiz

그림의 과학자들은 누구일까요?

(답은 29쪽에)

물리학자처럼 보기

생활 속에서 전기와 자기 현상을 접할 수 있는 기회는 많이 있다. 하늘에서 마른 번개가 치는 것, 겨울철 옷을 벗을 때 딱 하는 소리와 함께 정전기가 일어 나는 것, 전열기를 켜면 니크롬선이 빨개지며 열을 내는 것, TV나 DVD 플레이 어가 작동되는 것 등이 모두 전기와 관련된 현상이다. 그런가 하면 나침반을 이 용해 방향을 찾는 것, 전자석을 이용해 무거운 자동차를 들어 올리는 것, 자석 을 흙 속에 넣고 휘저으면 흙 속에 든 철가루가 자석에 붙는 것 등은 모두 자기 와 관련된 현상이다. 그리고 수력이나 화력 또는 원자력을 이용해 전기를 얻는 것은 전기와 자기가 모두 관련된 현상으로, 앞의 예들보다 훨씬 복잡하다.

누구나 전기와 자기에 관련된 현상을 경험하면서 왜 이런 일 이 생길까 의문을 가져 보았을 것이다. 그러나 대부분의 학생들 은 조금 생각해 보다가 '아 골치 아파' 하며 포기해 버리고, 끈질 기게 생각하여 나름대로 논리적인 설명을 해 내는 학생들은 소 수에 불과하다. 이들이 포기하는 이유는 간단하다. 자연에서 일 어나는 전기와 자기 현상이 너무 다양하고 복잡해 보이니까 그 원인 역시 다양하고 복잡할 것이라고 지레 겁을 먹기 때문이다. 반면 과학을 잘 하는 학생들은 자신들도 처음에는 원인을 알아내기 힘들었지만, 그 원인들이 생각했던 것보다 단순하다는 사실을 깨달은 후에는 다양한 현상을 쉽게 이해할 수 있게 되었다고 이야기한다.

이 책을 읽다 보면 전기와 자기 현상이 매우 다양하지만 그 현상들을 일으키 는 원인은 신기하게도 몇 가지밖에 안 된다는 것을 깨닫게 될 것이다. 속 보이 는 과학 1권 '힘과 운동 뛰어넘기'에서는 물체의 운동을 일으키는 원인이 힘이 며 일상생활에서 접하는 힘의 종류가 사실은 몇 가지(중력, 항력, 마찰력, 탄성

▲ 선풍기, 헤어 드라이어, 전자 레인지 등의 가전제품을 이용할 수 있는 것도 전기 덕분이며, 모든 전기 현상은 궁극 적으로 전하 때문에 일어나는 것이다.

력, 장력 정도)에 불과하다는 사실을 배웠다. 이와 마찬가지로 속 보이는 과학 2권 '전기와 자기 밀고 당기기'에서도 전기와 자기 현상을 일으키는 원인이 생각 외로 단순하다는 것을 배우게 될 것이며, 이 책을 다 읽을 때쯤이면 물리학이 어렵다는 생각도 싹 바뀔 것이다.

콜럼버스의 달걀처럼 전기와 자기 현상의 원인을 처음으로 발견하는 것은 어렵지만 남이 어렵게 발견해서 알게 된 사실을 이해하는 것은 약간의 노력만 하면 되는 아주 쉬운 일이다. 이 책을 마치면 여러분들도 전기와 자기의 고수가 될 수 있다.

1) 전기, 전하만 알면 끝!

전기 현상을 일으키는 원인은 전하다. 전하는 물체가 가진 여러 속성 중 하나다. 알기 쉽도록 비유를 들어보자. 한 사람이 가지는 속성에는 여러 가지가 있다. 그 사람의 몸무게와 키는 말할 것도 없고 외모, 머리카락 색깔, 눈동자 색깔, 자주 입는 옷 모양 등도 그 사람의 속성이 될 수 있다. 이처럼 자연에 존재하는 물체도 여러 속성을 가지는데, 그 중 잘 알려진 것이 속 보이는 과학 1권 '힘과 운동 뛰어넘기'에서 배운 질량이다. 질량을 가진 물체는 질량이 가진 특성에 의해 중력의 영향을 받는다. 전하도 물체의 한 속성으로, 전하를 가진 물체는 뒤에서 배우게 될 전기력의 영향을 받는다.

'물리학자처럼 전기를 본다'는 것은 '아무리 다양하고 복잡한 전기 현상이라 해도 결국은 물체가 가진 속성 중 하나인 전하와, 전하 사이에 작용하는 전기력 때문에 일어나는 것'이라고 생각할 수 있음을 뜻한다. 간단하게 말하자면, 전기 현상을 다룰 때는 단 두 가지만 기억하고 있으면 된다. 하나는 '전하'이고, 다른 하나는 '전하 사이의 힘(전기력)'이다. 물리학자가 자연을 바라보는 방법은 이처럼 단순하고 명쾌하기 때문에 여러분도 쉽게 따라할 수 있다.

2) 전기 없이는 자기도 없다

자기 현상도 전기 현상처럼 단순하고 명쾌하게 설명할 수 있을까? 물론 가능하다. 그러나 문제는 많은 사람들이 직관적으로 알고 있는 것과 자기의 진실이 좀 다르다는 데 있다. 많은 학생들은 물론 부모님들까지도 자기 현상은 자석 때문에 생긴다고 믿고 있다. 이 보편적인 답에 점수를 매긴다면 10점 만점에 2점 정도를 줄 수 있다. 이런 답이 나오는 이유는 주위에서 자석을 쉽게 볼 수 있고 어릴 적 누구나 자석을 가지고 놀아본 경험, 즉 거창하게 말하자면 자석을 이용한 물리 실험의 경험을 해 본 적이 있기 때문이다. 그러나 자석만이 자기의 원인이라고는 할 수 없다.

사실 자기의 원인은 전류와 깊은 관련이 있다. 그러나 자석이 전류 고리라는 사실을 알고 있는 사람이 얼마나 될까? 자석을 원자 수준까지 확대할 수 있다

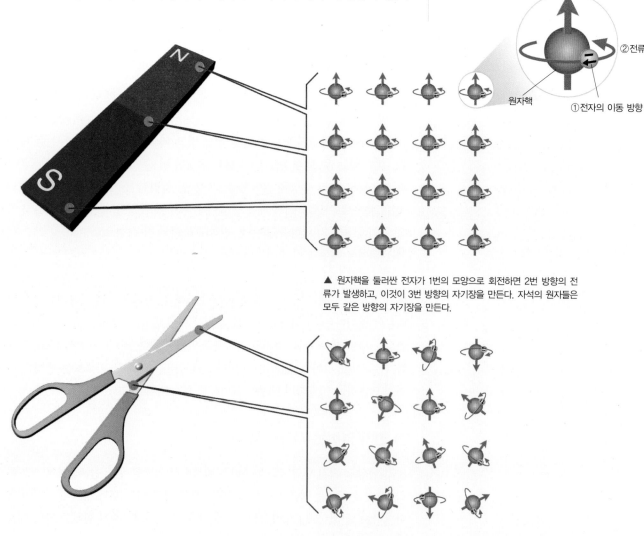

③자기장 방향

②전류 방향

원자핵

①전자의 이동 방향

▲ 원자핵을 둘러싼 전자가 1번의 모양으로 회전하면 2번 방향의 전류가 발생하고, 이것이 3번 방향의 자기장을 만든다. 자석의 원자들은 모두 같은 방향의 자기장을 만든다.

▲ 자석과 같은 재료인 철로 만들어진 가위의 경우, 원자핵을 도는 전자의 방향이 제각각이므로 이로 인한 자기장의 방향은 일관성이 없다. 그 때문에 전체적으로는 자기장이 전혀 관찰되지 않는다.

면 자석 안에 들어 있는 수많은 작은 전류 고리들을 볼 수 있을 것이다. 물론 물리적으로 만질 수 있는 도선이 있는 것은 아니고, 전하를 띤 물체(전자)가 원형 궤도를 따라 회전하면서 전류 고리를 만든다는 뜻이다.

전류는 전하를 가진 물체가 도선을 따라 이동하는 것이기 때문에 전자가 일정한 길을 따라 원운동을 하는 것도 전류로 볼 수 있다. 전류 고리가 만들어 내는 물리적 성질을 자기라고 부른다. 물론 원자 내부의 전류 고리만 자기를 만드는 것은 아니다. 우리 눈에 보이는 전기 도선으로 만들어진 전류 고리도 자기를 만든다. 도선을 코일 모양으로 감아 만든 전자석이 그 좋은 예다. 이제 왜 전자석이 자석과 같은 구실을 하는지, 또 왜 자석의 자기와 전자석의 자기가 같은 것이지 이해할 수 있을 것이다. 전류 고리 하나가 만든 자기는 다른 전류 고리나 전하에 힘을 미칠 수 있는데, 이 힘이 바로 자기력이다.

요약하자면 자기 현상의 원인은 전류 고리다. 전류 고리의 모양은 직사각형,

|역|사|속|물|리|

▲ 여러 가지 전기 사업을 의욕적으로 전개했던 고종황제(1852~1919).

대한제국의 전기 사업

우리나라에서 제일 처음으로 전깃불의 혜택을 입은 사람은 누구일까? 답은 바로 고종황제다. 고종을 소재로 한 드라마들의 영향 때문인지, 많은 사람들에게 고종은 매우 유약하며 수동적인 이미지로 남아 있다. 그런데 이미지와는 달리 실제로 고종은 여러 가지 근대화 사업을 의욕적으로 추진했다. 그 중 가장 대표적인 것이 전기 사업이었다.

한미통상협정이 체결된 다음 해인 1883년, 고종은 민영익, 홍영식 등을 미국에 사절단으로 보내 선진 문물을 시찰하게 했다. 이 때 미국에서는 (후에 '발명의 세기'라 불릴 만큼) 각종 전기 발명품들이 쏟아지고 있었고, 이 발명품들에 감탄한 사절단은 우리나라로 돌아와 고종에게 발전소를 세울 것을 건의하였다. 그 결과 1884년에 에디슨 전등회사와 계약이 체결되었고, 1886년 말 에디슨 전등회사에서 직원이 파견되어 본격적인 설치 공사에 들어갔다. 그리고 1887년 3월, 경복궁 안의 건천궁에서 우리나라 최초의 전깃불이 켜졌다. 이 첫 전깃불에 전기를 공급한 발전기는 건천궁 앞 향원정의 다리와 우물의 중간 지점에 설치되었으며, 향원정의 물과 석탄으로 가동되었다.

이 때만 해도 사람들은 전등을 '괴물'이라고 불렀다. 발전기가 돌아가는 소리도 워낙 컸으며, 호롱불이나 촛불과는 비교도 되지 않을 정도로 밝았기 때문이다. 게다가 자주 고장이 났고, 한 번 고장이 나면 고치는 데 엄청난 비용이 들어갔기 때문에 '건달불'이라는 불명예스러운 별명이 생기기도 했다.

최초의 전깃불이 들어오고 11년 후인 1898년, 고종은 한성전기회사를 두어 서울 시내의 전차, 전기, 전화 사업을 체계적으로 추진하게 했다. 그 결과 1899년 5월, 우리나라 최초의 전차가 시운전에 성공함으로써 본격적인 전기 시대의 서막이 열리게 되었다. 그리고 전등 또한 점점 폭넓게 사용되어, 1900년에는 종로에 최초의 거리 조명등이 밝혀졌고, 1901년에는 일본인 상가 주택가에 600개에 달하는 영업용 전등이 설치되기에 이르렀다.

원형, 긴 코일 모양 등 어떤 모양이라도 가능하다. 자석은 자연이 우리에게 준, 그러나 눈에 안 보이는 숨겨진 전류 고리인 셈이다. 어쨌든 전기가 전하 때문에 생기는 것처럼 자기 역시 '전류 고리'라는 단 한 가지 원인에 의해 생긴다는 것을 잊지 말자.

3) 전기와 자기는 샴쌍둥이?

우리는 평소 직류와 교류라는 말을 자주 듣는다. 건전지는 직류 전류를 공급하고 발전소는 교류 전류를 공급한다. 직류의 경우 회로(닫힌 도선 또는 고리)나 전기 기구에 흐르는 전류의 방향이 달라지지 않는다. 반면 교류의 경우 전류의 방향이 시간에 따라 달라진다. 이 경우 전류의 크기는 문제가 되지 않는다.

전기와 자기 현상도 직류와 교류로 구분할 수 있다. 교류 전기 현상은 직류일 때와 달리 자기 현상을 유도한다. 다시 말해 교류의 경우 전기는 자기를, 반대로 자기는 전기를 유도해 항상 붙어 다닌다. 사랑에 빠지면 혼자 있지 못하고 연락을 해 항상 같이 붙어 다니는 것과 비슷하다. 교류일 때만 나타나는 이런 현상을 **전자기 유도**라고 부른다. 교류의 경우 전기와 자기가 항상 쌍으로 붙어 다니기 때문에 물리학에서는 전기와 자기를 따로 떼어 부르지 않고 '전자기'라고 묶어서 부른다. 전기와 자기의 떨어지려 해도 떨어질 수 없는 특징을 강조하기 위해서다.

전자기 유도는 우리 생활에 엄청난 영향을 미쳤다. 발전소에서 전기를 얻는 것, 즉 발전도 바로 전자기 유도 덕분에 가능한 것이다. 또 전자기 유도 때문에 전파가 발생되고 이 전파를 통해 TV를 보거나 휴대 전화로 전화를 걸 수 있다.

4) 전기와 자기는 상대적!

바둑에 급수가 있듯이 물리학에도 급수가 있다. 물론 바둑처럼 급수 인정서가 발급된다는 것은 아니고, 물리학에 대해 이야기해 보면 쉽게 급수를 알 수 있다는 얘기다. 전기와 자기 부분에서는 전기와 자기가 상대적이라는 것을 아는가 모르는가가 급수 판단의 기준이 된다고 할 수 있다. 앞에서 전기 현상은 정지 전하 때문에 생

기고 자기 현상은 전류 고리, 즉 전하의 이동 때문에 생긴다고 이야기한 것을 기억할 것이다.

가만히 서서 정지 전하에 의해 전기 현상이 나타나는 것을 관찰한다고 가정해 보자. 그리고 이제 가만히 있지 말고 일정한 속도로 걸어가면서 동일한 전기 현상을 다시 관찰한다고 가정해 보자. 두 번째의 경우, 나와 전하의 상대 속도에 의해 전하가 이동하는 것처럼 보이게 될 것이다. 앞 절에서 '전하의 이동은 전류'라고 했던 것을 기억할 것이다. 따라서 내가 움직이면 더 이상 정지 전하에 의한 전기 현상이 나타나지 않고 대신 전류에 의한 자기 현상을 관측하게 된다. 전하는 가만히 있는데 내가 움직이지 않으면서 보면 전기 현상이 일어나고, 움직이면서 보면 자기 현상이 일어나는 것이다. 전기와 자기가 별개의 존재가 아니라 보는 사람에 따라 상대적으로 다르게 보이는 현상이라는 것을 처음으로 깨달은 과학자가 바로 아인슈타인(1879~1955)이었다. 실제로 아인슈타인은 전자기학 법칙을 공부하다가 상대성 이론을 발견하게 되었다.

전기와 자기가 상대적이라는 것은 전기 현상으로부터 모든 자기 현상의 원리를 유도할 수 있으며, 또 그 반대도 가능함을 의미한다. 물리학 초급자에게 전기와 자기의 얽히고 설킨 관계부터 설명해 주면 오히려 전기와 자기를 이해하기가 더 어려울 수 있다. 이 때문에 초급자에게는 전기 따로, 자기 따로 가르치게 된다. 그러나 이해의 폭이 깊어지면 전기와 자기가 밀접한 연관성이 있음을 깨닫게 되고 그럼으로써 자연이 우리에게 준 전자기의 혜택에 더 감사하게 된다.

| 좀 | 더 | 자 | 세 | 히 |

직류는 전자기 유도가 안 될까?

도선에 전류를 흘리면 나침반의 바늘이 움직이는 외르스테드의 실험(4장에서 자세하게 다룬다)에서도 알 수 있듯이, 직선 전류가 흐르는 도선 주위에는 자기장이 발생한다. 직류 전류를 흘려도 말이다. 그런데 왜 "교류일 때만 전자기 유도가 나타난다"고 하는 것일까?

'전자기 유도'와 '자기장 생성'을 구별하지 못하면 이러한 의문이 생기는 것이 당연하다. 도선에 직류를 흘려 주면 (직류) 자기장이 생기지만, (직류) 전기장, 즉 '유도' 전기장은 생기지 않는다. 직류 전기장은 정지 전하에 의해 생기기 때문이다. 그러나 교류 전류가 도선에 흐르면 교류 자기장이 생길 뿐 아니라, 직류 전류의 경우와는 다르게 자기장이 있는 곳에 교류 전기장(즉 '유도' 전기장)이 추가로 나타난다. 이처럼 같은 곳에 전기와 자기라는 핵심이 서로 얽혀서 따로 떨어지지 않을 때를 가리켜 '전자기 유도'라고 하는데, 이러한 현상은 시간에 따라 전류가 변하는 교류일 때만 가능하다.

물리학자처럼 이야기하기

전기 현상과 자기 현상이 생기는 원인과 전자기의 상호 관계를 알았다고 해서 금방 물리학자처럼 보이지는 않는다. 물리학자처럼 보이려면 물리학자처럼 이야기할 줄 알아야 한다. 즉, 물리학자들이 사용하는 과학적 언어를 사용하여 전자기에 대해 이야기할 수 있어야 한다는 것이다.

사람이 사용하는 언어는 그 사람에 대한 많은 정보를 제공한다. 특정한 사투리는 그 사람의 고향이나 자란 곳을 알 수 있게 해 주며, 전문 용어들은 그 사람의 직업을 짐작할 수 있게 해 준다. 이와 마찬가지로 어떤 사람이 물리학을 얼마나 잘 알고 있는가 하는 것도 그 사람이 물리학 언어를 얼마나 제대로 사용하는가를 통해 짐작할 수 있다.

물리학의 언어에는 물리 용어, 단위, 물리 개념, 수학 공식 등이 속한다. 그 중 **물리 용어**란 물리학의 내용을 설명하기 위해 사용하는 단어를 의미하며, 힘, 속도, 전하, 전기력 등이 대표적인 예가 된다. '힘'의 경우처럼 일상생활에서 사용하는 단어를 그대로 물리 용어로 사용할 때는 용어가 가진 물리학적 의미와 일상적인 의미가 크게 다를 수 있으므로 조심해야 한다. 물리학을 공부할 때 물리 용어가 가진 물리학적 의미, 즉 물리 개념에 대해 정확히 이해하고 있어야 실수를 하지 않는다.

물리학은 실험과 뗄 수 없는 관계를 가지고 있다. 실험으로 확인할 수 없는 것은 물리학의 대상이 아니다. 실험 측정을 하려면 기준, 또는 표준을 만들어 이것의 몇 배가 되는지 비교해야 한다. 물리량의 표준이 되는 것이 단위이다. 예를 들어 사람의 키가 170이라는 것은 무의미하다. 물론 경험상 170cm가 맞겠지만 우리가 알지 못하는 어딘가에 정말로 키가 170mm인 소인이나 170m인 거인이 있을지도 모른다. 물리학이 수학과 다른 점이 바로 단위가 있고 없고이다. 물리학은 객관적이고 엄밀한 과학이기 때문에 수학을 언어와 계산 수단으로 사용한다. 그러나 수학과 물리학은 엄연히 다르다는 것을 잊지 말자. 수학에 약해도 물리학을 잘 하는 학생들을 많이 보았다.

이제 전기와 자기에 관련된 물리학 언어에 대해 좀 더 본격적으로 알아보자.

1) 전기와 자기에 대한 물리 용어들

물리학자들은 전기 현상을 엄밀하게 다루기 위해 여러 가지 물리 용어를 사용한다. 이미 소개한 전하, 전기력, 전류 외에도 전기장, 전위, 전압, 전지, 전기 에너지, 전력, 전기 저항, 전기 전도도, 절연체, 도체, 금속, 반도체, 전기 회로 등이 사용된다. 아마 전압, 전류, 전력, 저항 등은 일상생활에서 많이 들어 본 단어일 것이다. 흔히 사용하던 단어라도 이런 물리 용어가 정확히 무엇을 의미하는지 이 책을 공부하면서 정확하게 기억해 두기 바란다. 자주 사용되는 용어일수록 중요한 것인만큼 이런 용어의 뜻을 정확히 알지 못하고 넘어가면 나중에 물리를 이해하기가 점점 어려워진다.

전기의 원인은 전하 한 가지라면서 왜 이렇게 많은 용어를 쓰는지 불만을 갖는 학생들이 많을 것이다. 물론 원인은 하나다. 하지만 그 원인으로부터 생겨나는 현상이 다양하기 때문에, 다양한 현상을 구별하여 분류하고 설명하는 데 필요한 용어를 찾다 보니 물리 용어의 수가 많아진 것이다. 이런 용어들을 구별하고 뜻을 기억하는 게 처음에는 어렵겠지만 자꾸 사용하다 보면 익숙해지니 걱정하지 않아도 된다.

자기 현상을 다루기 위한 물리 용어도 여러 가지다. 자기의 원인이 되는 전류 이외에 자기장, 자기력, 지구 자기장, 자석, 자기 에너지, 솔레노이드 등의 용어가 등장한다. 전기에서와 마찬가지로 이런 용어들의 의미를 정확히 기억하는 것은 매우 중요하다.

나는 전자기 용어를 얼마나 많이 알고 있을까?

뜻	용어
전기 현상의 원인이 되는 물질의 속성	전하
전하의 흐름, 자기 현상이 원인	전류
전하가 전기장에서 갖는 에너지	전기 에너지
두 지점 사이의 전기 에너지 차이의 정도	전압
전류의 흐름을 방해하는 정도	전기 저항
매초 공급(또는 소모)되는 전기 에너지	전력

전자기 유도와 관련해서는 발전기, 전동기(모터), 변압기, 전자기파 등의 용어가 사용되며 전기와 자기의 측정을 위한 검전기, 전류계, 전압계, 전력계 등의 기기도 등장한다. 전자기학에서 이용되는 대표적인 몇몇 용어들에 대해서는 19쪽의 표를 참고하기 바란다.

2) 전기와 자기의 단위

전기와 자기에서도 속 보이는 과학 1권 '힘과 운동 뛰어넘기'에서처럼 국제적으로 정한 단위 기준인 **국제 단위**를 사용한다. 국제 단위를 예전에는 MKS 단위라고 불렀는데 길이 단위로 미터(m), 질량 단위로 킬로그램(kg), 시간 단위로 초(s)를 사용했기 때문이다. 1권에서 길이, 질량, 시간과 같은 물리량을 기본 물리량이라고 한다는 것을 배웠다.

전기 현상의 원인이 되는 전하의 국제 단위는 **쿨롬(C)**이다. 전하 사이에 작용하는 전기력 법칙을 최초로 발견한 프랑스의 물리학자 쿨롱을 기념하여 쿨롱의 미국식 발음인 '쿨롬'을 전하의 단위로 사용하고 있다. **전하**는 앞서 설명한 **기본 물리량** 가운데 하나이다. 뒤에서 더 자세히 설명하겠지만 1C의 전하는 매우 큰 값이다. 보통 번개가 칠 때 전하가 번개 구름에서 지면으로 이동하는데 이때의 전하량이 수 C임을 보면 쿨롬이 얼마나 큰 값인지 알 수 있다. 쿨롬이 너무 크기 때문에 보통 1C의 100만 분의 1인 1마이크로쿨롬(μC) 단위를 사용한다. 마이크로는 100만 분의 1을 뜻하는 접두어이다. 겨울철에 많이 발생하는 정전기와 같이 일상에서 전기 현상을 일으키는 전하량의 크기는 대부분 마이크로쿨롬으로 표시된다.

자기 현상의 원인이 되는 전류의 국제 단위는 **암페어(A)**이다. 이 단위는 자기에 대한 법칙을 발견한 프랑스의 물리학자 앙페르를 기념하여 붙인 것이다. 전하와 달리 전류는 기본 물리량이 아니다. 도선에 전류가 흐르려면 반드시 전원(예를 들어 전지)과 도선이 연결되어 닫힌 경로(즉 고리)를 이루어야 한다. 전원은 전하를 도선을 따라 이동시키는 역할을 한다. 이 때 전하가 도선을 따라 이동하는 것을 전류라고 하며 전류의 정확한 정의는 다음과 같다.

▲ 전하 사이에 작용하는 전기력 법칙을 최초로 발견한 프랑스의 물리학자 쿨롱(1736~1806).

▲ 전류의 국제 단위는 자기에 대한 법칙을 발견한 프랑스의 물리학자 앙페르(1775~1836; 미국식 발음은 암페어)를 기념하여 '암페어'로 붙여졌다.

전류: 1초 동안 도선의 한 단면을 통과하는 전체 전하량

$$전류 = \frac{도선의\ 단면을\ 지나가는\ 전하량}{시간}$$

위의 내용으로 알 수 있듯이 전류는 기본 물리량들인 전하와 시간의 비로 주어지는 유도 물리량이다. 그리고 1A는 1초 동안 1C의 전하가 도선의 단면을 통과할 때의 전류의 세기로 정의한다.

$$1A = 1C/s$$

1C이 매우 큰 전하량이기 때문에 1A 역시 매우 큰 전류이다. 사고로 우리 몸에 1A의 전류가 수 초 정도 흐르게 되면 생명을 잃을 수 있다. 세탁기, 에어컨, 냉장고 등의 대형 가전기기를 제외하고 일상생활에서 흔히 사용하는 전자 기기에 흐르는 전류의 세기는 암페어의 1000분의 1인 밀리암페어(mA)나 암페어의 100만 분의 1인 마이크로암페어(μA) 정도로 표시할 수 있다. 전류의 세기에 따라 인체가 느끼는 감전 효과를 아래의 표로 정리하였다. 이 표를 보면 1A가 얼마나 큰 양인지 잘 알 수 있을 것이다. 전류의 세기 외에도 전류가 흐른 시간, 전류가 흐른 경로, 전원의 종류에 따라 전류가 인체에 미치는 영향은 달라진다.

앞에서 언급한 전압, 전력 등 전기와 자기에 관련된 여러 물리량 중에서 기본 물리량은 전하밖에 없다. 따라서 전기와 자기에 나오는 여러 다른 물리량들은 모두 유도 물리량이며, 이들의 단위는 모두 m, kg, s와 C을 조합하여 얻을 수 있음을 꼭 기억하자. 물리학에서는 단위만 정확하게 알고 있어도 문제를 푸는 데 큰 도움이 된다. 단위를 잘 기억하는 습관을 기르는 것도 물리를 잘 하는 지름길이다.

전류의 경우에서 보듯이 유도 물리량을 나타낼 때 기본 물리량들을 조합하여 사용하면 불편할 때가 많기 때문에 유도 물리량의 단위를 따로 만들기도 하는

전류의 세기에 따라 나타나는 인체의 감전 효과

전류(mA)	감전 효과
1	전기를 느낀다
5	고통스럽다
10	근육 수축이 일어난다
15	근육 마비
70	심장에 큰 충격이 가해진다

데, 이 때 종종 물리학자의 이름이 사용된다. 전류의 단위인 '쿨롬/초'를 암페어라고 부르는 것이나 자기장의 단위로 **테슬라**(약자로 T. 교류 전동기를 발명한 과학자 테슬라를 기념), 전압의 단위로 볼트(약자로 V. 전지를 발명한 이탈리아 과학자 볼타를 기념)를 사용하는 것 모두 물리학자들의 이름을 단위로 사용한 예이다.

전자기학에서 자주 쓰이는 대표적인 용어의 기호와 단위를 아래의 표에 정리하였다.

▲ 변압기와 테슬라 코일을 발명한 과학자 테슬라(1856~1943).

몇 가지 전자기 용어의 기호와 단위

용어	기호	단위
전하량	Q	C
전류	I	A
전압	V	V
저항	R	Ω
전력	P	W
자기장	B	T

3) 벡터냐 스칼라냐 그것이 문제로다!

전기와 자기에서 사용되는 물리량도 힘과 운동에서 사용되는 물리량처럼 벡터량과 스칼라량으로 나누어진다. 물리학자들은 왜 그렇게 벡터인지 스칼라인지를 따지는 것일까? 이유는 더하기, 빼기, 곱하기 등의 계산 방법이 다르기 때문이다. 힘을 더하는 경우를 다시 한 번 생각해 보자. 1권 2장 '물리학의 힘은 어떻게 더할까?' 부분에서 살펴본 것처럼 크기가 1인 두 힘을 더할 때 얻어지는 알짜힘의 크기는 0에서부터 2까지, 두 힘의 방향에 따라 어느 값이라도 가능하다.

숫자 더하기(다시 말해 스칼라 더하기)에 익숙해 있는 학생들은 이런 벡터 더하기의 결과를 매우 충격적으로 받아들이며, 벡터 더하기만 나오면 지레 겁을 먹곤 한다. 이런 학생들은 하나만 알고 둘을 모르는 것과 같다. 스칼라 더하기와 벡터 더하기가 전혀 다른 것이라면 왜 '더하기'라는 용어를 함께 사용하고 있을까? 같은 용어를 사용한다는 것은 스칼라 더하기와 벡터 더하기에 차이가 없다는 것을 의미한다. 어떠한 공통점 때문에 두 경우 모두 '더하기'라는 같은 수학 용어를 사용하는지 스스로 답을 찾아 보기 바란다.

전기와 자기에서 다루는 전하는 스칼라량이며, 전류는 조금은 특수한 벡터량이다. 전류가 흐르려면 회로, 즉 도선으로 연결된 닫힌 경로 또는 전류 고리가 주어져야 한다. 고리에 흐르는 전류 방향이란 시계 방향 또는 반시계 방향의 두 가지밖에 없다. 일반 벡터가 무한히 많은 방향을 가지는 데 비해 전류의 방향은 두 가지뿐이기 때문에 특수하다고 말하는 것이다.

전기력, 자기력은 힘이므로 벡터량이다. 따라서 전기력이나 자기력을 더해서 알짜힘을 계산할 때는 주의를 기울여야 한다. 전기와 자기에서도 힘과 관련된 전기 및 자기 에너지가 존재한다. 에너지는 1권에서 배운 것처럼 스칼라량이다. 전기 및 자기 에너지 역시 스칼라량으로 계산의 어려움을 덜어 준다. 우리에게 친숙한 전압은 전기 에너지와 관련된 물리량이므로 이 역시 스칼라량이다.

전하는 어떻게 발견되었는가

두 물체를 비빌 때 전하가 발생한다는 것을 보고한 최초의 과학자는 영국의 궁중의사인 W. 길버트(1544~1603)였다. 영화 '쥬라기 공원'을 보면 송진이 굳어져 생긴 '호박'이라는 노란 물질이 나온다(이 속에 곤충이 갇혀 있다). 호박을 모피로 비비면, 즉 마찰하면 작은 종이 조각이나 머리카락 등을 끌어당긴다는 사실이 이미 오래 전부터 잘 알려져 있었다. 길버트는 체계적인 실험을 거쳐 호박 이외의 다른 물체들도 비빌 경우 같은 현상이 생긴다는 것을 알아내고 이 현상이 전기 때문에 생긴다고 주장했다. 길버트는 전기(electric)라는 용어를 호박을 뜻하는 그리스어 'elektron'에서 따왔다.

1733년 프랑스의 샤를 뒤페가 전하는 유체(기체, 액체처럼 흐를 수 있는 물질)이며 두 가지 종류가 있어 같은 종류끼리는 밀고 다른 종류끼리는 당긴다고 주장함으로써 길버트의 발견을 설명했다. 물체를 마찰하면 두 종류의 유체가 분리되어 전기를 띠게 된다는 것이다. 현재 우리의 지식과 비교해 보면 이 설명이 틀렸다는 것을 쉽게 알 수 있다. 하지만 뒤페의 주장은 당시로서는 매우 그럴 듯한 것이었고, 지금도 전하를 뒤페처럼 생각하고 있는 사람들이 의외로 많다.

뒤페의 주장에 도전장을 내민 사람이 미국의 아마추어 과학자 프랭클린이었다. 그는 1752년 연실험을 통해 전하가 한 종류의 유체임을 주장했다. 그리고 두 물체를 마찰하면 유체가 많이 들어 있는 물체에서 유체가 적게 들어 있는 물체로 유체가 흘러나가 전기가 발생하는 것이며, 이때 유체를 잃은 물체는 음으로 대전되고 유체를 얻은 물체는 양으로 대전된다고 설명했다. 프랭클린은 전하의 부호가 자연에 존재하는 전기적 유체의 양이 넘치는가 모자라는가에 의해 결정된다고 생각했던 것이다.

물리학자들 머릿속 들여다보기

프랭클린, 앙페르, 패러데이, 테슬라

최근 우리나라의 경제 규모가 세계 10위라는 보도가 나왔다. 전 세계 국가의 수가 200개 정도임을 생각하면 자부심을 느낄 만하다. 더 놀라운 사실은 1970년대까지도 선진국에 비해 보잘 것 없었던 대한민국이 불과 30년 만에 세계적인 경제 강국이 되었다는 것이다. 서양의 대표적인 선진국인 영국이 산업혁명을 시작으로 300년이나 걸려 이룬 경제 발전을 우리는 10분의 1밖에 안 되는 시간 동안 이루어 낸 것이다.

그러나 마냥 뿌듯해하기엔 아직 이르다. 경제 규모는 이 정도 컸지만 물리학 수준은 아직 그에 못 미치고 있다. 어떤 사람은 우리 물리학의 역사가 짧기 때문이라고 한다. 정말 그럴까? 그럼 서양 물리학의 역사는 얼마나 오래 되었을까? 다른 분야는 제쳐 두고 우선 전기와 자기 분야만 살펴보도록 하자. 전기와 자기는 물리학의 다른 분야에 비해 비교적 늦게 연구되기 시작하였다. 1700년대 중반이 되어서야 비로소 전하에 대해 알게 되었고 1800년대에 와서야 전지가 발명되어 전류를 이용한 연구를 할 수 있게 되었으니 말이다. 따라서 전기와 자기 연구의 역사는 길게 잡아야 200년이 조금 넘는다고 볼 수 있다.

30년 만에 서양의 300년 세월을 따라잡은 우리의 저력을 보면 대한민국이 물리학 강국이 될 날도 멀지 않았다고 생각한다. 벌써 물리학을 응용한 반도체 메모리 분야에서 세계 1위인 기업이 우리나라 기업인 것만 보아도 앞으로의 가능성은 충분해 보인다. 이를 위해 여러분들도 물리학을 즐겁게 공부하고 물리학 연구에 인생을 걸 용기가 필요하다.

이제 전기와 자기를 이해하는 데 결정적인 영향을 미친 물리학자들을 만나보자. 그들은 어떤 사람이었고 어떤 실험을 했으며 이로부터 어떻게 자연의 원리를 깨닫게 되었을까? 그들의 머릿속을 한번 들여다보자.

1) 프랭클린 – 절대로 따라하지 마세요!

프랭클린은 미국의 정치가, 과학자로 어려운 가정에서 태어나 거의 독학으로 법학과 과학을 공부하였다. 정치가로 활동하는 틈틈이 전기에 대한 실험을 하였고 특히 우리에게 전하가 무엇인지 처음으로 깨닫게 해 주었다. 번개가 전기 현상이라는 가설을 제시한 그는 1752년 어느 번개 치는 날 열쇠를 매단 연으로 실험을 하여 번개가 전하의 이동에 의해 생기는 전기 현상임을 증명함으로써 세계의 주목을 끌었다. 그리고 이 경험을 바탕으로 하여 번개 피해를 막아 주는 피뢰침을 최초로 발명하였다.

그러나 프랭클린이 연 실험으로 목숨을 잃지 않은 것은 정말 행운이었다. 만약 연에 벼락이 떨어졌다면 프랭클린은 사망했을 것이다. 그 시대에는 과학자나 장사꾼들이 연 실험을 보여 주고 사람들에게서 돈을 받기도 했는데, 실제로 연 실험을 하다가 연에 벼락이 떨어져 목숨을 잃은 사람들도 있다고 한다. 러시아에서는 유명한 과학자가 황태자를 모시고 연 실험을 하다가 벼락이 떨어져 자신은 사망하고 황태자도 부상을 당하는 불상사가 일어나기도 했다. 예나 지금이나 전기를 다룰 때는 전기에 대해 잘 알고 있어야 하며, 알고 있다 하더라도 조심하고 또 조심해야 한다.

▲ 번개가 전기 현상임을 증명하고 피뢰침을 발명한 미국의 과학자 프랭클린(1706~1790).

우아악~
절대로 따라하지 마세요~

역시 **번개도** 전기였어!

아무리 복잡한 현상이라도 **수식**으로 정리하면 깔끔!

앙페르의 법칙

2) 앙페르 – 너희가 자석을 알아? 전류로 자석을 만들다!

판사였던 아버지가 프랑스 혁명 때 처형을 당하는 바람에 매우 힘든 청소년기를 보냈던 앙페르는 그 고통을 잊기 위해 물리학과 수학을 열심히 공부하였고, 나중에는 대학의 실험 물리학 교수가 되었다. 1720년 덴마크의 물리학자 외르스테드(1770·1851)가 도선에 흐르는 전류에 의해 근처에 놓인 나침반의 바늘이 움직이는 것을 발견했다는 소식이 전해지자 앙페르도 같은 실험을 시작하였고, 얼마 안 되어 전류가 흐르는 도선 사이에 힘이 작용한다는 사실을 발견했다. 수학에 강했던 앙페르는 외르스테드와 자신의 실험 결과를 토대로 전류와 자기에 관한 **앙페르의 법칙**을 발견했다. 전류 고리와 자석이 같다는 주장을 최초로 한 사람도 바로 앙페르이다.

3) 패러데이 – 물리가 미치도록 좋아!

영국 런던의 매우 가난한 가정에서 태어난 패러데이는 글쓰기와 산수를 약간 배웠을 뿐 제대로 된 교육을 받지 못하고 어릴 적부터 가족의 생계를 돕기 위해 책 제본 일을 배웠다. 그러나 배움에 목말라 있던 패러데이는 책 제본을 위해 들어오는 책들을 읽으며 지식을 쌓았고, 데이비 교수의 강연에 감명을 받아 그의 실험실 조수로 취직하였다. 패러데이의 뛰어난 실험 재주는 곧 두각을 나타내기 시작했다. 전기와 자기의 원리를 깨달은 패러데이는 자석 주위에 놓인 도선에 전류를 흘려 도선을 회전시키는 초보적인 전동기(모터)를 발명하여 명성을 얻었다.

▲ 전기도 자기에서 유도된다는 것을 발견한 영국의 과학자 패러데이 (1791~1867).

　전류에 의해 자기가 발생하는 외르스테드의 실험 소식을 들은 패러데이는 그와 반대로 전기도 자기로부터 발생할 것이라는 확신을 갖게 되었다. 독실한 기독교 신자였던 패러데이는 하나님이 창조한 자연은 완벽한 대칭성을 가질 것이라고 믿어 의심치 않았기 때문이다. 7년간의 노력 끝에 패러데이는 결국 자기에 의해 전기가 발생하는 전자기 유도를 발견하였고, 전자기 유도를 이용해 최초로 발전기를 발명하였다. 패러데이는 수학이 약하더라도 물리학을 잘 할 수 있다는 것을 보여 준 대표적인 물리학자였다. 그는 전기와 자기를 그림으로 이해한 수 있는 방법을 개발하였으며 이 방법은 아직도 물리학에서 널리 사용되고 있다.

난 앙페르만큼 수학을 잘 하진 않아. 하지만 사람들은 수학보다 내 **그림**을 더 좋아하지.

으음…. 전류가 자기를 만든다고? 그럼 **자기**도 **전류**를 만들 수 있지 않을까?

과학일보

꿈지락 꿈지락

4) 테슬라 – 에디슨과 같이 상을 받을 수 없다!

전기와 자기에 대한 법칙이 확립된 1800년대 말은 그야말로 '발명의 시대' 였다. 무선 통신을 발명한 이탈리아의 마르코니, 전등을 발명한 미국의 에디슨,

전화를 발명한 미국의 벨 등이 모두 이 때 활동했으니 말이다. 크로아티아에서 태어나 유럽에서 수학, 물리학, 기계공학을 배운 테슬라는 발명으로 돈을 벌기 위해 미국으로 이민을 갔다.

테슬라는 미국 뉴욕에서 한동안 에디슨과 같이 일하였으나 연구 방법에 의견 차이가 생겨 헤어졌다. 그 후 테슬라는 전류 고리에 미치는 자기력을 이용하면 전류 고리를 연속적으로 회전시킬 수 있다는 것을 깨닫고 최초로 교류 전동기를 발명하여 특허를 얻었고, 그밖에도 전자 게임에 등장해 유명하게 된 테슬라 코일(수천 볼트의 고전압을 안전하게 만들어 내는 장치)과 변압기 등을 발명하였다. 지금처럼 발전소로부터 각 가정으로 대규모 전력 수송이 가능하게 된 것도 테슬라 덕분이라고 할 수 있을 것이다.

테슬라와 에디슨이 노벨상 수상자로 선정되었다는 소문이 돌자 테슬라는 "무식한 발명가인 에디슨과 나를 같은 수준으로 생각한다면 차라리 노벨상 수상을 포기하겠다"고 말했다고 한다. 우리나라에서는 테슬라가 에디슨보다 덜 유명하지만 그는 해박한 물리학 지식을 바탕으로 인류에게 유용한 발명품을 만들어 낸 훌륭한 과학자였다.

|좀|더|자|세|히|

전자와 전하

전하에 대해 정확히 이해하려면 먼저 원자론에 대해 알아야 한다. 모든 물질이 원자로 구성되어 있다는 것이 원자론이다. 원자 속에 전자라는 음(-)전하를 가진 작은 입자가 있다는 사실을 1897년 영국의 물리학자 J. J. 톰슨이 최초로 발견하였다. 그리고 전기적으로 중성인 원자가 전자를 잃고 양(+)전하를 띠는 상태를 '이온'이라고 부르는데, 톰슨은 이온의 질량이 전자의 질량보다 훨씬 크다는 것을 밝혔다.

현재 우리는 원자에서 전자를 모두 제거하면 원자핵이 남는다는 것을 알고 있다. 또 원자핵이 양(+)전하를 가진 작은 입자인 양성자와 중성 입자인 중성자로 이루어졌다는 것도 알고 있다. 현대 물리학에서 알고 있는 전하의 내용을 정리하자면 전하는 전자와 양성자가 가진 속성이며, 전자의 전하를 음(-)으로, 양성자의 전하는 양(+)으로 정의한다.

도선에 전류가 흐른다고 할 때 양전하를 가진 양성자나 이온은 무겁고 서로 강하게 구속되어 있기 때문에 거의 움직이지 않고 전자만이 이동한다. 따라서 책에서 '전하'라고 하면, 따로 '양전하'라고 표시하지 않는 한 대부분의 경우 전자를 가리킨다는 것을 기억해야 한다.

패러데이의 자수성가

패러데이는 불우한 환경을 딛고 자수성가한 대표적인 과학자로 꼽힌다. 1791년 런던 교외에서 가난한 대장장이의 아들로 태어난 그는 13세의 나이에 학업을 포기하고 서적 판매 및 제본공으로 전전하면서도 과학자가 되려는 꿈을 버리지 않았다. 1812년 패러데이는 우연히 일반인을 상대로 한 영국 왕립연구소의 화학 전공 교수 데이비의 공개 강연을 듣게 되었는데, 이날 데이비와의 만남은 패러데이의 인생에 있어서 커다란 전환점이 되었다. 강의에 감명을 받은 패러데이는 데이비를 찾아가 데이비의 실험을 도울 조수로 일하게 해 달라고 부탁한다. 1813년 데이비의 조수가 된 패러데이는 제본소에서 일할 때보다 보수는 훨씬 적었지만 과학과 관련된 일을 할 수 있게 된 것을 기쁘게 여겼다. 그의 일은 교수의 강의 준비, 조교 업무, 실험 장치나 도구의 청소, 운반 및 점검 등 잔심부름에 가까운 일이었지만 그는 차츰 자신의 재능을 발휘해 나가기 시작했다. 데이비와 다른 교수들도 패러데이의 능력이 뛰어나다는 것을 알게 되면서 좀 더 수준 높은 일들을 맡기기 시작하였다.

그러나 패러데이가 본격적으로 자신의 과학적 능력을 발휘하자, 그를 과학계로 이끌어 주었던 스승 데이비조차 패러데이에 대해 경계심과 질투심을 갖게 되었다. 그 당시 패러데이가 관심을 가지고 연구하

잠깐 이것만은 알아 두자!

1장을 읽고 나니 물리학자들이 전기와 자기의 대해 어떻게 생각하고 있는지 알 것 같은가요? 용어들이 다소 생소할지도 모르지만 이 책을 계속 읽다 보면 곧 익숙해질 것입니다. 이 장에서 다루었던 내용을 간략히 요약해 봅시다.

- 모든 전기 현상은 전하와 전하 사이에 작용하는 전기력 때문에 생긴다.

- 전하는 질량, 크기 등과 같은 물체의 한 속성이다. 더 구체적으로 말하자면 전자와 양성자가 가진 속성이다. 전자는 음전하를, 양성자는 양전하를 가진다.

던 분야는 주로 화학 분야였다. 제자가 자신을 앞지르고 있다는 것을 느낀 데이비의 질투와 경계심은 점점 심해졌다. 패러데이가 왕립학회의 회원으로 추천이 되자 데이비의 질투는 극에 달했는데, 당시 왕립학회장이었던 데이비는 패러데이의 회원 선출에 반대하였다. 그러나 결국 패러데이는 정식으로 추천을 받아 1824년 회원들의 투표를 통해서 왕립학회의 회원이 되었는데, 반대표는 단 한 표뿐이었다고 한다.

정식 과학 교육을 거의 받은 적이 없는 패러데이는 32세의 나이로 일류 과학자들과 어깨를 나란히 할 수 있게 되었으며, 이후 전자기 유도 현상 발견, 직류 발전기의 발명, 전기 분해 법칙의 발견 등 전자기와 관련된 수많은 중요한 업적을 남겨 19세기 최고의 실험 물리학자라는 영예를 얻게 되었다.

맥스웰은 패러데이와 다른 과학자들이 발견한 전기와 자기에 대한 실험 사실들을 집대성하여 전자기 통합 이론을 만든 후 패러데이에게 이 이론에 대한 의견을 묻는 편지를 보냈다. 맥스웰은 명문 케임브리지대학을 나오는 등 엘리트 과학 교육을 받았고 천재적인 수학 능력을 가진 물리학자였다. 그러나 패러데이는 수학 교육을 제대로 받은 적이 없었기 때문에 맥스웰의 편지 내용, 즉 패러데이 자신의 발견을 수학적으로 표현한 것을 제대로 이해할 수 없었다. 하지만 패러데이는 뛰어난 실험적 능력과 탁월한 과학적 통찰력을 이용해 여러 중요한 과학적 발견을 이루어냈다. 이 때문에 패러데이를 19세기 물리학을 이끈 위대한 과학자라고 칭찬하더라도 어느 누구도 부정하지 않는다.

- 모든 자기 현상은 전류 고리 때문에 생긴다. 자석도 알고 보면 천연의 작은 전류 고리이다. 전류는 도선을 따라 전하가 이동하는 것을 말한다.
- 전기와 자기 현상에서 추가되는 기본 물리량은 전하 뿐이다. 전하의 국제 단위는 쿨롬이다.

- 교류의 경우 전기와 자기는 항상 붙어 다닌다. 이 때문에 전기와 자기를 전자기로 부른다. 또 전기와 자기는 관찰자의 운동 상태에 따라 달라지기 때문에 상대적이다.
- 전기와 자기를 잘 다루려면 물리 용어, 용어의 개념, 단위를 정확히 기억해야 한다.

빠직빠직 **정전기**, 비벼서 얻는 마찰 **전기**, 이리저리 흐르는 **전류**…….

세상은 넓고 전기 현상은 다양하기도 하다.

이 많은 것들을 어떻게 다 이해해야 할지 몰라 울고 싶다고?

전기가 뭔지도 모르겠으니 **포기하고 싶다고?** 포기는 아직 이르다.

물리학자들은 외친다. **"단 한 가지, 전하만 알면 된다!"**

그렇다면, 모든 **전기** 현상의 원인이라는 전하와의 짜릿한 만남을 위해 **원자**부터 한번 들여다볼까?

짜릿짜릿, **전하** 만나기

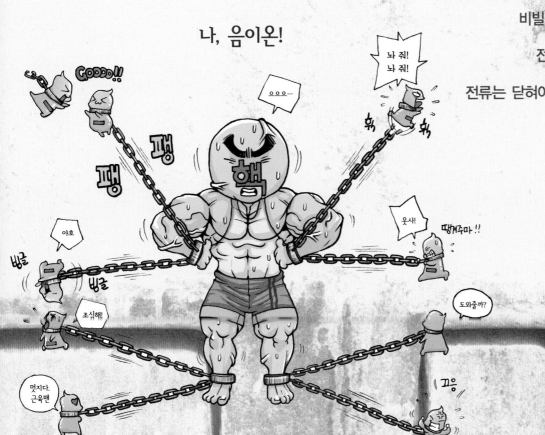

전기 현상은 모두 나 때문이야!

전하

콜럼버스가 신대륙을 발견하고 스페인으로 돌아오자 그의 성공을 시기하는 사람들이 나타났다. 한 축하장에서 콜럼버스는 참석자들에게 한 가지 제안을 했다. "여기 달걀이 하나 있습니다. 우리를 위해 이 달걀을 탁자 위에 수직으로 세워 보실 분 없으십니까?" 여러 사람들이 나와 시도를 해 보았지만 모두 실패하고 말았다. 그러자 콜럼버스는 "그럼 제가 한 번 해 보겠습니다"라고 말하고 달걀의 끝을 조금 깬 뒤 달걀을 탁자 위에 수직으로 세웠다. 이를 본 몇몇 사람들이 야유를 보내자 콜럼버스는 다음과 같이 말했다. "저는 달걀을 깨지 말라는 이야기를 하지 않았습니다. 모든 일이 처음 하기가 어렵지 남이 한 것을 보고 따라 하기는 쉽습니다." 이 말로 콜럼버스는 그를 야유했던 사람들의 코를 납작하게 만들었다.

물리학의 경우도 마찬가지다. 물리 현상의 원인을 처음으로 알아내기란 쉽지 않다. 그러나 일단 원인이 밝혀지면 그 후에는 누구나 쉽게 현상을 이해할 수 있다. 1장에서 이야기한 것처럼 길버트, 뒤페, 프랭클린의 덕택으로 1700년대 중반 전하가 전기 현상의 원인임을 알게 되었다. 또한 전하가 유체라고 생각하다가 1800년대 말이 되어서 전하가 유체가 아니라 전자, 양성자, 이온과 같은 입자들이 가진 한 속성임을 깨닫게 되었다. 이들의 노력 덕분에 우리는 전기 현상을 훨씬 쉽게 이해할 수 있게 되었다. 1장 '역사 속 물리'에 있는 전하 발견의 역사를 읽지 않았다면 꼭 읽기 바란다.

1) 원자 들여다보기

전하를 이해하기 위해서는 원자 속을 들여다볼 필요가 있다. 원자는 물질을 구성하는 작은 단위로, 작은 원형 구슬을 상상하면 된다. 자연에는 가장 가벼운

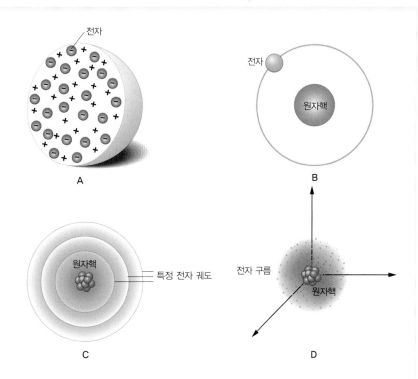

▶ 여러 가지 원자 모형들

A : 양전하가 바탕이 된 구에 전자가 여기저기 박혀 있다고 본 톰슨 모형.

B : 전자가 원자핵 주위를 돌고 있다고 본 러더포드 모형. 전자 에너지는 어떤 값이든 가능하며, 에너지가 클수록 전자가 멀리서 돈다.

C : 전자가 특정한 궤도에서만 존재한다고 보는 보어 모형. 전자는 특정한 에너지 값만을 가질 수 있다.

D : 전자를 입자로 보는 A~C의 모형들과는 달리 전자의 파동성을 강조한 모형. 전자는 특정한 모양의 전자 구름(오비탈)을 형성하고 있다. 실제로 원자를 볼 수 있다면 이와 같은 모습을 하고 있을 것이다. 이 그림은 가장 단순한 형태의 구형 껍질 모양의 오비탈을 표현한 것이고, 오비탈의 모양은 전자의 에너지에 따라 구형 껍질, 곤봉 모양 등으로 달라질 수 있다.

수소 원자로부터 가장 무거운 우라늄 원자까지 92종의 천연 원자가 존재한다. 각 원자의 내부를 들여다보면 원자핵과 전자를 볼 수 있다. 원자핵은 하나지만 전자의 갯수는 1개(수소)부터 92개(우라늄)까지 다양하다. 원자핵은 다시 같은 수의 양성자와 중성자로 이루어져 있다.

양성자의 전하와 전자의 전하는 부호가 반대이고 크기가 같다고 알려져 있다. 따라서 양성자의 수와 전자의 수가 같은 원자는 전기적으로 중성이므로 전하를 띠지 않는다. 물론 중성자는 전하를 띠지 않는다. 그래서 이름도 '중성자'이다. 양성자와 중성자의 질량은 거의 같으며, 전자 질량의 1836배 정도에 이른다. 따라서 원자핵이 원자 질량의 거의 대부분을 차지한다.

양성자, 중성자, 전자로 구성된 원자의 모습을 알기 쉽게 그리면 태양계와 흡사하다. 태양에 해당하는 원자핵은 전자에 비해 매우 무겁기 때문에 전자에 대해 거의 움직이지 않는다. 반면 전자는 태양계의 행성처럼 원자핵 주위를 빠른 속도로 원운동한다.

전자와 양성자의 전하 중 어느 쪽이 음(−)인지는 전지의 양극(+극)으로 끌리는 입자를 밝혀낸 실험 결과를 통해 결정되었다. 실험에서 전자가 양극으로 끌렸기 때문에 전자의 전하를 음으로 정의하게 되었다.

여러 개의 전자를 가진 원자에서 전자의 일부 또는 전부가 떨어져 나가거나 원자에 전자가 추가된 상태를 이온이라고 한다. 전자가 떨어져 나간 원자는 전하량이 양이므로 양이온이라 부르고 전자가 추가된 원자는 음이온이라 부른다.

2) 전자와 양성자 더 들여다보기

전자와 양성자는 눈에 보이지 않는 매우 작은 입자들이다. 이들의 질량과 전하량을 알려면 상당한 실험 재주를 가져야 한다. 1897년 톰슨은 음극선 장치를 가지고 전자의 전하량(절대값을 기호로 e로 표시)과 질량(기호로 m_e로 표시)의 비, 즉 $\frac{e}{m_e}$를 최초로 측정하여 전자가 입자임을 밝혀냈다. 1905년에는 미국의 물리학자 밀리컨(1868~1953)이 전하를 띤 작은 기름방울을 공중에 띄우는 실험을 통해 전자의 전하량 e를 최초로 측정하는 데 성공했다.

전자의 전하량(절대값)　　$1e = 1.602 \times 10^{-19}$ C

이제 $1 : 1.602 \times 10^{-19} = x : 1$이라는 비례식을 세우고 x를 구하면 전자의 전하량을 이용해 전하의 국제 단위인 쿨롬(C)을 정의할 수 있다.

1C $= 6.25 \times 10^{18}$ 개의 전자(또는 양성자)가 가진 전체 전하량

10^{18}은 1조의 100만 배가 되는 상상하기 힘든 큰 값이니 1C의 전하를 얻으려면 얼마나 많은 수의 전자가 모여야 하는지 알 수 있을 것이다. 이제 톰슨이 얻은 $\frac{e}{m_e}$값에 전자의 전하 e를 대입하면 전자의 질량 m_e를 알 수 있다.

전자의 질량　　$1m_e = 9.109 \times 10^{-31}$ kg

이 역시 매우 작은 양이다. 따라서 다음과 같이 표시하면 이해하기 쉬워질 것이다. 위처럼 비례식을 세워 보면 다음과 같은 결과를 얻을 수 있다.

1kg $= 1.10 \times 10^{30}$ 개의 전자가 가진 전체 질량

즉 10^{30}개 정도의 전자를 모아야 1kg이 된다. 위에서 살펴본 것처럼 전자의 전하와 질량은 우리의 상상을 초월할 정도로 작다. 따라서 폭을 갖지 않은 점입자(點粒子)로 간주된다. 또한 패러데이가 측정했던 수소 이온의 $\frac{전하량}{질량}$ 비를 이용하면 양성자(수소 이온)의 질량(기호로 m_p)을 구할 수 있다.

$$양성자의\ 질량 \quad 1m_p = 1.672 \times 10^{-27}\,\mathrm{kg} = 1836\,m_e$$

그 결과 양성자의 질량이 전자 질량에 비해 1836배나 무겁다는 것을 알게 되었다. 중성자의 질량은 양성자의 질량과 거의 같지만 중성자는 전하를 띠지 않는다.

3) 물리학의 전자와 화학의 전자는 다르다?

물리학에서 배우는 전자와 화학에서 배우는 전자가 다르다고 알고 있는 학생들이 의외로 많다. 물리학에서는 전자를 원자핵 주위를 도는 입자라고 가르치는 반면 화학에서는 전자를 화학 반응을 일으키는 음전하의 구름(오비탈)이라고 가르친다. 그러나 물리학이나 화학 모두 동일한 전자를 다루고 있음을 꼭 기억하라.

이와 같은 혼란은 원자 세계의 특징을 정확히 설명하지 않아서 생긴 것이다. 전자처럼 눈에 안 보이는 작은 입자는 야구공 같이 눈에 보이는 크고 무거운 물체와 근본적으로 다른 성질을 가진다. 믿기 어렵겠지만 전자는 입자이면서 파동이다. 물리학에서는 전자의 입자성을 강조하는 데 비해 화학에서는 전자의 파동성을 강조하기 때문에 서로 다른 원자 모형을 채택하고 있을 뿐이다(33쪽 그림 참조).

4) 전하는 보존된다

물리학자들은 전 우주에 존재하는 전체 전하량이 변하지 않는다고 믿고 있다. 쉽게 말해 원자의 전하량이 0(중성)으로 일정하듯이 전 우주의 전하량도 0 또는 일정한 값이라고 생각한다. 어떤 물체가 전하를 띠는 것을 대전된다고 한다. 물체를 대전시키려면 물체를 구성하고 있는 원자들로부터 전자를 떼어내 다른 물체에 전자를 주면 된다. 전자가 떨어져나간 물체는 양전하로 대전되고 반대로 전자를 얻은 물체는 음전하로 대전된다. 다시 말해 전하는 만들어지거나 사라지지 않고 다만 이동할 뿐이다. 그렇다면 우주 탄생 초기부터 있었던 전하는 어떻게 생긴 것일까? 유감스럽게도 아직은 이 질문에 대해 아무도 만족할 만한 답을 내놓지 못하고 있다.

02

SECTION t w o

비빌까, 이을까

전하 얻기

전하를 얻으려면 어떻게 해야 할까? 엄밀하게 말하자면 전하를 '만들' 수는 없다. 앞에서도 설명했듯이 전하는 생기거나 없어지지 않고 단지 한 물체에서 다른 물체로 이동하기 때문이다. 전기적으로 중성이었던 물체에서 전자가 빠져 나가면 음전하를 띠게 되고 이 전자를 받은 중성 물체는 양전하를 띠게 된다. 이처럼 전자의 이동에 의해 물체가 대전된다.

1) 마찰 전기

전하, 즉 전자를 이동시키는 가장 오래되고 쉬운 방법은 두 물체를 마찰시키는 것, 다시 말해 서로 비벼대는 것이다. 마찰로 인해 물체가 대전되는 것을 **마찰 전기**라고 부른다. 다른 물질로 이루어진 두 물체를 마찰시킬 때 전자를 잘 주는 물질로 구성된 물체는 양전하로, 전자를 잘 빼앗는 물질로 구성된 물체는 음전하로 대전된다.

아래의 물질들은 왼쪽에 있을수록 전자를 잘 주는 성질을 가졌고 오른쪽에 있을수록 전자를 잘 빼앗는 성질을 가졌다. 따라서 아래 순서도의 왼쪽에 있는 물질과 오른쪽에 있는 물질을 마찰시키면 왼쪽에 있는 물질은 양전하로, 오른쪽에 있는 물질은 음전하로 대전된다.

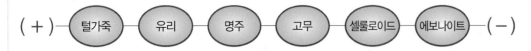

(+)─ 털가죽 ─ 유리 ─ 명주 ─ 고무 ─ 셀룰로이드 ─ 에보나이트 ─(-)

유리보다 명주가, 그리고 고무보다 에보나이트가 더 오른쪽에 놓이는 이유는 무엇일까? 물질의 구성 원자마다 전자가 원자에 구속되어 있는 정도가 다르기 때문이다. 구속된 정도가 약할수록 전자를 잘 잃게 되므로 양전하로 대전될 가능성이 커진다. 반대로 구속된 정도가 강하면 전자를 잃기보다 얻는 것이 쉬우므로 음전하로 대전된다.

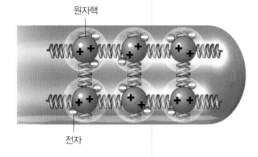

원자핵

전자

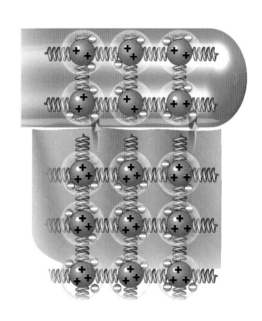

▲ 서로 다른 물질을 마찰시키면 전자의 구속력이 강한 쪽으로 전자가 이동하여 균형이 깨진다 (위의 물체는 (−)로, 아래의 물체는 (+)로 대전). 원자핵은 서로 강하게 구속되어 이동하지 않는다.

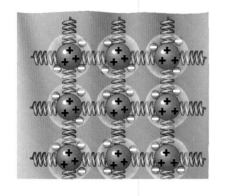

▲ 두 물질을 마찰시키기 전. 물질마다 원자핵의 +전하량과 전자의 −전하량이 같다.

그렇다면 왜 마찰시키면 물체로부터 전자가 떨어져 나올까? 전자는 원자핵에 구속되어 있어 저절로 떨어져 나올 수 없다. 따라서 원자에서 전자를 떼어 내려면 전자에 에너지를 주어야 한다. 물체를 마찰시킬 때 사람이 해 준 일은 전자를 떼어 내는 데 필요한 에너지로 바뀌고, 그 에너지에 의해 전자가 떨어져 나온다. 그러나 물체를 마찰시킨다고 해서 물체 표면에 있는 모든 원자들이 전자를 잃는 것은 아니다. 수만 또는 수십만 개의 원자 가운데 하나 정도가 전자를 잃을 뿐이다. 이처럼 실제로 떨어져 나오는 전자의 수는 매우 적다.

마찰에 의해 대전된 물체의 전하는 잘 이동하지 않기 때문에 **정전기**('정(靜)'은 한자로 머문다는 뜻)라고 부른다. 마찰 전기는 전기에 대한 연구를 시작할 무렵부터 관심의 대상이었다. 전기를 연구하는 초기부터 회전하는 구를 마찰시켜 큰 전하를 얻는 '마찰 전기 발생기'가 사용되었을 정도이니 말이다.

|생|활|속|물|리|

생활에 꼭 필요한 정전기

플라스틱 빗을 사용해 머리를 빗을 경우 머리카락이 빗에 달라붙는다거나 인조 섬유로 만든 옷을 벗을 때 빠지직하는 소리나 난다거나 자동차 문을 열다가 딱 하는 소리와 함께 손가락에 따끔한 통증을 느낀다거나 먼지 털이에 먼지가 잘 달라붙는 것은 모두 정전기 때문에 생기는 현상이다. 물리학에서 정전기 현상은 마찰에 의해 생기는 전하에 의해 생기는 전기 현상을 일컫는 용어다. 머리를 플라스틱 빗으로 빗으면 마찰에 의해 머리카락은 양전하로, 빗은 음전하로 대전되어 빗과 머리카락 사이에 서로 끌어당기는 전기력이 생긴다.

여름철에는 공기 중의 수증기가 많아 정전기가 덜 발생한다. 수증기가 대전체 사이에서 전하를 이동하는 구실을 하여 전하를 중화시키기 때문이다. 반면 겨울철에는 공기가 건조해 정전기를 자주 경험하게 된다.

정전기가 우리 생활에 미치는 불편한 점도 많지만 한편으로는 정전기 때문에 편리한 점도 많다. 비닐 랩, 전자 복사기, 공기정화기는 정전기를 이용한 것들이다. 비닐 랩이 그릇에 착착 달라붙는 것도, 전자 복사기의 토너(인쇄용 검정색 분말)가 종이 위에 붙는 것도, 그리고 미세 먼지가 고압이 걸린 공기정화기의 전극에 붙는 것은 모두 정전기 때문이다.

▼ 복사기를 사용할 수 있는 것도 정전기 현상 덕분이다.

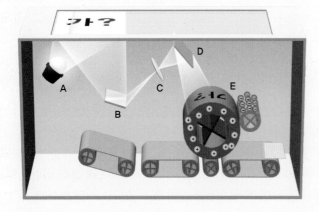

◀ 복사기의 원리

A에서 원본에 강하게 쪼여준 빛은 B, C, D의 거울과 렌즈에 의해 반사되고 굴절되어 E에 도달한다. (+)로 전하되어 있던 종이는 빛을 받아 전기를 잃는데, 글자 부분은 빛이 오지 않으므로 (+)로 대전된 채로 있게 되며, 바로 그 곳에 (−)로 대전된 토너가루가 밀착되는 것이다. 복사한 종이의 뒷면에 새로 복사를 하기 위해 용지를 넣어 보면 종이가 드럼에 달라붙어 용지가 걸리곤 하는데 이는 복사 후 용지에 남아 있는 정전기 때문이다.

2) 천연의 마찰 전기

▲ 더러운 입자나 먼지가 유독 잘 달라붙는 것은 이들이 대부분 대전되어 있기 때문이다.

공기 중의 미세 입자 또는 미세 먼지들은 공중에 떠 다니며 산소나 질소 등의 공기 분자들 또는 지상의 물체와 잦은 충돌을 한다. 미세 입자의 충돌은 물체 사이의 마찰과 같은 효과를 내게 되어 미세 입자들이 쉽게 대전된다. 따라서 공기 중의 미세 입자나 먼지들은 거의 대부분 대전되어 있다고 볼 수 있다. 대전이 된 미세 입자들은 전기력에 의해 다른 물체 표면에 달라붙는다. 먼지가 잘 달라붙는 것도 같은 이유 때문이다.

지구 전체로 놓고 본다면 매초 100번 이상의 번개가 지상의 어딘가에 떨어진다. 번개가 치기 전에는 윗부분은 양전하로, 아랫 부분은 음전하로 강하게 대전된 번개 구름이 나타난다. 아직 번개 구름이 대전되는 이유가 명확히 밝혀지지는 않았지만 구름 안에 들어 있는 수증기 입자나 얼음 입자들이 상승 기류를 타고 올라가면서 마찰을 일으켜 대전된다는 주장이 있다.

3) 정전기 유도

마찰시키는 것만이 전하를 얻을 수 있는 유일한 방법은 아니다. 물체들을 서로 접촉시키지 않고도 전하를 얻을 수 있는 방법이 있는데, 이를 '정전기 유도' 라 부른다. 정전기 유도란 도체에 대전체를 가까이 했을 때 대전체와 가까운 쪽에는 대전체와 반대 종류의 전하가, 먼 쪽에는 대전체와 같은 종류의 전하가 유도되는 현상을 말한다.

도체에는 많은 자유 전자가 있으며 이들은 주변에 대전체가 놓이게 되면 몰려가기도 하고 도망가기도 한다. 도체 주변에 (+)대전체가 놓이게 되면 대전체 가까이로 전자가 몰려서 대전체 가까이에는 (-)정전기가 발생하고 먼 쪽에는 (+)정전기가 발생하는 것이다.

이를 이용해서 재미있는 실험을 해볼 수 있다. 스티로폼 공 두 개를 준비하고 이 공들을 알루미늄 포일로 한 겹 싸 놓자. 이 두 공을 허공에 붙여 매달고 (-)대전체를 가까이 한 후 두 공을 떼어 놓고 대전체를 치우면 어떻게 될까?

대전체 가까이 있던 공은 (+)전하를 띠고 다른 공은 (−)전하를 띤다. 이런 공을 몇 개 만들어 실험하면 공들이 서로 밀쳐내기도 하고 끌어당기기도 하는 모습을 볼 수 있다.

정전기 유도는 금속과 같이 전기가 잘 통하는 물체(도체)뿐 아니라 종이, 플라스틱과 같이 전기가 잘 안 통하는 물체(부도체 또는 절연체)에서도 나타나는 일반적인 현상이다.

이제 이 실험과 관련하여 생각을 더 발전시켜 보자. 만약 스티로폼 공에 알루미늄 포일을 씌우지 않고 실험하면 어떻게 될까? 그래도 다른 부호로 대전된 구를 얻을 수 있을까? 답은 '그렇지 않다' 이다. 스티로폼 공은 자유 전자가 없는 절연체이다. 따라서 매우 미세하게 정전기 유도가 발생하기는 하지만 전자가 다른 공으로 넘어가지는 못하기 때문에 스티로폼 공들이 다른 부호로 대전될 수 없다.

이번에는 금속구를 가지고 똑같이 실험을 하되, 두 금속구를 분리하기 전에

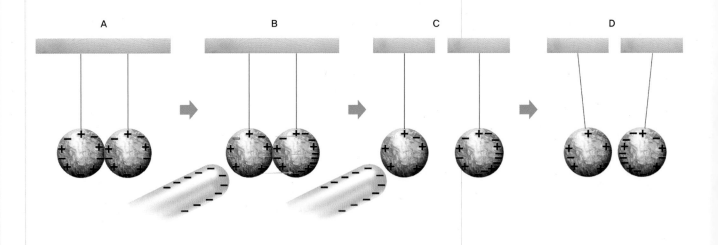

A   B   C   D

▲ 접촉시킨 두 금속구(A) 가까이 (−) 대전체를 가까이 하면 (−)와 (−) 사이에 척력이 작용하여 금속구의 전자가 먼 쪽으로 이동한다(B). 이 상태에서 두 금속구를 떼어 놓으면 왼쪽의 금속구는 전자가 부족한 상태(양전하로 대전)가 되고, 오른쪽의 금속구는 전자가 넘치는 상태(음전하로 대전)가 된다(C). 대전체를 치우면 두 구 사이에 끌어당기는 전기력이 작용하여 서로 가까워진다(D).

▲ 정전기는 전기가 잘 안 통하는 물체에서도 나타나기 때문에 종이가 플라스틱 빗에 붙기도 한다.

대전체를 멀리 치워 보자. 이 경우에도 서로 다른 부호로 대전된 두 구를 얻을 수 있을까? 이 역시 불가능하다. 금속에서는 전자의 이동이 자유롭기 때문에 대전체를 치우자마자 전자들은 다시 원위치로 돌아갈 것이다. 따라서 두 개의 구는 모두 다시 중성이 되고, 전하를 얻을 수 없게 된다.

반도체

반도체는 특이한 물질이다. 도체보다는 전기를 잘 통하지 않고 절연체보다는 전기를 잘 통하기 때문에 반도체라는 이름이 붙여졌다. 20세기에 들어와 반도체가 중요해진 이유는 대부분의 전자 기기에 반도체를 이용한 전자 소자들이 사용되기 때문이다. 이제 반도체에 대해 좀 더 자세히 알아보자.

현재 가장 많이 사용되는 반도체는 고체인 실리콘 결정이다. 실리콘은 모래의 주성분이기 때문에 지구에 매우 흔한 물질이다. 결정이란 원자가 3차원의 주기적 모양으로 배열된 구조를 말하며 실리콘 결정의 경우 한 개의 실리콘 원자를 주위에 있는 4개의 실리콘 원자들이 단단히 둘러싸고 있다. 반도체가 금속과 같은 도체보다 전기를 잘 안 통하는 이유는 원자들의 구속력이 강해 자유 전자의 수가 도체에 비해 작기 때문이다.

▲ 반도체 칩은 20세기 이후 거의 모든 전자 기기에 사용되고 있다.

반도체를 전자 소자에 사용하는 까닭은 '도핑'이라고 부르는 화학적 처리에 의해 전기가 통하는 정도를 마음대로 조절할 수 있기 때문이다. 도체나 절연체의 경우 전기를 통하는 성질이 거의 변하지 않지만 반도체는 쉽게 변화시킬 수 있다. 100만 개의 실리콘 원자에 극히 적은 수의 다른 종류의 원자(불순물 원자라고 부름)를 넣어 주면 반도체의 전기를 통하는 성질은 크게 증가한다. 불순물 원자의 종류와 수를 조절하면 전기를 통하게 할 수도, 통하지 않게 할 수도 있다.

반도체의 또 다른 재미있는 성질은 전자 외에도 반도체에서 전류를 나르는 전하 운반자가 존재한다는 점이다. 홀(양공 또는 정공이라고도 부름)이라고 불리는 전하 운반자는 원자에서 전자가 빠져나간 구멍을 의미한다. 전자가 있어야 할 곳에서 빠져나갔기 때문에 홀은 전기적으로 양전하를 가진 입자처럼 행동한다. 즉 반도체에 직류 전원을 연결하면 음전하인 전자는 음극에서 양극으로 이동하고, 양전하인 홀은 양극에서 음극으로 이동한다.

반도체를 이용한 최초의 전자 소자인 트랜지스터가 개발된 것은 1947년이다. 그 전까지의 전기 기기들은 진공관을 이용했다. 진공관은 필라멘트에 전류를 흘렸을 때 전자가 튀어나오는 원리를 이용한 전자 소자다. 진공관은 열도 많이 나고 필라멘트가 자주 끊어져서 망가지는 단점이 있었는데, 트랜지스터는 이런 단점을 모두 개선하여 급속히 진공관을 대체해 나갔다. 트랜지스터의 발명 이후 크기를 대폭 줄인 집적 회로(IC)가 등장하였고 자랑스럽게도 현재 우리나라가 세계 최고 수준의 반도체 소자 생산 기술을 가지고 있다.

4) 전하 옮기기

마찰 전기 또는 정전기 유도를 통해 양전하 또는 음전하로 대전된 물체로부터 중성인 물체로 전하를 옮길 수 있을까? 가능하다. 비유를 한 가지 들어 보자. 물이 든 양동이에서 빈 양동이로 물을 옮기려면 어떻게 해야 할까? 물이 채워진 호스를 두 양동이 사이에 꽂아 주면 된다. 두 양동이의 물의 높이가 같아질 때까지 물은 빈 양동이로 이동한다.

　전하의 경우도 비슷하다. 다만 호스 대신 금속 도선을 사용한다. 두 물체를 금속 도선에 접촉시키면 대전체에서 중성인 물체로 전하가 이동한다. 얼마나 많은 전하가 빠져나가는지는 두 물체의 모양, 재질 등에 의해 결정된다.

　금속 도선이 없을 때는 우리 몸을 이용할 수도 있다. 우리 몸은 좋은 도체는 아니지만 전하 이동이 가능하다. 지면에 서서 대전체에 손가락을 댈 때 우리 몸을 통해 전하가 땅으로 빠져나가는 현상을 **접지**라고 부른다. 물론 금속 도선을 지면에 연결하면 접지 성능이 좋아짐은 말할 필요도 없다.

　전하의 이동이나 접지에서 잊지 말아야 할 것이 있다. 음전하인 전자는 가벼워 이동이 쉽지만 양전하인 원자핵(양성자)나 이온은 무겁고 강하게 구속되어 있기 때문에 이동하는 것이 거의 불가능하다는 사실이다. 따라서 대부분의 경우 전하의 이동은 주로 전자를 통해 일어난다는 것을 기억해야 한다.

▼ 전하의 이동은 물의 이동과 유사하다. A의 상태에서 마개를 빼면 양쪽의 물 높이가 같아질 때(B)까지 물이 흐르는 것처럼, 한쪽에만 전하가 가득 찬 A'의 상태에서 도선을 연결해 주면 두 물체가 동일한 경우 양쪽의 전하량이 같아질 때(B')까지 왼쪽에서 오른쪽으로 전하가 이동한다.

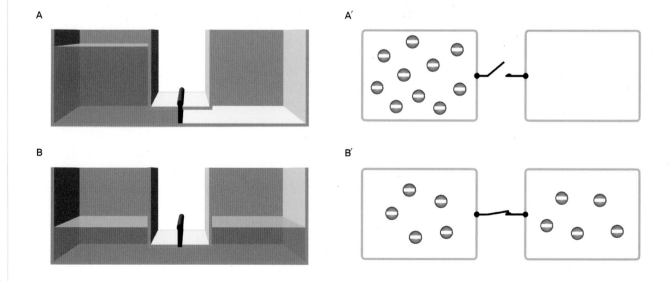

접지는 순간적으로 물체에 큰 전하가 발생하는 것을 막아 준다. 번개 피해로부터 건물을 보호하는 피뢰침은 뾰족한 막대를 접지시킨 것이다. 벼락의 엄청난 전하를 빠르게 땅속으로 이동시켜 건물을 보호해 준다. 우리가 카펫 위를 걷다가 문의 손잡이를 만질 때 '빠직' 하는 느낌을 갖는 것도 이렇게 전하가 옮아가면서 나타나는 현상이다.

5) 현대적인 전하 만들기

마찰 전기와 정전기 유도로 전하를 만드는 것은 21세기에 접어든 지금으로서는 매우 원시적인 행동이다. 그럼 보다 쉽고 편리한 방법은 없을까? 물론 있다! 전지(또는 직류 전원)와 두 장의 금속판을 준비하면 된다. 그림과 같이 금속판 두 장을 서로 닿지 않도록 평행하게 놓고 전지의 양극과 음극을 각각 다른 금속판

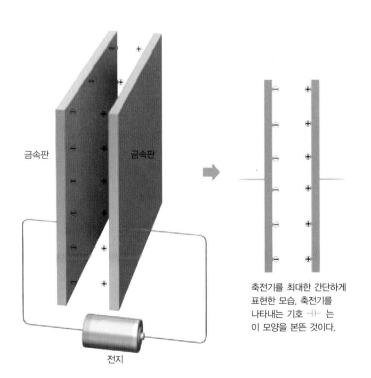

금속판 금속판

▶ 축전기의 원리

전지

축전기를 최대한 간단하게 표현한 모습. 축전기를 나타내는 기호 ⊣⊢ 는 이 모양을 본뜬 것이다.

에 연결한다. 그러면 쉽게 말해 전지의 양극에서는 양전하가, 음극에서는 음전하가 각 금속판으로 흘러나와 전하량의 크기는 같고 부호가 반대인 전하로 각각의 금속판을 대전시킬 것이다. 이 방법은 매우 간단하고도 편리하니까 꼭 기억하기 바란다. 전지의 원리도 이와 크게 다르지 않다. **전지**는 양전하와 음전하를 공급하는 간단한 휴대용 전기 기구인 것이다.

서로 마주보고 있는 두 장의 금속판을 물리학에서는 **축전기**라고 부른다. '전하를 비축할 수 있는 장치' 라는 뜻으로 붙여진 이 이름은 그 의미를 아주 잘 전달해 준다. 전지를 사용해 축전기에 전하를 담는 것을 **충전**이라고 부른다.

6) 전하 담아 두기

초창기 전기 연구자들에게는 전하를 담아 두는 것이 전기 현상의 원인을 알아내는 것만큼이나 큰 과제였다. 열심히 노력해서 물체를 대전시켜 놓아도 공기 중의 수증기 때문에 중화가 일어나 얼마 지나지 않아 전하가 없어져 버렸기 때

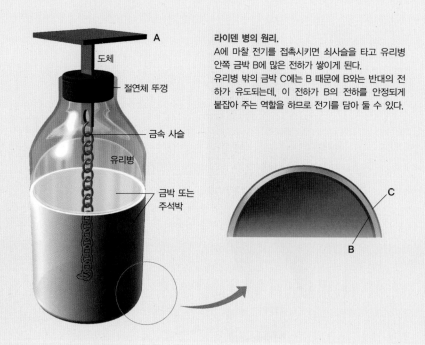

도체

A

절연체 뚜껑

금속 사슬

유리병

금박 또는
주석박

C

B

라이덴 병의 원리.
A에 마찰 전기를 접촉시키면 쇠사슬을 타고 유리병 안쪽 금박 B에 많은 전하가 쌓이게 된다.
유리병 밖의 금박 C에는 B 때문에 B와는 반대의 전하가 유도되는데, 이 전하가 B의 전하를 안정되게 붙잡아 주는 역할을 하므로 전기를 담아 둘 수 있다.

문이다. 이처럼 공기 등에 의해 전하가 사라지는 현상을 **방전**이라고 하며, 충전의 반대 현상이다. 많은 물리학자들이 방전을 막아 전하를 효율적으로 저장하고 필요할 때마다 전하를 쉽게 사용하기 위해 고민했는데, 이 문제를 해결해 준 것이 바로 1700년대 중반에 발명된 라이덴 병이다.

라이덴 병은 유리병의 안쪽과 바깥쪽에 금속박을 붙이고 안쪽 금속박을 마찰 전기로 대전시키는 간단한 축전기로, 이후 한 세기 동안 전기 연구에 필수적인 도구가 되었다. 두 금속박에 대전된 반대 부호의 전하가 서로 끌어당겨 전하가 방전되는 것을 막아 주는 것이 라이덴 병의 원리인데, 모든 축전기가 이 원리를 따르고 있다. 현재는 라이덴 병보다 더 작은 부피에 더 많은 전하를 담아 둘 수 있는 다양한 축전기들이 개발되어 전하 보관에 사용되고 있다.

7) 전하 측정하기

대전된 물체가 가진 전하량을 정확히 측정하는 것은 측정 기술이 발전한 오늘

▼ **검전기의 원리**

A: 대전되지 않은 상태의 검전기. 금속박의 전하가 중성이므로 전기력이 작용하지 않아, 금속박이 아직 벌어지지 않았다.

B: 양으로 대전된 대전체를 금속판에 대면 검전기의 전자가 대전 막대로 이동하여 검전기가 양전하로 대전된다. 금속박도 양전하로 대전되어 벌어지게 된다.

C: 대전체를 멀리 해도 금속박은 벌어진 채 있다.

D: 금속판을 접지시키면 지면으로부터 검전기로 전자가 이동하여 검전기가 중성이 되므로 금속박이 오므라들면서 붙게 된다.

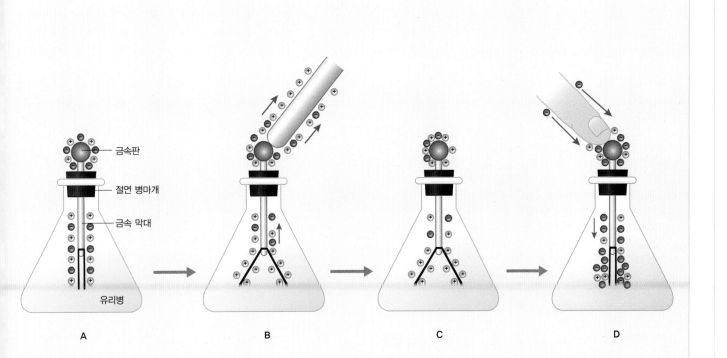

금속판
절연 병마개
금속 막대
유리병

A   B   C   D

날에도 여전히 어려운 일이다. 그러나 전하의 부호와 전하량이 큰지 작은지는 **검전기**를 사용해 쉽게 알 수 있다. 놀랍게도 검전기는 1786년 발명되어 지금까지 사용되고 있다.

검전기는 양전하는 움직이지 못하지만 음전하는 금속을 따라 자유롭게 이동하는 성질을 이용하야 상대적인 전하량과 전하의 부호를 알아내는 장치로, 금속판과 가는 금속 막대(또는 금속 도선), 얇은 금속박(알루미늄 포일이나 담배 종이의 은박), 유리병, 절연 병마개만 있으면 누구든지 쉽게 만들 수 있다.

검전기를 만든 후 금속 원판을 접지시켜 전하를 없애면 금속박이 벌어지지 않고 붙어 있게 된다(45쪽의 그림 A). 이제 대전체를 금속 원판에 대면 대전체로부터 전하가 이동하여 금속박이 같은 전하로 대전된다. 따라서 금속박에는

좀 더 자 세 히

검전기 실험

검전기를 사용하여 정전기 유도를 확인해 보자. 마찰하지 않은 플라스틱 막대를 검전기의 금속판에 가까이(닿으면 안 된다) 가져가 보자. 이 경우 플라스틱 막대에 전하가 없으므로 아무런 변화도 일어나지 않는다.

이번에는 털가죽으로 플라스틱 막대를 마찰시킨다. 앞에서 배운 것처럼 플라스틱 막대는 음전하로 대전된다. 그림의 A처럼 이 플라스틱 막대를 검전기의 금속판에 가까이 가져가면 금속박이 벌어진다. 왜 그럴까? 정전기 유도에 의해 금속판에는 양전하가, 금속박에는 음전하가 대전된다. 같은 음전하로 대전된 두 개의 금속박 사이에는 서로 밀어내는 전기력이 작용하므로 금속박이 벌어진다(A′).

이번에는 그림 B처럼 막대를 그대로 둔 채 손가락을 금속판에 대어 보자. 검전기의 금속박이 오므라들 것이다. 왜 그럴까? 금속판은 손가락을 통해 접지가 되므로 검전기의 전하들은 지면으로 빠져나갈 수 있다. 이 경우, 금속판의 양전하는 무거워서 거의 움직이지 못하기 때문에 음전하로 대전된 금속박의 전자들만 지면으로 빠져나간다. 따라서 금속박의 음전하의 양이 줄어들고, 금속박은 오므라드는 것이다(B′).

이제 그림 C에서처럼 손가락을 떼고(①) 플라스틱 막대를 멀리 해 보자(②). 어떤 변화가 생길까? 전자들이 손가락을 통해 지면으로 빠져나갔기 때문에 검전기는 전체적으로 양전하를 띠게 된다. 따라서 플라스틱 막대를 멀리하면 금속판의 양전하의 일부가 금속박으로 이동하여 금속박이 더 벌어진다(C′).

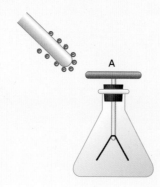

같은 전하끼리 밀어내는 힘이 작용하며, 가벼운 금속박은 이 힘 때문에 서로 벌어진다(그림 B). 벌어지는 정도는 대전된 전하량에 비례하므로 벌어진 정도를 보면 전하량의 크기를 어림짐작할 수 있다. 대전체를 뗀 후 멀리하면 금속박은 벌어진 채로 남아 있게 된다(그림 C). 손이나 도선을 사용해 접지시키면 대전된 전하가 빠져나가 중성이 되므로 금속박이 다시 붙게 된다(그림 D).

전하를 정밀하게 측정하려면 **전위계**를 사용한다. 대전체를 전위계에 연결하면 이 장치의 내부에 들어 있는 축전기가 충전되어 전압이 발생하는데, 이 전압을 정밀하게 측정하여 간접적으로 대전체의 전하량을 우리에게 알려 주는 것이다.

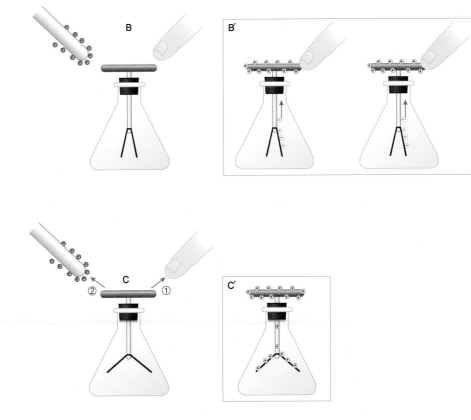

전하가 흘러흘러

전류

자기 현상의 원인인 전류는 전하의 흐름이다. 이제 전류가 가진 특성에 대해 좀 더 자세히 알아보자.

1) 전류는 물의 흐름과 유사하다

물은 수많은 물 분자(H_2O)로 구성되어 있지만 물 분자가 워낙 작기 때문에 물 분자 하나하나의 움직임을 보기는 불가능하다. 따라서 물을 부피를 가진 하나의 유체로 생각하는 것이 물의 성질을 이해하는 데 편리하다. 전하의 흐름인 전류도 마찬가지다. 1장에서 우리는 전하가 입자인 전자(음전하), 원자핵(양전하의 양성자), 이온(양전하 또는 음전하를 가짐)임을 배웠고, 금속 도선에 전류가 흐를 때는 주로 전자가 이동한다는 것도 알고 있다. 도선을 따라 전류가 흐를 때는 엄청난 수의 전자들이 이동한다. 전자는 물 분자보자 훨씬 작으므로 전류의 경우 역시 전자 하나하나의 움직임을 보는 것은 불가능하다. 따라서 전하를 유체로 생각하는 것이 편리하며, 전류를 다룰 때는 특히 그렇다. 그렇게 본다면 예전의 물리학자들이 전하를 유체라고 생각했던 것이 아주 잘못된 것은 아니다.

물을 낭비하지 않으면서 높은 곳에서 낮은 곳으로 흘려보내려면 물길을 잘 만들어 주어야 한다. 지금으로부터 2000년 전, 옛날 로마인들은 물을 도시로 끌어들이기 위해 수도교를 건설했다. 지금도 프랑스나 이탈리아에 가면 로마 시대에 세워진 거대한 수도교를 볼 수 있다. 요즘에는 플라스틱 파이프나 호스를 이용해 이 문제를 해결할 수 있다. 전류에서 파이프에 해당하는 것이 바로 금속 도선이다. 전기가 잘 통하는 금속으로 만든 가는 도선을 따라 전하, 즉 전자들이 쉽게 이동할 수 있다.

학교 실험실에서 쉽게 볼 수 있는 도선들은 거의가 구리로 만들어져 있다. 구리로 도선을 만들어야만 전류가 흐르기 때문일까? 꼭 그렇지는 않다. 단지 전류가 좀 더 잘 흐를 뿐이다. 플라스틱 파이프 대신 흙을 구워 만든 엉성한 파이프를 사용해도 물을 보낼 수 있지만 속이 매끈한 플라스틱보다는 물이 잘 안 흐르는 것과 같은 원리다. 구리 도선을 사용하면 전류가 잘 흐르지만 니크롬선 등으로 된 도선을 쓰면 구리 도선을 쓸 때만큼 전류가 잘 흐르지 않는다.

2) 전류는 저절로 흐르지 않는다

모터 등의 도움을 받지 않고 파이프를 통해 물을 흐르게 하려면 파이프가 기울어져 있어야 한다. 그래야 물이 높은 곳에서 낮은 곳으로 흐르게 된다. 왜 그럴까? 속 보이는 과학 1권 '힘과 운동 뛰어넘기'를 열심히 읽은 학생이라면 이 정도쯤은 대답할 수 있어야 한다. 이 문제는 두 가지 방법으로 설명할 수 있다.

첫 번째 방법은 중력, 즉 힘을 이용하는 것이다. 물은 지구의 중력에 의해 가속되어서 위에서 아래로 흐르게 된다. 파이프의 경사가 작을수록 더 느린 속도로 흐르게 된다. 두 번째 방법은 중력에 의한 위치 에너지(퍼텐셜 에너지가 더 정확한 표현), 즉 에너지를 이용해 설명하는 것이다. 자연은 위치 에너지가 낮을수록 안정하다. 따라서 모든 물체는 위치 에너지가 큰 곳에 있을수록 불안해하며, 저절로 위치 에너지가 낮은 곳으로 이동하려는 경향이 있다. 물도 높은 곳에 있으면 위치 에너지가 커서 낮은 곳으로 흐르려 한다.

겉보기에 두 설명 방법이 전혀 다른 것 같지만 실은 동일한 것이다. 아직은 힘을 사용한 설명법이 익숙하겠지만 더 멋지고 수준이 높은 방법은 위치 에너지를 사용하는 방법이니 익혀 두기 바란다.

다시 전류로 돌아가 보자. 전류 역시 도선을 따라 흐르려면 중력을 이용하기 위해 파이프를 기울이는 것과 같은 조작을 해 주어야 한다. 도선의 경우 **전기력**을 걸어 주거나 도선 양 끝의 위치 에너지를 다르게 만들면 된다. 전기의 경우 전기력에 의해 위치 에너지가 결정되며 이런 위치 에너지를 **전기적 위치 에너지**라고 부른다. 도선을 따라 전기적 위치 에너지가 달라지면 전하는 전기적 위치 에너지가 큰 곳에서 작은 곳으로 이동한다. 그럼 도선을 따라 전기적 위치 에너지가 달라지게 하려면 어떻게 해야 할까? 이 때 사용하는 것이 전지, 또는 전원이다. 전지를 도선의 양 끝에 연결하면 도선 내의 위치 에너지가 달라지고, 전하는 위치 에너지가 낮은 곳을 찾아 이동하게 되어 있다. 달리 이야기하면 도

▲ 전류의 흐름은 여러 가지 면에서 물의 흐름과 유사하다.

선에 전지를 연결하면 도선을 따라 전기력이 발생해 전하에 힘을 가해 전하가 이동하게 되는 것이다.

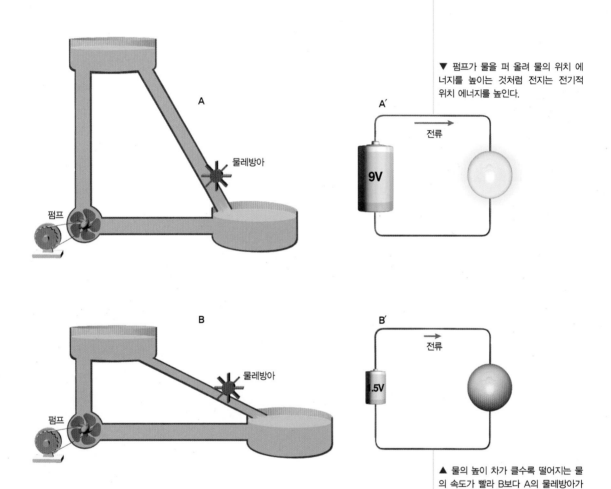

▼ 펌프가 물을 퍼 올려 물의 위치 에너지를 높이는 것처럼 전지는 전기적 위치 에너지를 높인다.

▲ 물의 높이 차가 클수록 떨어지는 물의 속도가 빨라 B보다 A의 물레방아가 빨리 도는 것처럼, 전지의 전압이 높을수록 전류가 커져 B′보다 A′의 전구가 더 밝다.

3) 도선에서 전류가 흐르는 모습

금속 도선에 전류가 흐른다고 하자. 도선 내부를 들여다볼 수 있다면 어떤 것을 보게 될까? 우선 도선 내부의 수많은 금속 원자들이 규칙적으로 배열되어 특유의 결정 구조를 이루고 있는 것을 볼 수 있을 것이다. 마치 작은 쇠구슬들이 차곡차곡 쌓여 있는 것처럼 말이다. 그리고 각 구슬의 중앙에 원자핵이 있고 그 주위를 여러 개의 전자들이 구슬 안에서 궤도를 따라 돌고 있다고 생각하면 이해하기 쉬울 것이다.

이제 도선에 전지를 연결하면 전자들이 전기력을 받아 이동하게 된다. 달리 말하자면 전자들이 전기적 위치 에너지가 큰 곳에서 작은 곳으로 이동하는 것이다. 이 때 원자핵의 이동은 무시한다. 왜 그럴까? '원자핵이 전자보다 무겁기 때문'이라고 대답할 수만 있어도 이해력이 뛰어난 학생이라 할 수 있다. 그러나

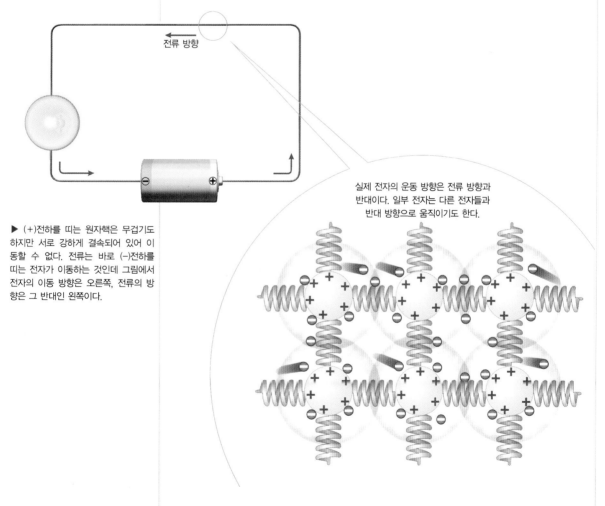

전류 방향

▶ (+)전하를 띠는 원자핵은 무겁기도 하지만 서로 강하게 결속되어 있어 이동할 수 없다. 전류는 바로 (−)전하를 띠는 전자가 이동하는 것인데 그림에서 전자의 이동 방향은 오른쪽, 전류의 방향은 그 반대인 왼쪽이다.

실제 전자의 운동 방향은 전류 방향과 반대이다. 일부 전자는 다른 전자들과 반대 방향으로 움직이기도 한다.

이것은 완벽한 답은 아니다. 이것보다는 원자핵이 결정 구조를 이루며 단단하게 고정되어 있다는 사실이 훨씬 중요한 이유이기 때문이다. 금속 도선에서는 전자만이 **전하 운반자**(전하를 실어 날라 전류가 흐르게 하는 물체) 구실을 한다. 특수한 경우로 용액 속에서는 전자, 이온 모두 전하 운반자가 되어 전류에 기여를 한다.

전지나 직류 전원에는 두 극, 즉 양극과 음극이 있다. 도선에 전류를 흘리기 위해 전지의 두 극을 도선 양 끝에 연결하면 음전하를 띤 전자가 어느 쪽으로 이동할까? 실제로 전자는 전지의 음극에서 양극으로 이동한다. 따라서 전하의 흐름을 전류라 하면, 전류의 방향은 음극에서 양극을 향하는 방향이 될 것이다. 하지만 놀랍게도 현재 우리가 사용하는 전류의 방향은 전지의 양극에서 음극으로 향하는 방향으로 약속이 되어 있다. 즉 전류의 방향과 전자의 이동 방향이 반대이다. 어쩌다가 이런 어처구니없는 일이 일어나게 되었을까?

발단은 1700년대 중반 프랭클린 때까지 거슬러 올라간다. 프랭클린은 전기 현상에 대해 많은 실험을 하긴 했으나 전기에 대해 깊은 지식을 갖고 있지는 못했다. 전자에 대해 아는 바가 전혀 없었던 그는 전하를 유체로 생각했으며, 이 유체가 많은 곳이 양전하를 띤다고 보았다. 이러한 생각을 바탕으로 프랭클린은 전지를 도선에 연결하면 양극에 있는 넘치는 양전하가 전하가 부족한 음극으로 이동하게 되어 전류가 양극에서 음극으로 흐른다고 주장하였다. 전자와 전하에 대한 많은 사실들이 밝혀진 지금까지도 물리학자들이 프랭클린의 주장을 따르고 있는 것을 보면, 잘못된 전통조차도 지키고 있는 물리학자들의 고집이 얼마나 대단한지 알 수 있다.

|좀|더|자|세|히|

전자는 없어지지 않을까?

전류가 계속 흐르면 도선 안의 자유 전자들이 모두 이동하게 되고, 어느 정도 시간이 지나면 더 이상 이동할 자유 전자가 없게 되어 전류가 흐르지 않게 되는 것이 아닐까? 이런 의문을 가질 정도라면 매우 우수한 학생이다. 그러나 이런 걱정을 할 필요는 없다. 빠져나간 자유 전자를 전지가 계속 보충해 주기 때문이다. 전지는 도선에서 양극으로 들어온 자유 전자의 전기적 위치 에너지를 높여 음극으로 보내 도선에서 빠져나간 자유 전자를 보충하는 역할을 해 준다. 분수대에서 모터로 물을 순환시키는 것과 같은 원리다.

4) 도선 내에서 전자는 지그재그로 움직인다.

이제 금속 도선 속을 이동하는 전자의 행동을 지켜보자. 금속 원자에 속한 여러 전자들 가운데 원자핵에서 비교적 멀리 떨어진 전자들은 원자핵에 상당히 느슨히 붙어 있다. 따라서 전기력을 조금만 가하면 이 느슨한 전자들은 원자핵에서 떨어져 나와 자유롭게 이동할 수 있다. 이런 느슨한 전자들을 **자유 전자**라고 부른다. 금속과 같은 도체가 전기를 잘 통하는 이유가 바로 자유 전자 때문이다.

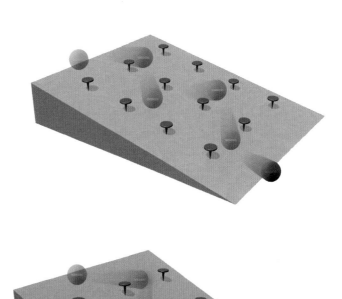

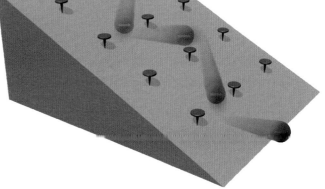

▶ 못은 원자핵, 공은 전자에 비유할 수 있다. 비탈의 경사에 해당하는 것은 전지의 전압이다.
전자는 원자핵과 계속 충돌하기 때문에 직선으로 운동하지 못하고 지그재그로 나아간다.
아래 그림이 위의 그림보다 경사가 높으므로 공이 빨리 떨어지는 것처럼, 전자도 전압이 높을 경우에 더 빨리 이동하여 전류가 커지게 한다. 전자의 이동 속력은 물질에 따라 다르지만 대략 0.1mm/s 정도이다.

반면 절연체 안의 원자들은 자유 전자를 가지지 않기 때문에 전기가 거의 통하지 않는다.

여기까지는 비교적 익숙하게 받아들여질 것이다. 그러나 전기가 흐르는 실제 상황은 우리의 상식과는 다른 면이 많다. 실제로 도선에 전류가 흐를 때 모든 전자가 이동하는 것이 아니라 자유 전자, 그것도 자유 전자의 극히 작은 일부만이 이동하여 전류를 만든다. 게다가 놀랍게도 자유 전자가 직선으로 똑바로 움직이지도 않는다. 자유 전자는 지그재그로 움직인다.

자유 전자가 지그재그로 움직이는 것은 이동하는 동안 원자핵들과 끊임없이 충돌하므로 똑바로 나아갈 수 없기 때문이다. 보통 자유 전자는 1초에 10조 번 이상 충돌을 일으킨다. 많은 장애물이 있는 방 안에서 눈을 감고 걸어간다고 상상해 보자. 아무리 똑바로 걸어가려고 애써도 장애물 때문에 똑바로 걸어갈 수 없고 이리저리 비틀거리며 걷게 될 것이다. 전자 역시 전기력에 의해 앞으로 나아가기는 하지만 수많은 원자핵과의 충돌로 인해 직선으로 움직이지 못하고 지그재그로 나아가게 되는 것이다.

속 보이는 과학 1권 '힘과 운동 뛰어넘기'에서 물체가 힘을 받으면 가속 운동을 한다고 했다. 전자는 힘을 받음에도 불구하고 충돌 때문에 가속 운동을 하지 못하고 0.1mm/s(초속 0.1mm) 정도의 매우 느리고 거의 일정한 속도로 이동한다.

|생|활|속|물|리|

전등이 금방 켜지는 이유

도선 안에서 전자는 0.1mm/s 정도의 엄청나게 느린 속도로 운동한다. 그렇다면 전지나 전원에서 전등까지 전자가 이동하는 시간도 엄청나게 오래 걸릴 텐데 왜 전등의 스위치를 켜면 그 즉시 전등에 불이 들어오는 것일까? 이는 바로 도선에 전자가 가득 차 있기 때문이다. 도선에 전자가 차 있지 않다면 전등에 불이 들어오는 데 몇 시간이 걸릴지 모른다. 그러나 실제 도선에는 전자가 꽉 차 있기 때문에 전원을 연결하면 음극에 있는 전자들부터 차례로 밀려 거의 순식간에 전체 전자들이 이동하여 전등에 즉시 불이 들어오게 된다. 수도꼭지에 연결된 긴 호스를 생각하면 편리하다. 호스 안에 물이 없다면 수도꼭지로부터 나온 물이 호스 끝에 닿는 데 꽤 오랜 시간이 걸릴 것이다. 반면 물이 가득 차 있는 호스를 연결하고 수도꼭지를 틀면 즉시 물이 나온다.

5) 전류의 단위

원통 모양의 직선 금속 도선을 생각해 보자. 도선 내에 한 단면이 표시되어 있다고 하자. 도선에 전지를 연결하여 전류가 흐르게 하면 자유 전자들이 계속해서 이 단면을 지난다. 1장에서 전류의 단위를 암페어(A)로 약속했으며, 1A는 도선의 단면을 1초에 1C의 전하가 통과하는 것으로 정의했다. 또 전자의 전하량 $1e = 1.602 \times 10^{-19}$C이라고 했던 것을 기억하고 있을 것이다. 간단한 퀴즈를 하나 풀어 보자. 매초 몇 개의 전자가 도선을 지나야 1A의 전류가 흐른다고 할까? 답은 다음과 같다.

$$\frac{1C}{1e} = \frac{1C}{1.602 \times 10^{-19}C/\text{개}} = 6.25 \times 10^{18}\text{개}$$

1A의 전류가 흐르려면 매초 엄청난 수의 전자들이 도선을 지나야 한다는 것을 알 수 있다. 1장에서 1A는 너무 큰 전류라서 일상생활에서는 흔히 1mA(밀리암페어=$\frac{1}{1000}$A) 또는 1μA(마이크로암페어=$\frac{1}{1000000}$A)를 사용한다고 했다. 또한 우리 몸에 1mA의 전류만 흘러도 감전을 느낄 수 있고 5mA가 넘으면 통증을 느끼고 10mA가 넘으면 경련이 일어나며, 70mA가 넘는 전류가 몸속에 흐르면 심장에 강한 충격을 준다고 했던 것도 기억할 것이다. 전류를 다룰 때 조심해야 한다는 것은 아무리 강조해도 지나치지 않으니, 명심하기 바란다.

전류는 닫혀야 흐른다

전류 흘리기

전류를 흘리려면 두 가지가 있어야 한다. **전원**(직류 또는 교류)과 **전기 회로**
가 그것이다. 이 두 가지가 연결되어 있어야 전류가 흐를 수 있다.

1) 전원과 전기 회로

전원은 전기 회로에 있는 전하 운반자(주로 전자)에 전기력을 주어, 다른 표현
으로 전하 운반자의 전기적 위치 에너지를 높여 전하를 이동하게 하는 장치를
말한다. 전원은 다시 **직류 전원**과 **교류 전원**으로 나뉜다. 직류 전원의 대표적
인 예는 건전지다. 220V 교류를 직류로 바꿔 주는 소형의 직류 전원기나 충전
기도 직류 전원이다. 교류 전원의 대표적인 예는 가정에 들어오는 220V 교류
전기다. 발전소에서 생산된 교류 전기를 가정에서 사용하려면 벽에 있는 콘센
트(전기 기기의 플러그 꽂이)에 전기 기기를 연결하고 전기를 사용한 만큼 돈을
내면 된다. 전원은 일반적으로 두 개의 전극을 가진다. 직류 전원의 경우 전극
이 양극과 음극으로 고정되어 있는 반면 교류 전원의 경우 양극과 음극이 시간
에 따라 바뀐다.

이제 전류를 흐르게 하기 위한 두 번째 조건인 전기 회로에 대해 알아보자.
전기 회로는 전기 기기와 금속 도선(전선)을 전원에 연결한 것을 말한다. 보통
회로에 사용되는 금속 도선은 대부분 가격이 싼 구리선이다. 모든 전기 기기는
전원에 연결해야, 즉 전류가 흘러야 작동한다. 우리 주변은 셀 수 없을 정도로
많은 전기 기기들로 가득 차 있다. 작게는 꼬마전구, 꼬마모터, 휴대 전화, mp3
플레이어, 게임기 등에서부터 크게는 대형 냉장고나 에어컨에 이르기까지 전기
기기의 종류도 매우 다양하다. 이들은 기기들을 작동시키려면 기기에 적합한
크기의 전류를 흘려 주어야 한다. 너무 작은 전류가 흐르면 작동이 되지 않고,

▲ 보통의 전기 회로에는 값이 싸고 전기가 잘 통하는 구리 도선이 많이 이용된다.

▲ 약한 전류일 경우, 전기 회로에 전류가 흐르는지 알아보려면 꼬마전구보다는 발광 다이오드를 회로에 연결시켜 주는 것이 좋다.

필요 이상으로 큰 전류가 흐르면 기기에 문제가 생긴다. 전기 기기 내부를 들여다보면 많은 전자 부품과 도선으로 연결된 전기 회로가 도시의 도로망처럼 구성되어 있는 것을 확인할 수 있다. 복잡한 기능을 하는 전기 기기일수록 내부 구성, 즉 회로가 복잡하다.

2) 전류가 흐르려면 회로가 닫혀 있어야 한다.

'회로' 라고 하면 전선이 복잡하게 얽혀 있는 것을 떠올리기 쉬운데, 짧은 구리선 양 끝을 건전지의 두 극에 연결한 것도 간단하지만 엄연한 회로다. 이 회로에는 분명히 전류가 흐르지만, 만져 보지 않고 눈으로만 보아서는 회로에 전류가 흐르는지 아닌지 알아 낼 수가 없다. (절대로 건전지와 도선이 연결된 곳을 만져서는 안 된다. 왜 그런지 궁금하면 도선을 잠깐 전지에 연결했다 떼고 도선을 만져 보라. 아니면 도선에 스위치를 연결하고 잠시 스위치를 눌렀다 떼고 도선을 만져 보라. 도선의 변화를 느낄 수 있을 것이다). 따라서 회로에 전류가 흐르는지 알아보려면 도선에 꼬마전구나 전자 소자인 발광 다이오드를 연결하는 것이 좋다.

꼬마전구나 발광 다이오드를 연결하고 회로에 전류를 흘려 주면 전류의 크기에 비례해 전구 불빛의 밝기가 달라진다. 작은 전류가 흐르면 불빛이 어둡고 큰 전류가 흐르면 불빛이 밝다. 또 전류의 크기가 너무 크면 전구가 순간적으로 밝은 빛을 내고 끊어진다.

전기 스위치는 회로를 연결했다 끊었다 하는 간단한 전기 부품이다. 간단한 기계식 스위치의 내부를 보면 떨어져 있는 두 도선 사이에 도체가 있어 스위치를 누르면(즉 켜면) 도체가 내려와 떨어진 두 도선이 연결되고, 스위치를 누르지 않으면 도선이 떨어진 상태로 남아 있게 된다. 전원 스위치는 거의 모든 전기 기기에 장착되어 전원과 기기의 연결을 끊었다 이었다 하는 역할을 한다.

직류 전원인 건전지, 도선, 꼬마전구가 연결된 회로에 전기 스위치를 더 연결하고 스위치를 끈 상태로 두면 전구에 불이 들어오지 않아 전류가 흐르지 않는 것을 알 수 있다. 반대로 스위치를 켠 상태로 하면 전구에 불이 들어와 회로에 전류가 흐른다는 것을 알 수 있다. 이처럼 직류 회로에 전류가 흐르려면 전원을 포함한 회로 전체가 닫혀 있어야 한다. 그리고 전류는 항상 전지의 양극에서 음극으로 흐른다고 약속했음을 꼭 기억하라.

직류 회로는 물의 흐름에 비유할 수 있다. 물을 성공적으로 공급하려면 수도꼭지로부터 물을 공급하려는 장소까지 파이프가 연결되어야 한다. 만약 도중에 파이프가 연결되어 있지 않은 구간이 있다면 물이 새어 버릴 것이다. 물론 전하가 물처럼 회로 밖으로 새어나가지는 않는다. 그러나 직류 회로의 경우 전하는 회로가 연결되지 않은 구간을 뛰어넘을 수 없기 때문에 회로에 끊어진 곳이 조금이라도 있으면 전하의 이동이 불가능해져 전류가 흐르지 않는다.

중·고등학교에서 다루지 않는 교류 회로의 경우에는 사정이 다르다. 가정용 220V 교류 전원을 사용하는 대부분의 전기 기구를 들여다보면 축전기가 많이 사용되는 것을 볼 수 있다. 앞에서도 배웠듯이 축전기는 두 장의 평행한 금속판으로 만들어진 전자 부품이다. 금속판이 닿지 않도록 금속판 사이에는 두께가 얇은 공기층이나 절연체가 들어 있다. 따라서 축전기가 들어간 전기 회로는 그 축전기의 틈만큼 회로가 끊겨 있다고 할 수 있다. 만일 교류 회로의 경우에도 회로가 끊어져 있을 때 전류가 흐르지 않는다고 하면, 전기 기기는 작동하지 못할 것이다. 하지만 가정의 전기 기기들은 잘 작동한다. 교류 회로에서는 축전기에서처럼 회로가 약간 떨어져 있더라도 (교류) 전류가 흐를 수 있기 때문이다. 물론 회로가 떨어져 있는 간격이 너무 크면 직류 회로에서처럼 전류가 흐르지 않는다. 중·고등학교에서는 교류 회로를 다루지 않기 때문에 이 차이가 그리 중요하지 않지만 미리 알아 두면 나중에 편리할 때가 있다. 또한 광전 소자처럼 보통 때에는 회로를 분리시키고 있지만 빛을 비추면 소자에서 전자가 튀어나와 회로가 연결되면서 전류가 흐르게 하는 흥미로운 전자 부품도 있다.

3) 전류 측정하기

전류계라는 측정기를 사용하면 전류의 크기와 방향을 쉽고 정확하게 측정할 수 있다. 또 **멀티미터**라고 부르는 종합 전자 측정기에는 전류계뿐만 아니라 뒤에서 배울 전압계, 저항계가 모두 들어 있고, 가격도 만 원 정도로 저렴하여 가정에 하나씩 갖추면 각종 전기 기기의 고장을 진단하고 수리하는 데 유용하다. 전류계나 멀티미터를 보면 보통

▲ 전류계, 전압계, 저항계가 함께 들어 있는 디지털 멀티미터.

◀ 전류의 크기를 측정하는 아날로그 전류계.

검은색과 붉은색의 탐침(프로브)이 있어 전류의 방향을 알 수 있게 해 준다.

예전에는 바늘의 눈금을 읽어 전류의 크기를 아는 **아날로그 전류계**를 주로 사용했다. 하지만 전자 기술이 발전한 최근에는 전류의 크기를 숫자로 직접 보여주는 **디지털 전류계**가 주로 사용된다. 아날로그 멀티미터에 전류계, 전압계, 저항계가 한데 붙어 있는데, 그 이유는 세 가지 측정기의 핵심 부품이 **검류계**로 같기 때문이다. 검류계에 전류가 흐르면 자기력(4장에서 자세히 배운다)에 의해 검류계 안의 작은 전류 고리(코일)가 회전한다. 그리고 이 원형 고리의 중심에는 스프링이 달려 있어 전류 고리가 회전하면 스프링이 감기게 된다. 전류 고리의 회전력과 스프링의 감기는 힘이 같아지는 순간 전류 고리의 회전이 멈추고, 스프링에 달린 바늘이 회전 각도를 보여준다. 전류의 크기에 비례해 회전 각도가 커지므로 전류의 크기를 알 수 있다.

디지털 전류계의 경우 특수한 전자 소자가 검류계의 구실을 하여 전류의 크기를 보여준다. 또 디지털 전류계의 편리한 점은 전류의 크기와 함께 전류의 방향이 + 또는 -로 표시된다는 것이다. 즉 전류가 붉은색 탐침에서 검은색 탐침으로 흐르면 +로 나타나고, 반대로 흐르면 -로 나타난다. 아날로그 전류계의 경우 탐침을 전류 방향에 맞추어 제대로 연결해야만 제대로 된 값을 읽을 수 있다.

전류계나 멀티미터로 전기 회로의 특정한 곳에 흐르는 전류를 측정하려면 반드시 그 곳의 전기 회로를 끊은 후 전류계의 두 탐침을 끊어진 회로에 연결해 주어야 한다. 이것을 전류계를 회로에 직렬로 연결한다고 한다. 반대로 뒤에서 다루게 될 전압계는 회로를 끊지 않고도 측정할 수 있어 편리하다. 즉 전압계는 회로에 병렬로 연결해야 한다.

보통의 전류계로는 mA에서 A 정도의 크기를 가진 전류를 측정할 수 있다. 이 범위보다 작거나 큰 크기의 전류를 측정하려면 특수한 전류계가 필요하다. 아주 정밀한 고가의 전류계로는 1조 분의 1A, 즉 피코암페어(pA)까지도 측정할 수 있다. 그렇다면 아주 큰 전류는 어떻게 측정할까? 산길을 가다 보면 발전소에서 변전소까지 연결된 송전선을 지지하는 철탑들을 볼 수 있다. 송전선에는 수십 내지 수백 A의 매우 큰 전류가 흐른다. 송전선에 흐르는 전류를 측정하겠다고 송전선을 자를 수는 없는 노릇이다. 이런 경우에는 송전선 주위에 생기는 자기장의 크기를 측정하여 역으로 송전선의 전류를 환산한다. 자기장의 근원이 전류라는 사실을 응용한 것이다. 자세한 내용은 4장에서 배울 수 있다.

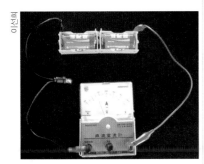

▲ 전기 회로에 흐르는 전류를 측정하려면 반드시 그 곳의 전기 회로를 끊은 후 전류계의 두 탐침을 끊어진 회로에 연결해 주어야 한다.

라이덴 병의 발명

전하를 유체로 생각했던 시절에는 대전체에서 전하가 사라지는 현상, 즉 방전이 전하가 증발하기 때문에 생긴다고 생각했다. 따라서 방전을 막는 방법에 대한 연구가 유체의 증발을 막는 방법의 연장선 상에서 이루어졌던 것은 어찌 보면 당연한 일이었다. 그 대표적인 예로, 1745년 독일의 성직자 클라이스트는 대전된 물을 유리병에 담아 두면 전하의 증발이 방지되므로 전하가 줄어들지 않을 것이라고 생각했다.

아마추어 과학자였던 클라이스트는 사실 전기에 대해 잘 알지 못했다. 그는 유리병에 담은 물을 대전시키기 위해 코르크 마개로 병 입구를 막고 마개 중앙에 긴 못을 꽂아 못이 물에 닿게 했다. 원래는 평평한 곳에 유리병을 놓고 대전시킬 생각이었겠지만, 유리병을 놓을 곳이 마땅치 않았던지 클라이스트는 한 손으로 병을 잡은 채 마찰 전기 발생기에 못을 연결하여 물을 대전시켰다. 대전이 끝나고 클라이스트의 다른 손이 실수로 못에 닿게 되었는데, 그는 이 때 엄청난 전기 충격을 느꼈다.

클라이스트의 소식이 전해들은 많은 과학자들이 재연 실험에 들어갔지만 실망스럽게도 아무도 똑같은

잠깐 이것만은 알아 두자!

2장을 읽고 나니 전하와 전류에 대해 알 것 같나요? 자세한 것은 몰라도 이것만은 꼭 기억하고 넘어갑시다!

- 전기 현상의 원인인 전하의 본질은 원자 속에 들어 있는 음전하를 가진 전자와 양전하를 가진 양성자이다. 고체 안에서 양성자는 무거운 원자핵 안에 있어 이동하기 어려운 반면 전자는 쉽게 이동할 수 있다.

- 전하는 생기거나 없어지지 않고 다만 한 물체에서 다른 물체로 이동한다. 다시 말해 전하는 보존된다. 전하가 이동할 때 주로 가벼운 전자가 이동한다. 따라서 전자를 얻은 물체는 음전하를, 전자가 빠져나간 물체는 양전하를 띠게 된다.

충격을 느끼지 못했다. 재연 실험들이 번번이 실패했던 이유가 밝혀진 것은 그 1년 후인 1746년 네덜란드 라이덴 대학의 교수 뮈센부르크에 의해서다. 뮈센부르크는 충격을 느끼려면 물을 대전하는 동안 반드시 손으로 병을 잡고 있어야 한다는 사실을 밝혀 냈다. 만약 클라이스트의 실험실이 완벽해서 유리병을 내려 놓고 작업할 곳이 있었다면 아마도 축전기의 발명은 몇 년 더 뒤로 미뤄졌을 것이다.

물을 대전시키는 동안 손으로 유리병을 잡고 있으면 물과 접촉하고 있는 안쪽의 금속박뿐 아니라 손을 통해 접지된 유리병의 바깥쪽 금속박도 함께 대전된다. 물론 두 금속박의 전하는 반대가 된다. 따라서 이 상태에서 다른 손으로 못을 건드리면 서로 다른 전극이 연결되는 것과 같은 효과가 얻어지므로 전류가 몸에 흘러 엄청난 전기 충격을 받게 된다.

뮈센부르크는 여러 실험을 거쳐 물이 없이 유리병 안쪽과 바깥쪽에 금속박을 붙이고 바깥쪽 금속박은 접지시키고 안쪽 금속박만 대전시키면 대전이 끝나도 전하가 사라지지 않고 병 안에 보관된다는 사실을 알아냈다. 그 후 이 장치의 유용함이 알려지면서 뮈센부르크가 재직하던 대학의 이름을 따서 이 병을 '라이덴 병'이라고 부르게 된 것이다. 라이덴 병은 최초로 발명된 축전기라고 할 수 있다.

전기를 저장한다는 것이 무척 생소하고도 신기했던 당시에는 라이덴 병과 관련된 믿지 못할 일들도 많이 벌어졌다. 프랑스에서는 180명의 근위병이 서로 손을 잡고 둥글게 원을 그리며 서 있다가 양끝의 두 근위병이 라이덴 병에 손을 대자 그 전기 충격으로 인해 180명 전원이 공중으로 펄쩍 뛰어 오르는 모습을 왕에게 보여 주기도 했다. 또한 영국에서는 라이덴 병에서 나온 긴 철사를 템스 강의 다리를 건너 다시 라이덴 병으로 돌아가게 한 후, 한 손으로는 라이덴 병을 잡고 다른 한 손으로는 쇠막대기를 쥔 사람이 쇠막대를 강물에 대어 전기 충격을 받는 위험한 실험이 행해지기도 했다.

- 예전에는 마찰 전기와 정전기 유도를 이용해 전하를 만들었다. 이런 방법으로 얻은 전하를 정전기라고 부른다. 요즘에는 전원과 축전기를 이용해 편리하게 전하를 얻을 수 있다.
- 전하의 국제 단위는 쿨롬(C)이다. 전하를 측정하는 데 검전기와 전위계를 사용하지만 전하량을 정확하게 측정하기는 매우 힘들다.
- 전류는 전하의 흐름이다. 도선을 따라 이동하는 전하의 수가 너무 많기 때문에 전류를 다룰 때는 전하를 유체로 생각하는 것이 편리하다.

- 전류는 저절로 흐르지 않는다. 전류가 흐르게 하려면 전원과 전기 기기, 도선으로 닫힌 전기 회로를 만들어 주어야 한다. 전원은 전하가 움직일 수 있도록 전하에 전기력을 가한다. 달리 표현하면 전원은 전하의 전기적 위치 에너지를 높여 준다.
- 전류의 국제 단위는 암페어(A)이다. 전류는 전류계 또는 전압계, 저항계, 전류계가 함께 달린 멀티미터를 가지고 쉽고 정확하게 측정할 수 있다.

손으로 물건을 만지면서 **촉감**을 느끼는 것, 다이아몬드가 눈부시게 **반짝**거리는 것, 우리가 먹은 음식이 소화되는 것,

텔레비전이나 냉장고가 **작동**되는 것, 울퉁불퉁한 바닥에서 짐을 끌면 매끄러운 바닥에서보다 **힘이 더 드는 것**....
이 모든 현상들의 공통점은 무엇일까?

위대한 물리학자 **맥스웰**의 환생인 우리의 전자기 도사께서는 이렇게 말씀하신다.
"이 모든 것들이 다 전기 때문에 일어나느니라~."

아니, 도대체 전기가 무엇이길래?

왁 자지껄, 전기의 속사정

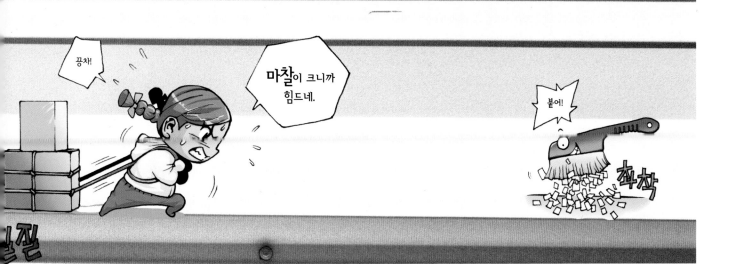

밀고 당기고

전기력

현재 물리학자들은 자연에 중력, 전자기력, 약력, 강력의 네 종류의 힘이 존재한다고 믿고 있다. 중력은 이미 1권에서 다뤘고 전자기력은 이 책에서 다룰 중요한 힘이다. 그리고 약력과 강력은 원자 안에서만 작용하는 아주 특수한 힘이다. 힘이라고 하면 대부분의 학생들은 물체가 접촉할 때 작용하는 것을 연상하지만, 전자기력은 '힘과 운동 뛰어넘기'에서 다룬 중력처럼 서로 멀리 떨어진 전하나 전류 도선 사이에서 작용하는 힘이다. 또 전자기력은 이 장에서 공부할 전기력과 4장에서 다룰 자기력으로 나누어진다.

▲ 다이아몬드가 반짝이는 것도, 그리고 그 다이아몬드를 손으로 만지며 촉감을 느낄 수 있는 것도 다이아몬드와 손가락 피부를 이루고 있는 원자들 사이의 전기력 덕분이다.

전자기력은 원자나 분자와 같은 아주 작은 세계(이를 '미시 세계'라 부른다)에서뿐 아니라 우리의 눈으로 볼 수 있는 일상세계(이를 '거시 세계'라 부른다) 모두에서 다 같이 중요한 역할을 한다. 우리가 일상생활에서 겪는 여러 가지 현상은 대부분 전자기력에 의한 상호 작용의 결과 때문에 나타난다. 예를 들어 우리 몸 안에서 일어나는 신진 대사와 같은 화학 반응이나 생명체의 활동도 궁극적으로는 전자기력에 의한 것이며, 가전제품이나 컴퓨터의 반도체 부품 역시 전자기력에 의해 작동되고 있다. 우리가 손으로 물건을 만지면서 그 촉감을 느낄 수 있는 것도 손의 피부를 이루는 원자들과 물체를 구성하는 원자들 간의 전기력 때문에 가능한 일이다. 전기가 잘 통하는 구리, 금, 은과 같은 금속이 특유의 광택을 띠는 것이나 전기가 통하지 않는 다이아몬드가 눈부시게 빛나는 것 역시 물질의 전자기적 성질 때문이다. 우리는 지구상에서 살기 때문에 중력의 효과를 가장 크게 느끼지만, 사실 중력은 전자기력에 비하여 크기가 작은 힘이다. 특히 원자나 분자의 세계에서는 전자기력의 효과가 중력보다 훨씬 강하기 때문에 중력 효과는 무시되고 전자기력에 의해 원자나 분자의 성질이 결정된다.

제 1장에서도 잠시 언급한 바 있지만, 길버트, 뒤페, 프랭클린이

전하가 전기 현상의 원인임을 알아내면서부터 전기력에 대한 본격적인 연구가 시작되었다. 세상에는 두 가지 종류의 전하(양전하와 음전하)가 존재하며, 같은 종류의 전하들 사이에는 서로 밀치는 힘이, 다른 종류의 전하 사이에는 서로 당기는 힘이 존재한다는 것이 그들이 발견한 주요한 결과였다. 그러나 그 후로 수십 년 동안 더 이상의 진전은 없었다. 전하 사이에 작용하는 힘의 크기 등과 같은 정량적인 지식이 밝혀지지 못했기 때문이다. 전기에 대한 연구가 한 단계 더 도약한 것은 1785년 쿨롱이 실험을 통하여 전하에 작용하는 전기력에 대한 법칙을 발견하면서부터이며, 이것은 뉴턴이 중력 법칙을 발견한 지 거의 100년이 지난 후의 일이었다.

1) 쿨롱의 법칙 – 점전하의 밀고 당기기

쿨롱이 활동할 당시만 해도 전하의 양을 측정하는 기구는 물론 전하의 양을 표시하는 단위조차 없었다. 이런 상황에서 쿨롱은 어떻게 전하의 양을 알 수 있었을까? 쿨롱의 방법은 생각 외로 간단하다.

쿨롱은 하인에게 같은 크기의 작은 금박 공 여러 개를 준비하도록 하였다. 그리고는 우선 마찰 전기로 한 개의 공에 전하를 대전시킨 후, 대전되지 않은 또 다른 금박 공과 접촉시켰다. 먼저 대전시켰던 금박 공의 전하량이 Q라면 접촉 후에는 원래의 전하량의 절반이 다른 공으로 옮겨가게 되므로 두 공 모두 $\frac{Q}{2}$의 전하량을 가지게 될 것이다. 이런 식으로 공들을 계속 접촉시키면 $\frac{Q}{2}$, $\frac{Q}{4}$, $\frac{Q}{8}$, $\frac{Q}{16}$ 등의 전하량을 가진 공들을 얻을 수 있다.

그리고 나서 쿨롱은 이 공들을 비틀림 저울(66쪽 그림 참조)에 매달아 각 전하들 간의 힘의 크기를 알아보았다. 비틀림 저울은 매우 작은 힘을 정밀하게 알아볼 수 있는 쿨롱의 발명품인데 원리는 간단하다.

q와 Q로 대전된 금박공 a와 b를 가까이 하면 전기력이 작용한다. 그 때문에 비단실은 비틀어지게 되는데 이 때 매달은 머리꼭지 K를 돌려 이 비틀림을 풀어주고 그 돌린 각도 θ를 측정한다. a와 b 사이의 힘이 크면 θ도 커지므로 이 각도 θ를 측정하여 전기력의 크기를 알 수 있다. 실험 결과를 토대로 쿨롱은 전하량이 q와 Q인 두 전하 사이에 작용하는 힘이 두 전하 간의 거리 r의 제곱에 반비례(즉, $F \propto \frac{1}{r^2}$)하고, 전하량의 곱에 비례(즉, $F \propto qQ$)함을 발견하였다. 두

결과를 결합하면 두 점전하 사이에 작용하는 전기력은 아래와 같은 식으로 나타낼 수 있으며 이를 흔히 쿨롱의 법칙이라 한다.

$$F = k\frac{qQ}{r^2}$$

여기서 F는 전기력의 크기이고, k는 쿨롱 상수라고 부르는 상수로서 $k = 9.0 \times 10^9 \mathrm{N \cdot m^2/C^2}$ 의 값을 가진다.

이제 앞에서 배운 1C의 전하량을 가진 점전하 사이에 작용하는 전기력이 얼마나 큰지 알아보도록 하자. 전하량이 1C인 두 점전하가 1m의 거리를 두고 떨어져 있을 때 두 전하 사이에 작용하는 전기력은 다음과 같이 구할 수 있다.

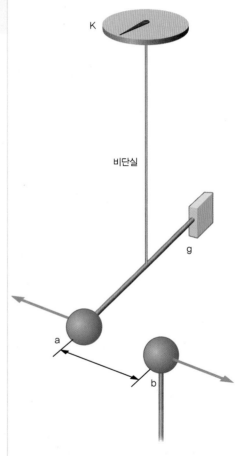

▲ 쿨롱의 비틀림저울을 이용한 전하량 측정의 원리.

왼쪽 그림의 'Fig.1' 에 해당하는 그림이다. q로 대전시킨 금속공 a에 Q로 대전시킨 금속공 b를 가져가면 비단 실이 뒤틀린다. 머리꼭지 K를 돌려 그 비틀림을 풀어주고 돌린 각도 θ를 측정한다. 금속공 b의 전하량과 그 위치를 바꿔가며 θ를 측정하여 전기력이 전하량과 그 둘 사이의 거리와 어떤 관련이 있는지 알아본다. g는 금박공 a가 수평을 이루도록 균형을 잡아 주는 역할을 한다.

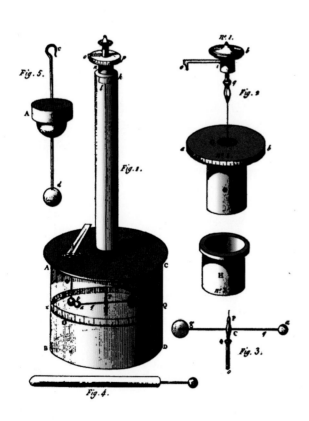

▲ 비틀림 저울을 사용한 쿨롱의 전기력 측정 장치(1785년 논문에 실린 그림). 후에 영국의 물리학자 캐번디시가 이 저울을 이용하여 중력 상수 G의 값을 알아내기도 했다.

$$F = \frac{(9 \times 10^9 \text{N} \cdot \text{m}^2/\text{C}^2)(1\text{C})(1\text{C})}{(1\text{m})^2}$$

$$= 9 \times 10^9 \text{N} \approx (1000 \text{kg중}) \times 10^6 = 100만\ \text{t중}$$

이 힘은 10톤 트럭 10만 대의 무게에 맞먹는 엄청난 크기다! 이제 1C의 전하량이 얼마나 큰 양인지 느낌이 올 것이다. 그리고 C(쿨롬)이 전하의 단위로 적합하지 못한 것은 아닐까 하는 의문도 들 것이다. 이렇게 큰 단위를 전하량의 단위로 사용하게 된 것은 이 당시 물리학자들이 전하에 대해 잘 모르고 있었기 때문이라고 할 수 있다. 물리학의 역사를 살펴보다 보면 이처럼 어처구니없는 일들과 종종 마주치게 되므로, 의외의 재미도 얻을 수 있다. 물리학을 공부하며 이와 비슷한 일이 또 있는지 찾아보라(앞에서 언급한 양전하가 움직이는 것이 전류라는 프랭클린의 잘못된 주장이 현재까지도 사용되고 있는 것, 전자기학에서 사용되는 불편한 단위 등이 이에 해당한다).

2) 전기력과 중력, 다르지만 비슷하네?

전기력과 중력은 힘의 크기가 거리의 제곱에 반비례하고 힘의 작용 범위가 무한대라는 점에서는 비슷하다고 할 수 있다. 그러나 이 두 힘이 마냥 비슷한 것만은 아니다. 중력이 물질의 속성인 질량과 질량 사이에 작용하는 반면, 전기력은 전하와 전하 사이에 작용한다는 것이 그 첫 번째 차이점이다. 또한 전하는 질량과 달리 두 종류가 있어서 같은 종류의 전하 사이에는 서로 밀치는 힘이, 그리고 다른 종류의 전하 사이에는 서로 당기는 힘이 작용하지만, 중력은 항상 서로를 끌어당긴다는 것도 중요한 차이점이다.

전하의 부호는 단지 역사적인 이유로 인해 전자의 전하를 음전하, 원자핵 속의 양성자의 전하를 양전하라고 부른다. 부호를 거꾸로 정하더라도 세상은 달라지지 않는다. 중요한 점은 전기력 때문에 전자가 반대 부호의 전하를 가진 원자핵 주위에 모여서 원자를 이루고, 또한 전기력 때문에 원자들이 모여서 분자를 이룬다는 것이다.

물체가 전하와 질량을 모두 가지고 있다면 전기력과 중력을 함께 받는다. 이 경우 전하와 질량이 물체의 운동에 어떤 영향을 줄까? 뉴턴의 운동 법칙에 의

마찰 전기의 전하량은 얼마나 될까?

2장 전하와 전류에서 털가죽으로 에보나이트 막대를 마찰하면 마찰 전기로 인해 전하가 발생한다고 했다. 3장에서 배운 물리 지식과 검전기를 활용하면 발생한 전하의 크기를 어림짐작할 수 있다. 어림짐작이란 정확히 값을 말하는 것이 아니라 대략 1, 10, 100, 1000… 정도라고 말하는 것이다. 어림짐작은 우리 생활에서도 많이 쓰인다. 예를 들어 '그 사람 부자야'라고 할 때 그 사람이 가진 재산을 정확히 알고 이야기하는 것은 아니다. 그 사람 재산이 1만 원, 10만 원 정도인지 또는 1억 원, 10억 원 정도인지로 판단을 한다. 물리에서도 이런 어림짐작은 물리하는 재미와 물리의 응용력을 기르는 데 큰 도움이 된다. 마찰 전기의 전하량을 짐작하려면 이 책에서 배운 지식 이외에 1권 힘과 운동 뛰어넘기에서 배운 지식도 동원해야 한다. 어떻게 하면 될지 한번 도전해 보자.

충분히 생각해 보았다면 자신의 생각과 아래의 방법을 비교해 보자. 대전된 에보나이트 막대를 중성인 검전기에 닿게 한다. 막대로부터 전하(실은 전자)가 이동해 검전기의 얇은 금속박이 대전되며 금속박의 전하에 의한 전기력 때문에 금속박이 벌어지게 된다. 전하량을 어림짐작을 하기 위해 몇 가지 가정을 하자. 막대의 전하의 반 정도가 검전기로 이동하고 이동한 전하의 반이 금속박으로 간다고 하자. 그러면 한 금속박의 전하는 막대 전하의 4분의 1이 된다. 금속박으로는 껌종이의 은박을 사용하고 한쪽 막의 크기는 길이 1cm, 폭 0.5cm라고 하자. 은박의 두께는 대략 0.01mm라고 해 보자. 은의 밀도(질량/부피)는 다른 책을 찾으면 대략 10g/cm³이다. 그리고 검전기가 대전되었을 때 금속박이 60°로 벌어진다고 하자. 이상의 사실을 가정하면 전하량의 어림짐작이 가능하다.

우선 은박(질량 m)에는 중력 mg가 아래로, 전기력 $k\dfrac{q^2}{r^2}$이 수평으로 작용하여 은박이 벌어진다. 은박이 60°로 벌어지려면 대략 중력과 전기력이 같아야 하므로(왜 그럴까?) $mg = k\dfrac{q^2}{r^2}$에서 은박의 전하량 $q = \sqrt{\dfrac{mgr^2}{k}}$이 된다. 따라서 은박 사이의 거리와 은박의 질량만을 알면 전하량을 계산할 수 있다. 은박이 60° 벌어져 있다고 하면 은박은 최대 1cm 떨어져 있고 따라서 거리는 평균하여 $r = 0.5$cm$= 5 \times 10^{-3}$m라고 할 수 있다. 이제 남은 것은 은박의 질량 m인데 '질량 = 밀도 × 부피'로부터 다음과 같이 구할 수 있다.

$$m = \left(10\,\frac{\text{g}}{\text{cm}^3}\right)(1\text{cm} \times 0.5\text{cm} \times 10^{-3}\text{cm}) = 5 \times 10^{-3}\text{g} = 5 \times 10^{-6}\text{kg}$$

이상을 종합하면 은박의 전하량 q를 계산할 수 있다.

$$q = \sqrt{\frac{(5 \times 10^{-6}\text{kg})(9.8\text{m/s}^2)(5 \times 10^{-3}\text{m})^2}{9 \times 10^9 \text{N} \cdot \text{m}^2/\text{C}^2}} \approx 4 \times 10^{-10}\text{C}$$

은박의 전하는 에보나이트 막대에 대전된 전하의 4분의 1이라고 한 앞서의 가정으로부터 마찰 전기로 발생한 전하의 크기는 10^{-9}C 정도라고 어림짐작할 수 있다. 이 값은 어림짐작으로 얻어진 것이므로 실제 값은 이것의 10배 또는 10분의 1이 될 수 있지만 그 이상의 범위를 가지지는 않는다.

해 물체에 작용한 힘에 의해 생기는 가속도는 물체의 관성을 나타내는 질량에 의해 결정된다. 따라서 전기력에 의한 물체의 가속도는 전하를 증가시키면 증가하지만, 중력에 의한 가속도는 질량과 무관하다. 제 1권에서 공기 저항 없이 중력에 의해 자유 낙하하는 물체들을 같은 높이에서 낙하시킬 경우 질량에 관계없이 항상 같은 시간에 땅에 도달한다고 배웠던 것을 기억하는가?

3) 여러 점전하에 의한 전기력

여러 개의 점전하가 다른 점전하에 작용하는 전기력은 어떻게 구할까? 전기력의 중요한 성질 가운데 하나가 중력과 마찬가지로 전기력이 일반적인 힘의 합성 법칙을 따른다는 것이다. 제 1권 '힘과 운동 뛰어넘기'에서 배운 것처럼 삼각형법이나 평행사변형법과 같은 벡터 더하기 방법을 사용하여 여러 점전하에 의한 전기력을 구할 수 있다.

예를 들어 아래의 그림과 같이 정사각형의 꼭지점에 네 개의 전하가 놓여 있다고 할 때 전하 A가 나머지 전하들 B, C, D에 의해 받는 전기력을 구해 보자. 전하 A, D는 음전하이고, 전하 B, C는 양전하이다. 전하 A가 전하 B, C, D에 의해 받는 각 전기력(F_{AB}, F_{AC}, F_{AD})의 세기는 전하량과 거리를 알면 쿨롱의 법칙에 의해 구할 수 있다. 그리고 전하 A에 작용하는 각 전하에 의한 전기력의

▼ 전하 A가 여러 점전하에 의해 받는 전체 전기력을 구하는 방법

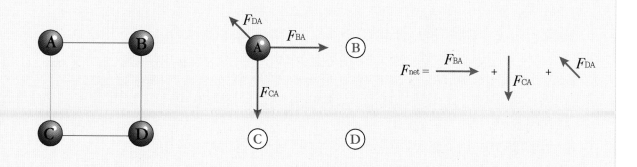

방향을 보면 그림처럼 다른 종류의 전하인 B, C는 잡아당기고, 같은 종류의 전하인 D는 밀어낸다. 각 전기력을 벡터 더하기해 주면 전하 A에 작용하는 전체 전기력(또는 알짜 전기력)을 얻게 된다.

69쪽 그림에서 A와 D의 전하량은 $-1\mu C(=-10^{-6}C)$, 그리고 B와 C의 전하량은 $+1\mu C$, 정사각형의 변의 길이는 10cm라 하고 점전하 A가 받는 전기력의 크기와 방향을 구해 보자.

우선 쿨롱의 법칙을 이용해 각 전기력의 크기를 구하면 다음과 같다.

$$F_{BA} = F_{CA} = \frac{(9 \times 10^9 N \cdot m^2/C^2)(10^{-6}C)^2}{(0.1m)^2} = 0.9N$$

$$F_{DA} = \frac{(9 \times 10^9 N \cdot m^2/C^2)(10^{-6}C)^2}{(\sqrt{2} \times 0.1m)^2} = 0.45N$$

$F_{BA} + F_{CA}$를 하면 알짜힘의 방향은 A에서 D를 향하고 크기는 1.27N이 된다. 반면 F_{DA}는 방향이 D에서 A를 향하여 $F_{BA} + F_{CA}$와 반대이다. 따라서 세 전기력을 합하면 알짜힘의 크기는 1.27N − 0.45N = 0.82N이 되고 방향은 A에서 D를 향한다.

4) 종이가 빗에 붙는 진짜 이유 – 전기 쌍극자를 아시나요?

작은 종이 조각 근처에 플라스틱 머리빗을 가져가면 종이가 빗에 달라붙는 것을 본 적이 있을 것이다(본 적이 없다면 한번 해 보자). 왜 이런 현상이 나타나는지 물어 보면 많은 학생들이 종이와 빗이 반대 부호로 대전되어 있어 전기력이 작용하기 때문이라고 대답한다. 그러나 빗은 보통 마찰에 의해 대전이 되어 있지만 종이는 대전되지 않은 중성인 경우가 많다. 전하 사이에 작용하는 전기력으로 이 현상을 설명할 수 없다는 얘기다. 그렇다면 종이가 빗에 붙는 진짜이유는 무엇일까?

사실, 우리 주위에서 실제로 물체에 알짜 전하가 대전되어 생기는 전기 현상은 극히 드물다. 마찰 전기로 인해 털옷에서 정전기가 발생하는 것처럼 매우 제

번개의 물리학

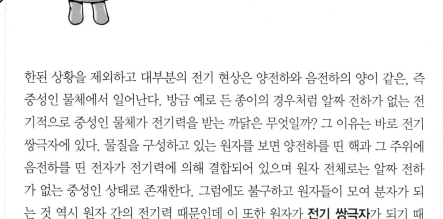

아마도 자연에서 가장 위력적이면서도 매우 잘 알려진 정전기 현상은 번개일 것이다. 여름이면 특히 자주 볼 수 있는 번개는 인간을 깜짝 놀라게 할 정도로 위협적인 대상이면서도 발생 원인이나 원리에 대해 아직 밝혀지지 않은 부분이 많다.

번개를 동반하는 구름은 습하고 더운 공기가 매우 강하게 상승하면서 만들어진다. 이 구름은 하부와 상부에 굉장히 많은 양의 전하를 분리시키는 것이 특징이다. 한 측정 결과에 의하면 구름 하부에는 −40C, 상부에는 +40C 정도의 전하가 대전되었고, 이 구름 밑에는 약 1만V/m의 강한 전기장이 생기며, 지표와 구름 사이의 전위차는 약 3MV(= 3백만V)나 된다. 최근의 연구 결과에 의하면, 번개의 전압은 보통 수억V에 이르며, 방전할 때 최고 3만A의 전류가 흐른다고 한다. 구름 속에서 전하가 왜 분리되는지에 대해서는 아직 확실하게 알려진 바가 없다.

한된 상황을 제외하고 대부분의 전기 현상은 양전하와 음전하의 양이 같은, 즉 중성인 물체에서 일어난다. 방금 예로 든 종이의 경우처럼 알짜 전하가 없는 전기적으로 중성인 물체가 전기력을 받는 까닭은 무엇일까? 그 이유는 바로 전기 쌍극자에 있다. 물질을 구성하고 있는 원자를 보면 양전하를 띤 핵과 그 주위에 음전하를 띤 전자가 전기력에 의해 결합되어 있으며 원자 전체로는 알짜 전하가 없는 중성인 상태로 존재한다. 그럼에도 불구하고 원자들이 모여 분자가 되는 것 역시 원자 간의 전기력 때문인데 이 또한 원자가 **전기 쌍극자**가 되기 때문에 생긴다. 그럼 전기 쌍극자란 무엇일까?

앞에서 전하가 여러 점전하에 의해 전기력을 받는 경우에 대해 살펴보았다. 이제 전하량은 같으나 부호가 다른 두 점전하가 일정한 거리 떨어져 있는 전하 쌍이 있다고 가정하고 이 전하 쌍이 떨어져 있는 다른 점전하에 미치는 전기력에 대해 생각해 보자. 언뜻 보기에는 전하 쌍의 전체 전하가 0이어서 다른 전하에 전혀 전기력을 작용하지 않을 것 같지만 72쪽의 그림과 같이 전하량이 Q와 $-Q$인 두 전하가 거리 d만큼 떨어져 있다고 가정하고, 두 전하를 연결하는 선

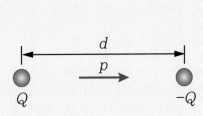

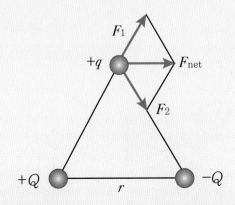

▲ +Q 전하와 −Q 전하가 거리 d만큼 떨어져 있다. 이 경우 총 전하량은 0이 되지만, 두 전하는 마치 전하를 가진 것처럼 주위 전하에 영향을 준다. 이런 전하 쌍을 전기 쌍극자라 한다.

▲ +Q 전하는 +q 전하에 F_1의 힘을 미치고 −Q 전하는 +q 전하에 F_2의 힘을 준다. 결국 +q 전하는전기 쌍극자에 의해 F_{net} 라는 알짜 힘을 받게 된다.

분에 수직인 직선 위에 놓인 점전하 +q가 받는 전기력을 구해 보면 0이 아님을 쉽게 알 수 있다. Q에 의한 전기력은 밀어내는 힘 F_1이고, −Q에 의한 전기력은 당기는 힘 F_2이므로 두 힘의 합을 구하면 수직선에 평행한 힘의 성분은 서로 상쇄되고 수직선에 수직인, 즉 두 전하를 잇는 선분에 평행한 성분만을 가진 알짜 힘 F_{net}이 남는다.

이처럼 멀리서 보면 알짜 전하가 0으로 보이지만 전하 쌍은 마치 여분의 전하를 가진 것처럼 다른 전하에 전기력을 가한다. 전기에서는 이런 전하 쌍을 **전기 쌍극자**라고 부르며 전기 쌍극자의 전기력은 전하량과 전하 사이의 거리의 곱인 **전기 쌍극자 모멘트** $p(=Qd)$와 관련이 깊다.

자연에 존재하는 분자들 가운데 양전하의 중심과 음전하의 중심이 서로 같시 않은 분자는 전기 쌍극자 구실을 한다. 오른쪽의 그림과 같이 물 분자는 결합 원자들이 비대칭적인 전하 분포를 가지기 때문에 전기 쌍극자이다. HCl 분자나 NH_3 분자도 물 분자처럼 영구적인 전기 쌍극자이며, 이렇게 전기 쌍극자의 역할을 하는 분자들을 편극 분자라고 부른다.

다른 액체들과 구별되는 물의 특징적인 성질들은 물 분자가 비교적 큰 전기

▲ 전기 쌍극자의 모습과 전기 쌍극자에 의한 전기력

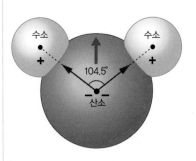

▲ 전기 쌍극자인 물 분자의 구조

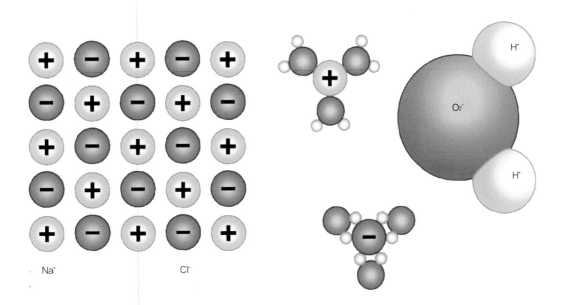

Na⁺   Cl⁻

▲ 소금의 나트륨과 염소 이온들이 전기 쌍극자인 물 분자에 의해 전기력을 받아 소금으로부터 분리되면서 물 분자와 결합한다. 이 때문에 소금은 물에 잘 녹는다. 실제로는 염소 이온이 나트륨 이온보다 훨씬 크다.

쌍극자 모멘트(6.02×10^{-30}C·m)를 가지기 때문에 생긴다. 예를 들어 소금(화학식으로 NaCl)을 물에 넣으면 전기 쌍극자인 물 분자가 소금의 나트륨 이온(Na^+)과 염소 이온(Cl^-)들에 큰 전기력을 작용하여 소금의 이온 결합을 끊을 수 있다. 이 때문에 소금은 물에 잘 녹는다. 어떤 물질이 물에 녹는가의 여부는 이 물질을 구성하고 있는 분자가 전기 쌍극자인가 아닌가에 의해 결정된다. 기름 분자는 전기 쌍극자가 아니기 때문에 물과 섞이지 않는다.

물 분자가 전기 쌍극자라는 것은 74쪽의 그림과 같은 실험을 통해 쉽게 확인해 볼 수 있다. 마찰시켜서 대전시킨 풍선을 물줄기 옆에 가까이 가져가면 물줄기가 풍선 쪽으로 휘어지는 것을 관찰할 수 있다. 전기 쌍극자인 물 분자들이 풍선의 전기력에 의해 한 방향으로 나열되면서 풍선 쪽으로 끌리기 때문이다. 이 때, 물줄기를 가늘게 하고 실험해야 물줄기가 휘어지는 것을 더 확실하게 관찰할 수 있다.

전하를 가까이 하거나 전기력을 가하면 원자나 분자의 음전하와 양전하의 중

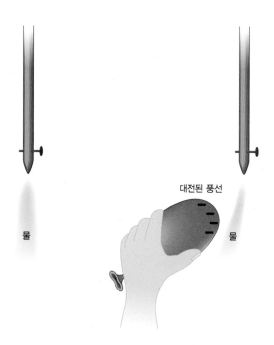

대전된 풍선

물

물

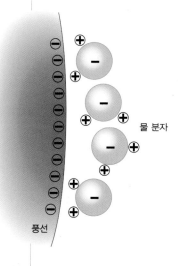

물 분자

풍선

심을 떨어지게 할 수 있다. 원자의 경우 보통 양전하(원자핵)의 중심과 원자핵을 둘러싼 음전하(전자 구름)의 중심이 같다. 그러나 원자 가까이에 전하를 가져가면 75쪽 위의 그림에서 보듯이 원자의 양전하와 음전하가 반대 방향의 전기력을 받아 양전하와 음전하 중심이 분리되면서 **일시적인 유도 전기 쌍극자**가 만들어진다. 유도 전기 쌍극자는 외부 전하를 치우면 사라지기 때문에 물 분자와 같은 천연의 **영구적인 전기 쌍극자**와는 다르다. 75쪽의 그림처럼 음전하로 대전된 빗을 중성인 종이 조각에 가까이 가져가면 종이에 유도 전기 쌍극자가 만들어진다. 빗 가까이에는 전기 쌍극자의 양전하가, 먼 곳에는 전기 쌍극자의 음전하가 위치하기 때문에 빗 쪽으로 끌리는 알짜 전기력이 발생하여 종이가 빗에 붙게 된다.

　대전된 풍선이 대전되지 않은 나무 벽에 붙는 것 역시 종이가 빗에 붙는 원리와 같다. 75쪽 아래의 그림처럼 대전된 풍선에 의해 벽 표면에 유도 전기 쌍극자가 생기고, 이 유도 전기 쌍극자와 풍선의 전하가 상호 작용하여 끌어당기는

▲ 물 분자의 전기 쌍극자가 대전된 풍선에 의해 받는 전기력

알짜 전기력이 발생하여 풍선이 벽에 붙게 되는 것이다. 이 외에도 유도 전기 쌍극자와 전하 사이의 전기력에 의해 서로 끌리는 현상을 주위에서 많이 발견할 수 있다.

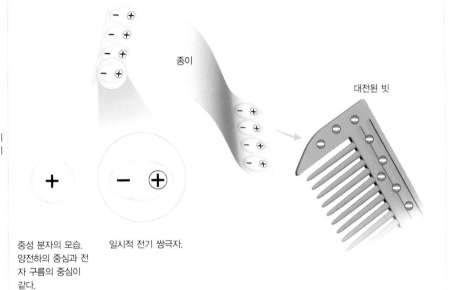

종이

대전된 빗

▶ 대전된 빗이 종이에 일시적인 전기 쌍극자를 유도하여 전기력에 의해 종이가 빗에 붙는 현상.

중성 분자의 모습. 양전하의 중심과 전자 구름의 중심이 같다.

일시적 전기 쌍극자.

▼ 원래 중성 분자는 양전하의 중심(+)과 전자 구름의 중심(−)이 일치하지만, 양전하나 음전하로 대전된 대전체를 가까이하면 전자들이 한 쪽으로 몰리게 되면서 양전하의 중심과 전자 구름의 중심이 어긋나, 일시적인 전기 쌍극자가 된다.

대전체 일시적 전기 쌍극자 대전체 일시적 전기 쌍극자

▼ 대전된 풍선이 나무 벽의 분자에 전기 쌍극자를 유도하여 풍선의 전하와 유도된 전기 쌍극자 사이의 전기력에 의해 풍선이 벽에 붙게 된다.

대전된 풍선

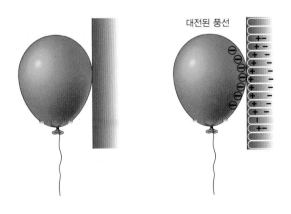

중력은 중력장, 전기는?

전기장

우리는 어렸을 때부터 접촉한 물체 사이에서만 힘이 전달된다고 생각하였기 때문에 서로 떨어져 있는 물체에도 힘이 작용할 수 있다는 것을 쉽게 받아들이지 못한다. 그 예로 "접촉하지 않은 두 물체 사이에 힘이 전달되는 장면을 상상해 보라"고 하면 많은 학생들이 축구 선수의 발이 공에 닿지 않았는데도 공이 날아가는 장면이나 권투 선수의 주먹이 상대 선수에게 닿지도 않았는데 상대 선수가 쓰러지는 장면 같은, 한마디로 이상한 것들만 얘기한다. 그만큼 접촉에 의해 힘이 전달되는 '접촉력' 에만 익숙해 있다는 얘기다. 그러나 사실 일상 생활 속의 자연스러운 현상들 중에서도 접촉력이 아닌 힘들에 의한 것들이 매우 많다. 그 대표적인 힘이 바로 중력과 전기력이다.

　뉴턴의 중력 법칙이 서로 접촉하지 않은 두 천체 사이에 작용하는 힘을 설명

하는 것처럼 쿨롱의 법칙도 서로 떨어져 있는 전하들 사이에 작용하는 힘을 다루고 있다. 그런데 쿨롱의 법칙은 단지 전하 사이에 작용하는 전기력에 대해서만 기술할 뿐, 한 물체에서 다른 물체에 힘이 전달되는 방식에 대해서는 아무런 설명을 해 주지 않는다. 뉴턴도 자신의 중력 이론을 발표하면서 중력이 어떻게 전달되는가에 관해서는 그리 만족스런 답을 주지 못했다. 과연 서로 떨어져 있는 전하 사이의 전기력은 어떻게 전달되는 것일까? 한 전하는 자신의 주위에 다른 전하가 존재한다는 것을 어떻게 알 수 있을까?

1600년 영국의 길버트는 전하를 띤 물체(대전체)가 다른 대전체에 어떻게 영향을 미치는지 설명해 보고자 하였다. 그는 물체를 비비면 대전이 되면서 향기를 내놓으며, 대전된 물체에 얼굴을 가까이하면 그 향기를 맡을 수 있으리라 믿었다. 데카르트는 이것을 다른 방식으로 설명하였다. 그는 우주 공간은 보이지 않는 물질로 가득 차 있고 대전된 물체는 이 보이지 않는 물질에 소용돌이를 일으키며 이 소용돌이가 퍼져나가 다른 대전체에 힘을 전달한다고 설명했다. 호수에 돌을 떨어뜨리면 파문이 원형으로 퍼져나가 물 위의 나뭇잎을 흔들리게 하는 것처럼 말이다.

지금의 물리학자들은 대전된 물체가 향기를 내놓거나 소용돌이를 만들어 떨어져 있는 물체에 전기력을 작용한다고 생각하는 대신, '장'이라는 개념을 이용하여 두 물체 사이의 상호 작용을 설명하고 있다. 여기서는 전하가 만드는 전기장에 대해 알아보기로 한다.

1) 패러데이의 전기장 – 전하 주위에는 전기장이 생겨요

대전된 물체를 검전기의 금속판에 가까이 가져가면 접촉하기 전부터 검전기의 금속박이 벌어지기 시작한다. 이것은 대전된 물체가 물리적인 접촉을 하기도 전에 검전기 속의 전자에 영향을 미친다는 의미다. 이처럼 전하를 띤 물체는 주위에 있는 대전체에 영향을 준다. 이와 같이 눈에는 보이지 않지만 전하 또는 대전체가 주위의 공간이나 대전체에 전기적인 영향을 미치는 것을 설명하는 데 편리한 물리 개념이 바로 **전기장**이다. 이 개념을 처음으로 생각해 낸 사람은 앞에서도 자주 언급되었던 **패러데이**였다.

패러데이는 정규 교육을 받지 못한 관계로 수학 실력을 갖추지는 못했지만 실험 결과나 자연에 대해 뛰어난 통찰력을 발휘했던 대단한 물리학자였다. 서

로 떨어져 있는 전하 사이의 상호 작용을 설명하기 위해 패러데이는 전하가 자신의 주변 공간에 전기장을 만들고, 이 전기장에 다른 전하가 들어오면 전기력을 받게 된다고 설명하였다. 즉, 전기장에 의해 떨어져 있는 전하 사이에 전기력이 전달된다는 것이다. 전기장을 음악이 흐르는 공연장에 비유하면 이해가 쉬울 것이다. 일단 음악이 흐르는 공연장(전기장)에 들어선 사람(전하)은 무조건 춤(전기력)을 추어야(받아야) 한다.

그렇다면 전하에 의해 공간에 만들어진 전기장은 우리의 눈에 보일까? 전기장은 물질처럼 어떤 형태를 가지는 것이 아니기 때문에 눈에 보이지 않지만 어떤 전하가 전기장에 놓이면 그 전하가 받는 힘에 의해 전기장이 존재하는 것을 느끼게 된다. 전하에 의해 변화된 공간의 성질이 바로 전기장이며, 다른 전하가 전기장이 있는 공간에 들어서면 이 변화를 전기력으로 느끼게 되는 것이다.

앞서 이야기했듯이 물리학에서는 보이지 않는 것이 보이는 것보다 중요한 역할을 한다. 1권에서 배운 중력 또는 중력장이 그랬고, 지금 배우는 전기장과 뒤에 나올 자기장이 그렇다. 많은 학생들이 전기장이 보이지 않는 것이기 때문에 배우기 어렵다고 말한다. 그러나 보이지 않더라도 느낄 수는 있다. 라디오 방송을 듣고 TV를 보며 휴대 전화를 이용한 통화를 할 수 있는 것은 전기장이 있기 때문이다. 한번 눈을 감고 이런 기기들을 통해 전기장이 방 안에 있다는 것을 느껴 보자.

2) 전기장의 세기와 방향

이제 정지한 점전하 Q가 만드는 전기장에 대해 생각해 보자. 앞서 말한 대로 이 전하에 의해 생긴 전기장은 다른 전하(아주 작은 양의 전하량 q를 가진 시험 전하)가 받는 전기력을 측정하여 살펴볼 수 있다. 점전하 Q로부터 거리가 r만큼 떨어진 곳에서 전기장의 세기 E는 다음과 같이 정의한다.

$$E\,(r,\,Q) = \frac{F_q(r,Q)}{q}$$

여기서 F_q는 시험 전하가 받는 전기력으로 쿨롱의 법칙에 의해 주어진다. 괄호 안에 물리량을 표시한 이유는 전기력과 전기장 모두 두 전하 사이의 거리와 전하량에 따라 달라지는 것을 보여 주기 위함이다.

전기장의 단위는 정의에 따라 힘의 국제 단위인 N을 전하의 국제 단위인 C으로 나눈 N/C를 사용한다. 또 전기장의 방향은 양전하인 시험 전하가 받는 힘의 방향과 일치한다. 만약 Q가 양전하이면 전기장은 시험 전하를 밀어내는 방향이 된다. 여기서 주의할 점은 전기장을 만든 전하 Q가 영향을 받지 않도록 시험 전하의 전하량이 아주 적어야 한다는 것이다.

이제 점전하 Q가 만드는 전기장의 세기를 직접 구해 보도록 하자. 시험 전하 q가 전하 Q에 의해 받는 힘은 쿨롱의 법칙에 의해 다음과 같이 표시된다.

$$F_q(r, Q) = k\frac{Qq}{r^2}$$

따라서 거리가 r만큼 떨어진 곳에서 점전하 Q에 의해 생기는 전기장은 다음의 식으로 나타낼 수 있다.

$$E(r, Q) = k\frac{Q}{r^2}$$

여기서 전기장의 세기 E는 위치 r과 전기장의 원천인 전하 Q에만 좌우된다. 전기장은 시험 전하로 조사를 하는가 아닌가의 여부와는 상관없이 존재하게 된다.

일단 전기장의 세기를 알게 되면 공간에 놓인 다른 전하(전하량 q)가 받는 전기력을 다음과 같이 구할 수 있다.

$$F = qE$$

여기서 전기장 E는 q를 제외한 전하에 의해 생긴 것이다. q가 양전하이면 전기력은 전기장의 방향과 같고, q가 음전하이면 전기력이 전기장의 반대 방향이 된다.

3) 전기력선 – 전기장의 표시

사람이 전기장을 눈으로 볼 수는 없다. 따라서 전기장을 표시하는 방법이 필요한데, 몇 가지 방법 중 가장 간편한 방법이 바로 전기력선을 나타내는 것이다.

기름에 잔디 씨를 뿌려 놓고 대전된 전극을 기름에 담그면
잔디 씨에 전기 쌍극자가 유도되어 전기장의 방향으로 향
한다. 그리고 일정한 형태를 이루며 늘어선 잔디 씨들이
전기력선을 눈으로 볼 수 있게 해 준다. 오른쪽 그림은 전
하의 부호와 크기가 같은 두 개의 전하가 만드는 전기력선
(위)과 전하의 크기는 같지만 부호가 다른 두 전하가 만드
는 전기력선의 모습(아래)을 보여 준다. 두 그림들은 쿨롱
의 법칙을 사용해 계산한 결과인데, 잔디 씨를 이용하여
실험한 결과도 이 그림들과 일치한다.

두 그림을 보면 전기력선은 항상 양전하에서 나오고 음
전하로 들어가며, 또 전기력선은 서로 교차하지 않는다는
것을 알 수 있다. 또한 전기력선이 촘촘한 곳과 성긴 곳이
있는데 전기력선이 촘촘한 곳에서는 전기장의 크기가 크
고 성긴 곳에서는 전기장의 크기가 작다. 공간의 특정한
점에서 전기장의 방향은 그 점을 지나는 전기력선의 접선
방향이 된다.

전기력선을 처음 소개한 패러데이는 전기력선이 실제로
존재한다고 믿었다. 그는 전기력선이 전하를 끌어당기거
나 밀어내기 때문에 전기력이 작용한다고 생각했다. 그러
나 지금의 물리학자들은 전기력선은 단지 전기장을 시각
적으로 표시하는 데 도움을 주는 개념일 뿐 실제로 존재하
지는 않는다는 것을 잘 알고 있다. 실제로 존재하는 것은
전기장이지 전기력선이 아니다.

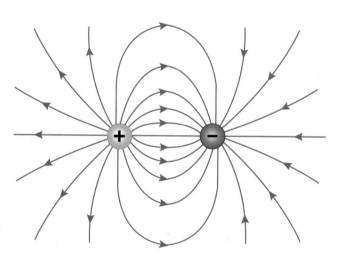

4) 균일한 전기장 만들기

점전하는 거리 제곱에 반비례하고 전하량에 비례하는 전기장을 형성한다는 것
을 앞에서 배웠다. 전기에 관한 실험을 할 때 전기장이 균일하면, 즉 전기장의
크기와 방향이 모든 곳에서 같으면 여러 가지로 편리하다. 그렇다면 어떻게 해
야 균일한 전기장을 얻을 수 있을까? 가장 좋은 방법은 제 2장 '전하 담아 두
기'에서 소개한 축전기를 이용하는 것이다. 축전기는 두 장의 넓은 평면 금속판

▲ 전하의 부호와 크기가 같은 두 개의
전하가 만드는 전기력선(위)과 전하의
크기는 같지만 부호가 다른 두 전하가
만드는 전기력선(아래).

을 평행하게 마주 보도록 만든 것으로, 전지를 연결해 축전기를 충전하면 한 금속판에는 양전하가, 다른 금속판에는 같은 크기의 음전하가 대전되고, 이 때 축전기 내부에는 균일한 전기장이 생긴다.

축전기의 원리에 대해 배웠던 내용이 기억난다면 이제 축전기 내부에는 왜 균일한 전기장이 형성되는지 알아보자. 전기장은 전하가 만든다. 따라서 어떤 공간 안에서 전기장을 만드는 데 기여하는 전하의 분포가 균일하다면 그 공간 안에서 형성되는 전기장은 어느 지점에서든 같을 것이다. 축전기 금속판의 면적이 매우 크다면 — 극단적인 경우 무한하다면 — 축전기 내부 어디에서 보더라도 항상 무한히 큰 면적의 금속판(또는 그 위에 있는 전하)을 보게 되어 차이를 느낄 수 없게 되고, 따라서 이 무한 전하에 의한 전기장 역시 같아질 것이다.

이제 균일한 전기장 속에 전하를 띤 입자를 넣어 보자. 그리고 이 입자의 질량이 m이고 대전된 전하량이 q라고 가정하자. 이 입자가 균일한 전기장 E 속에서 받는 전기력은 $F = qE$가 될 것이다. 중력은 전기력에 비해 매우 작기 때문에 무시한다고 하자. 이제 뉴턴의 운동 법칙에 의하면 $F = ma$이므로 입자의 가속도 a는 다음과 같이 주어진다.

$$a = \frac{qE}{m}$$

따라서 전기장이 균일하면 이 입자의 가속도는 일정하고, 입자가 양전하를 가졌으면 전기장 방향으로, 음전하를 가졌다면 전기장과 반대 방향으로 가속된다. 그리고 가속도가 일정하기 때문에 등가속도 운동 방정식을 사용하여 입자의 운동을 예측할 수 있다.

03

전기에도 위치 에너지가?

전위

　속 보이는 과학 1권 '힘과 운동 뛰어넘기'에서 중력 위치 에너지를 배운 것을 기억하는가? 우리는 종종 에너지 보존 법칙을 사용하여 힘을 직접 다루지 않고도 여러 역학 문제를 풀 수 있었다. 쿨롱이 구한 전기력의 표현이 뉴턴이 발견한 중력의 표현과 비슷하다는 것 ─ 거리의 제곱에 반비례하고 질량(또는 전하)의 곱에 비례한다는 것 ─ 을 앞에서 배웠다. 그렇다면 중력처럼 전기력에 대해서도 전기적 위치 에너지라는 것을 생각할 수 있지 않을까? 이 정도의 의문을 가질 수 있다면 정말 우수한 학생이라고 할 수 있다. 실제로 전기에서도 '전기적 위치 에너지'라는 것을 정의할 수 있고, 전기와 관련된 문제를 푸는 데 전기적 위치 에너지를 포함한 에너지 보존 법칙을 사용할 수 있다.

1) 전기적 위치 에너지 ─ 중력 위치 에너지와 비교해 보자

물리학에서는 힘을 가해 물체가 이동해야만 일을 했다고 한다. 전기력을 가해 전하를 밀거나 당기면 이 역시 일을 한 셈이 된다. 물체에 힘을 가해서 일을 해 줄 경우, 해 준 만큼의 일을 다시 회수할 수도, 그렇지 못할 수도 있다. 중력의 반대 방향으로 물체에 힘을 가하여 원래 위치보다 높은 곳으로 이동시키면 중력 위치 에너지가 증가한다. 반면 물체가 중력에 의해 낙하하면 중력 위치 에너지가 운동 에너지로 바뀌어 위치 에너지가 회수되었다고 볼 수 있다. 즉, 중력은 중력 위치 에너지를 감소시키는 한편 운동 에너지를 증가시키는 역할을 한다.

　전기력의 경우에도 중력처럼 **전기적 위치 에너지**를 생각할 수 있다. 양전하 주위에 있는 음전하는 전기력에 의해 양전하로 끌린다. 나뭇가지에 매달려 있던 사과가 중력에 의해 지면으로 끌리는 것처럼 말이다. 이제 음전하를 전기력의 반대 방향의 힘을 가해 원래 위치보다 먼 곳으로 이동시키면 전기적 위치 에너지가 증가하게 된다. 이것은 앞 권에서 다룬 중력 위치 에너지의 증가와 동일하다. 전기력에 반하여 음전하에 해 준 일은 전기적 위치 에너지로 축척되며 전기적 위치 에너지는 중력 위치 에너지가 그랬던 것처럼 다른 종류의 에너지로 변환될 수 있다.

왼쪽 그림에서 본 것을 적용하면 양전하 주위의 음전하가 가지는 전기적 위치 에너지는 양전하로부터 먼 곳에서 크고 가까운 곳에서 작다. 이것은 중력 위치 에너지가 지면으로부터 먼 곳에서 크고 가까운 곳에서 작은 것과 동일하다. 달리 이야기하자면 위치 에너지의 크기는 그것의 원인인 힘의 방향으로 이동할수록 작아진다. 따라서 양전하 주위에 있는 양전하의 경우 전기력의 방향이 음전하의 경우와 반대이므로 양전하의 전기적 위치 에너지는 전기력의 원인인 양전하로부터 가까울수록 커진다.

더 나아가 여러 개의 전하에 의해 전기장이 만들어졌을 경우에도 어느 쪽이 전기적 위치 에너지가 큰지 알 수 있어야 한다. 앞에서 다룬 것처럼 시험 전하의 부호가 무엇인지에 따라 전기적 위치 에너지가 큰 곳이 반대가 될 것이다.

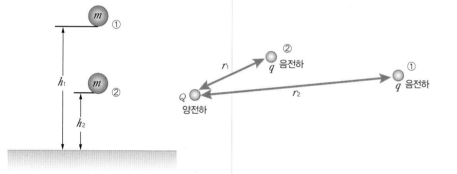

$h_1 > h_2$이면 ①의 위치 에너지가 더 크다.

$r_1 > r_2$이면 ①의 위치 에너지가 더 크다.

▲ 양전하 주위의 음전하가 가지는 전기적 위치 에너지(오른쪽)와 중력 위치 에너지(왼쪽)의 비교

위치 에너지의 정의에 따라 전기적 위치 에너지는 시험 전하를 전기력에 반대하여 한 장소로부터 다른 장소로 이동시키기 위해 외부에서 해 준 일의 양으로 정의된다. 균일한 전기장 E속에서 전하량이 q인 전하를 전기력에 반대하여 직선거리 ΔL만큼 움직였을 경우 전기적 위치 에너지의 변화 ΔU_e는 정의로부터 다음과 같이 주어진다.

균일전기장 : $\Delta U_e = W$(외부에서 한 일) = 전기력 × 움직인 거리 = $(qE)\Delta L$

대개의 경우 수직선이나 좌표평면의 기준점을 0점(원점)으로 잡는 것처럼, 위치 에너지를 이야기할 때도 보통 그 값이 0이 되는 위치를 **기준점**으로 정한다. 중력 위치 에너지의 경우 편의상 보통 지면을 기준점으로 정의하고, 전기적

위치 에너지의 경우 전기장의 원인인 **전하로부터 무한히 멀리 떨어진 곳**을 기준점으로 잡는다. 예를 들어, 전하량이 Q인 점전하로부터 거리 r만큼 떨어진 곳에 전하량이 q인 시험 전하가 있다면 시험 전하의 전기적 위치 에너지 U_e는 그 정의로부터 다음과 같이 주어진다는 것을 유도할 수 있다.

$$점전하 : U_e(r) = k\frac{Qq}{r} \text{ (기준점 : } r = \infty)$$

이 값은 전하량이 q인 점전하를 무한히 멀리 떨어진 곳에서부터 전기력을 이기고 거리 r인 곳까지 이동시켰을 때 해 준 일의 크기이다. 위의 식에서 두 전하가 무한히 멀리 떨어져 있을 경우($r = \infty$) 전기적 위치 에너지가 0이 되어 앞서 이야기한대로 무한히 먼 곳이 전기적 위치 에너지의 기준점이 됨을 확인할 수 있다.

만약 전하량이 $Q(>0)$인 고정된 양전하로부터 거리 r_1 떨어진 곳에 있던 전하량이 $q(>0)$인 양전하가 전기력에 의해 거리 r_2인 곳으로 더 멀어진다면 전기적 위치 에너지의 변화 ΔU_e는

$$\Delta U_e = U_e(r_2) - U_e(r_1) = kQq\left(\frac{1}{r_2} - \frac{1}{r_1}\right)$$

가 되고 $r_2 > r_1$이므로 $\Delta U_e < 0$ 이 되어 전기적 위치 에너지가 감소하게 된다. 이 때 두 전하 사이의 거리가 멀어지면서 감소한 전기적 위치 에너지는 q인 전하의 운동 에너지의 증가로 나타난다. 따라서 전기적 위치 에너지의 변화(음)와 운동 에너지의 변화(양)를 더하면 항상 0이 되어 위치 에너지와 운동 에너지를 더한 전체 에너지는 변하지 않으므로 **에너지 보존 법칙이 성립**한다.

2) 전위 – 전기적 위치 에너지의 장

앞에서 전기장은 그것의 원인이 되는 전하에 의해 달라지는 공간의 전기적인 성질을 표현하는 물리량이라고 했다. 또한 공간의 한 점에서의 전기장은 시험 전하를 측정하고자 하는 지점에 놓고 시험 전하가 받는 전기력을 측정해 이를 시험 전하의 전하량으로 나누어 구한다고 했던 것도 기억할 것이다. 그리고 바로 앞에서는 전기력에 거슬러 시험 전하에 일을 하면 전기적 위치 에너지가 생긴다

고 설명하였다. 이 전기적 위치 에너지를 시험 전하의 전하량으로 나눈 값을 우리는 전위라고 부른다. 따라서 전위 역시 전하에 의해 생기는 공간의 전기적 위치 에너지를 표현해 주는 물리량이기 때문에 전기장을 전기력의 장이라고 부르는 것처럼 전위는 전기적 위치 에너지의 장이라고 생각할 수 있다. 전기장에 전하를 곱하면 전기력을 얻을 수 있듯이 전위에 전하를 곱하면 전기적 위치 에너지를 알 수 있다. 거리가 r인 곳에 시험 전하(전하량 q)를 놓았을 때의 전기적 위치 에너지를 $U_e(r)$이라고 하면 이곳의 전위 $V(r)$은 다음과 같이 정의된다.

$$V(r) = \frac{U_e(r)}{q}$$

따라서 이 식은 어떤 곳의 전위를 알 때 그곳에 전하를 가져다 놓으면 얼마의 전기적 위치 에너지가 생기는지 쉽게 알 수 있게 해 준다. 반대로 앞서 배운 전기적 위치 에너지를 사용하면 공간의 전위를 구할 수도 있다. 전하량이 Q와 q인 두 점전하가 거리 r만큼 떨어져 있을 때 전기적 위치 에너지 $U_e(r) = k\frac{Qq}{r}$이었다. 그러므로 전위는 다음과 같은 식으로 나타낼 수 있다.

$$V(r) = \frac{U_e(r)}{q} = k\frac{Qq}{r}\frac{1}{q} = k\frac{Q}{r}$$

위 식에서도 짐작할 수 있듯이 두 전하가 무한히 멀리 떨어져 있으면(즉 r값이 무한대로 커지면) 전기적 위치 에너지의 정의에서처럼 전위가 0이 된다. 전기장의 국제 단위는 힘을 전하량으로 나눈 것(N/C)이었는데, **전위의 국제 단위**는 에너지를 전하량으로 나눈 것(J/C)이다. 그런데 현재 전위의 국제 단위로 J/C보다는 **볼트**(V)라는 단위를 더 많이 사용한다. 볼트는 전지를 처음으로 발명한 이탈리아의 물리학자 볼타를 기념해 사용하는 단위이다.

전위의 국제 단위 : 1V=1J/C

전기장의 국제 단위가 N/C이라는 것은 앞에서 이미 말한 바 있다. 전압의 단위인 V를 사용하면 전기장의 단위로 V/m를 사용할 수도 있다. 때로는 V/m가 전기장의 크기를 표시하는 데 더 편리하다.

3) 전위차(전압)

중력이나 전기력에 의해 운동하는 물체를 다룰 때 에너지 보존 법칙을 사용하면 편리하다. 위치 에너지를 사용할 때는 운동의 시작점과 끝점에서의 위치 에너지 변화만을 알면 된다. 매순간 위치 에너지의 절대값을 다 알 필요가 없다는 말이다.

전기적 위치 에너지를 전하로 나눈 전위의 경우에도 각 점에서의 전위보다는 두 점간의 전위 차이를 아는 것이 중요하다. 두 점간의 전위 차이 ΔV를 전위차 또는 전압이라고 부른다. 따라서 **전위차** 또는 **전압**의 단위는 전위의 단위인 V(볼트)와 같다. 전압이라는 말은 일상생활에서도 자주 사용되지만 이 의미를 정확히 알고 있는 사람은 많지 않다. 전압은 두 장소간의 전위의 차이이므로 전압을 이야기할 때는 어느 곳과 어느 곳 사이의 전위 차이인지 명확히 이야기해 주어야 한다. 앞서 전위의 정의처럼 두 지점간의 전위차 또는 전압 ΔV는 두 지점간의 전기적 위치 에너지 차이 ΔU_e와 아래의 관계를 가진다.

$$\Delta V = \frac{W}{q} = \frac{\Delta U_e}{q}$$

여기서 q는 시험 전하의 전하량이다.

전압을 측정하는 계측기를 전압계라고 부른다. 어떤 전압계든지 두 개의 탐침이 달려 있으며, 전압은 이 두 점간의 전위 차이를 의미한다. 보통 탐침은 붉은색과 검은색으로 구분되어 있는데 전압계는 붉은색 탐침의 전위에서 검은색 탐침의 전위를 뺀 값을 표시해 준다. 따라서 전압계의 눈금이 양(+)이면 붉은색 탐침의 전위가 검은색 탐침의 전위보다 높다는 것을 의미하고, 반대로 전압계의 눈금이 음(−)이면 붉은색 탐침의 전위가 검은색 탐침의 전위보다 낮다는 것을 의미한다.

4) 균일한 전기장 속에서의 전위

균일한 전기장 E 안에서 위치에 따라 전위가 어떻게 달라지는지 알아보자. 전위를 구하려면 양전하 q의 전기적 위치 에너지를 구해보면 된다. 양전하를 위치 x_1에서 전기력의 반대 방향으로 크기가 qE인 힘을 가하여 위치 x_2로 이동시

▲ 전압을 잴 때 사용하는 아날로그 전압계.

답: $1 \text{ N/C} = 1 (\text{N} \cdot \text{m})/(\text{C} \cdot \text{m}) = 1 \text{ J}/(\text{C} \cdot \text{m}) = 1 (\text{J/C})/\text{m} = 1 \text{V/m}$

키면 이 전하에 해 준 일은 전기적 위치 에너지로 저장된다. 즉, 위치 변화에 의한 전기적 위치 에너지의 변화 ΔU_e는 외부에서 이 전하에 해 준 일과 같으므로 다음처럼 된다.

$$W=(qE)(x_2-x_1)=\Delta U_e=U(x_2)-U(x_1)$$

두 위치 사이의 전위차 ΔV는 $\dfrac{\Delta U_e}{q}$와 같기 때문에 다음 식을 얻을 수 있다.

$$\Delta V=V(x_2)-V(x_1)=\frac{\Delta U_e}{q}=E(x_2-x_1)=E\cdot\Delta x$$

균일한 전기장 내에서 전위차 ΔV는 두 점의 거리 차이 Δx에 비례한다는 것을 알 수 있다. 이것이 무엇을 의미하는지는 아래의 그림을 보면서 알아보자. 그림을 보면 100V의 전압이 걸려있는 공간이 있다. 두 금속판 사이의 거리를 0.5m라 하자. 100V의 직류 전원을 평행판 축전기의 두 전극에 걸었을 때 이런 상황이 생기며 전원의 음극에 연결된 곳의 전압이 0V, 양극이 연결된 곳의 전압이 100V가 된다. 우리는 이미 축전기 내부에는 균일한 전기장이 생긴다고 배웠고 이 때 전기장의 크기는 앞에서 배웠던 식에 따라 다음과 같이 구할 수 있다.

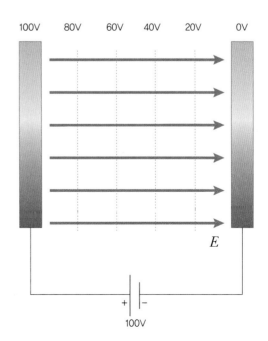

▶ 균일한 전기장에서 위치에 따른 전위(전압)의 변화

$$E = \frac{\Delta V}{\Delta x} = \frac{100\text{V}}{0.5\text{m}} = 200\frac{\text{V}}{\text{m}}$$

그러면 축전기 내부에서 전압이 20V인 곳은 어딜까? 이 역시 앞의 식에 따라 다음과 같이 계산 할 수 있다.

$$\Delta x = x_2 - x_1 = \frac{\Delta V}{E} = \frac{20\text{V}}{200\text{V/m}} = 0.1\text{m}$$

음극이 연결된 극판의 위치가 x_1이므로 전압이 20V인 곳의 위치 x_2는 0.1m가 된다. 즉 음극으로부터 0.1m 떨어진 곳에서의 전압이 20V가 된다. 전압이 40V인 곳을 같은 방법으로 계산해 보면 음극으로부터 0.2m 떨어진 곳이 되고, 60V는 0.3m, 80V는 0.4m 떨어진 곳의 전압이 된다. 이처럼 균일한 전기장 속에서는 동일한 간격 사이의 전위차, 즉 전압은 동일하다.

전하를 띤 입자를 전기장 속에서 넣으면 전기력을 받아 전기력 방향으로 움직이게 된다. 이 때 전기력의 방향은 전기적 위치 에너지를 감소시키는 방향이므로(중력과 중력에 의한 위치 에너지를 생각해보라) 입자의 전기적 위치 에너지가 감소되면서 동시에 속도가 증가해 운동 에너지가 커진다. 예를 들어, 전하량이 $-e$($1e = 1.6 \times 10^{-19}$C)인 전자를 그림의 축전기 음극에 놓는다고 상상해 보자. 그럼 전자의 전하가 음이기 때문에 전자는 전기장 반대 방향으로 전기력을 받아 양극으로 가속된다. 이 때 양극에 도달한 전자가 얻는 운동 에너지는 얼마인가? 또 음극을 떠날 때 전자의 속력이 거의 0이었다고 하면 양극에서의 전자의 속력은 얼마나 될까? 이 질문은 실제로 TV 브라운관의 전자총 디자인에 이용된다.

축전기 양극판과 음극판 사이의 전압이 100V이므로 전자가 음극에서 양극으로 이동하여 얻는 전기적 위치 에너지 ΔU_e는 다음과 같은 값을 가지게 된다.

$$\Delta U_e = (-e)\Delta V = -(1.6 \times 10^{-19}\text{C})(100\text{V}) = -1.6 \times 10^{-17}\text{J}$$

전자의 전기적 위치 에너지가 감소한 만큼 전자의 운동 에너지가 증가하기 때문에 양극에 도달한 전자의 운동 에너지의 크기는 $-\Delta U_e$, 즉 1.6×10^{-17}J 이된다. 이 운동 에너지 증가량은 매우 작은 값(100g의 물체가 1m 자유 낙하해도 대략 1J의 운동 에너지를 얻는다)이라고 생각되지만 전자의 질량이 매우 작다는 것(9.1×10^{-31}kg)을 고려하면 전자에게 이것은 매우 큰 값이다. 이제 운동 에너지를 구하는 식($\frac{1}{2} mv^2$)으로부터 양극에서의 전자의 속력을 구해 보자.

$$\frac{1}{2} m_e v^2 = -\Delta U_e$$

$$v = \sqrt{\frac{2(-\Delta U_e)}{m_e}} = \sqrt{\frac{2(1.6 \times 10^{-17}J)}{9.1 \times 10^{-31}kg}} = 0.6 \times 10^7 m/s$$

이것은 광속(3.0×10^8m/s)의 2%에 해당하는 대단히 빠른 속력이다. TV 브라운관의 전자총에서는 전자가 보통 10kV 이상의 전압으로 가속되기 때문에 광속의 20~30%의 속력으로 이동하다가 형광판에 부딪쳐 빛을 낸다.

전기적 위치 에너지 차이와 전위차(전압)의 관계는 전자와 같은 작은 입자의 에너지를 다루는 데 편리한 새로운 에너지 단위를 제공한다. 전압 1V에 의해 가속되는 전자 한 개가 얻는 운동 에너지는 $1e \times 1V$가 되고 새로운 에너지 단위는 이 값을 기준으로 사용하기 때문에 eV(전자볼트)라고 부른다. 1eV라는 에너지가 어느 정도의 크기인지는 간단한 계산을 통해 쉽게 알 수 있다.

$$1eV = (1.6 \times 10^{-19}C)(1V) = 1.6 \times 10^{-19}J$$

5) 등전위면 – 전위가 같은 곳

지도를 보면 높이가 동일한 위치를 연결한 선인 등고선을 볼 수 있다. 지도에 익숙한 사람들은 보통 100m 높이 간격으로 그려진 등고선만 보아도 산의 모양을 짐작할 수 있다. 등고선이 촘촘히 그려진 부분은 경사가 심한 지역이며 등고선이 성긴 부분은 경사가 완만한 지역이다. 사실 지도의 등고선은 어떤 물체의 중력에 의한 위치 에너지가 같은 점으로, 해수면으로부터의 높이가 같은 곳들을 연결한 선이다. 그렇다면 전기에서도 어떤 전하의 전기적 위치 에너지(또는 전위)가 같은 점들을 연결한 선을 생각할 수 있지 않을까? 물론 생각할 수 있으며 그것이 바로 **등전위선** 또는 **등전위면**이다. 높이에만 관계되는 중력에 의한 위치 에너지와 달리 전기적 위치 에너지는 높이와 수평 거리 모두에 의존하므로 전기적 위치 에너지가 같은 점들을 연결하면 면이 되어 일반적으로 등전위면이 만들어진다. 등전위면을 2차원 평면에 투영한 것이 등전위선이다.

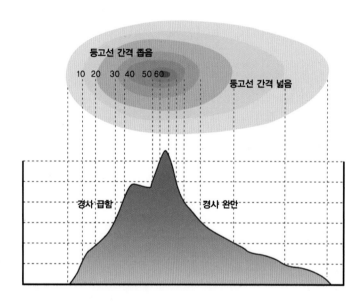

등고선 간격 좁음

10 20 30 40 50 60

등고선 간격 넓음

경사 급함   경사 완만

◀ 중력에 의한 위치 에너지가 같은 점들을 연결한 등고선. 등전위선도 원리는 등고선과 같다.

　등전위면에서는 전기적 위치 에너지가 같기 때문에 전위차가 0이 된다. 다시 말해 등전위면 위의 두 점에 전압계의 탐침을 대면 전압계의 눈금이 0을 가리킨다. 또 등전위면 위에 있는 전하는 등전위면 위에서 움직이지 않는다. 이 사실은 앞서 균일 전기장의 전위에서 나온 식 $E = \dfrac{\Delta V}{\Delta x}$를 이용해 알 수 있다.

　등전위면에서는 $\Delta V = 0$이므로 전기장(정확히는 등전위면에 평행한 전기장 성분) 역시 0이 되고, 따라서 등전위면 위에서 전하를 움직이게 하는 전기력(역시 정확히는 등전위면에 평행한 전기력 성분)이 0이 되기 때문에 전하가 움직이지 않는다. 등전위면에 평행한 전기장 성분이 없기 때문에 **전기장은 항상 등전위면에 수직**임을 알 수 있다. 등고선처럼 등전위면도 0V, 10V, 20V 등으로 일정 전압 간격으로 그리며, 등전위면이 촘촘할수록 전위의 변화가 심하고 따라서 $E = \dfrac{\Delta V}{\Delta x}$에 따라 전기장의 세기가 커진다. 등전위면이 촘촘한 곳은 산으로 말하자면 급경사(강한 전기장)에 해당하는 곳이다.

아래의 그림은 전하량과 부호가 같은 두 전하에 의한 등전위면과 전기력선을 보여 주고 있다. 그림을 주의깊게 살펴보면 전기력선과 등전위면(여기서는 등전위선)은 언제나 서로 수직하다는 것을 확인할 수 있을 것이다. 어느 등전위선이 더 높은 전위를 가지는지, 그리고 전기장이 가장 강한 곳은 어디인지 알 수 있는가?

▶ 전하량과 부호가 같은 두 점전하에 의한 등전위면(여기서는 푸른색의 등전위선으로 표현됨)과 전기력선(붉은색). 등전위선과 전기력선은 항상 수직으로 만나는 것을 볼 수 있다.

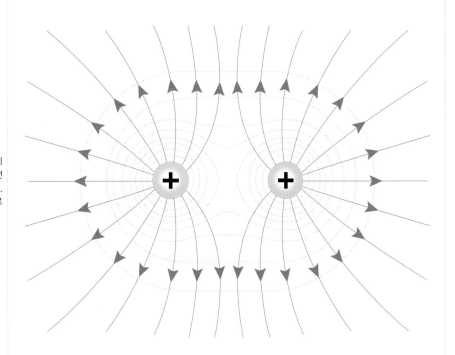

잡힌 전자, 자유 전자

물질의 전기적 성질

1) 절연체와 도체, 그리고 반도체

모든 고체는 원자들로 구성되어 있고 각 원자는 보통 여러 개의 전자를 가진다. 대부분의 전자들은 전기력에 의해 원자의 원자핵에 구속되어 있기 때문에 자유롭게 움직일 수 없다. 그러나 일부 고체의 원자들은 원자핵에 매우 느슨히 잡혀 있어 외부 전기장에 의한 전기력을 받으면 자유롭게 움직일 수 있는 전자들을 가지고 있다. 따라서 이 전자들은 어느 특정한 원자에 구속되어 있다기보다는 고체 전체에 속해 있다고 보는 것이 자연스럽다. 이런 느슨한 전자를 **자유 전자**라고 하며, 고체가 자유 전자를 얼마나 가지고 있느냐에 따라 물질을 도체, 절연체, 반도체로 분류한다.

앞에서도 설명했던 것처럼, **도체**는 자유 전자를 많이 가진 고체로, 금속이 좋은 예이다. 전자들이 원자에 강력하게 구속되어 자유 전자가 거의 없는 고체를 **절연체**라고 부르는데, 도선 주위를 감싸고 있는 PVC, 종이, 플라스틱 등이 대표적인 절연체다. **반도체**는 일반적으로 절연체처럼 행동하지만 특수한 상황을 만들어 주면 도체처럼 행동하는 특이한 물질이다. 반도체의 대표적인 물질은 최근 전자 부품의 주요 재료로 이용되고 있는 실리콘이다.

전류가 흐르지 않는 도체(금속이 좋은 예)의 표면과 내부는 모두 같은 전위를 유지한다. 도체에는 자유롭게 돌아다닐 수 있는 자유 전자가 많기 때문에, 만약 도체에 전위가 다른 곳이 있다면 전위차에 의해 전기력을 받아 자유 전자가 움직이게 되어 전류가 생기므로 앞의 가정에 맞지 않는다. 따라서 전류가 흐르지 않는 상태에서 도체 표면이나 내부에는 전위차가 없어야 하고 그 결과 도체 내부의 전기장 역시 0이 되어야 한다. 이것은 도체가 가진 매우 중요한 전기적 성질이다. 절연체나 반도체에서는 이런 성질이 나타나지 않는다.

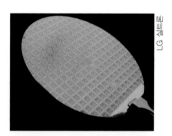

▲ 반도체인 실리콘으로 만든 웨이퍼.

▲ 각종 첨단 전자 제품 안에는 모두 반도체 칩이 내장되어 있다.

깡통으로 해 보는 전기 차폐

공간 중에 전기장이 0인 곳을 만들 수 있을까? 만약 전기장을 0으로 만든다면 고압 전류 앞에서도 무사할 수 있고 이를테면 번개도 차단할 수 있지 않을까? 아울러 인체에 유해할 것으로 추정되는 전자파도 차단되지 않을까?

앞에서 등전위면에서 전기장은 0이 되고, 따라서 등전위면에서 전하를 움직이게 하는 전기력 역시 0이 됨을 배웠다. 이는 전기장을 0으로 만들려면 등전위면을 만들면 된다는 것을 의미한다.

다음 그림처럼 균일한 전기장 속에 금속 통을 놓았다고 해보자. 전기장은 어떻게 될까? 1번처럼 될까? 2번처럼 될까? 아니면 또 다르게 변할까?

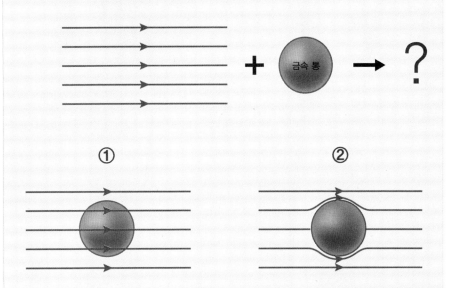

정답은 다음 쪽에서 자세히 다룬다. 여기서는 간단히 상식적인 얘기를 해 보자.

금속 통에는 자유 전자가 있다. 만약 금속 통에 전압이 걸린다면(다른 말로 전위차가 생긴다면) 전하는 전위차가 사라질 때까지 움직일 것이다. 마치 물그릇에 돌을 던져 물의 높낮이 차가 생긴다면 물은 평형을 이룰 때까지 움직여 결국 모든 면의 높이를 같게 한다. 자유 전자도 이와 똑같다. 따라서 결국 금속 통에는 전위차가 생기지 않고 금속 통 속은 전기장이 존재하지 않게 된다. 집에 금속으로 된 사탕 깡통 같은 것이 있다면 그 안에 휴대 전화기를 넣고 뚜껑(이 역시 금속으로 된 것이어야 한다)을 꼭 닫은 후 그 휴대 전화에 전화를 걸어 보자. 전기장이 효율적으로 차단되었다면 전화가 연결되지 않아 벨 소리가 나지 않을 것이다. 그러나 다음 쪽에도 나오지만 교류 전류의 전기장 차폐는 좀 복잡하므로 이 실험은 실패할 수도 있다. 다만 엘리베이터 안에서는 휴대 전화가 끊어지며, 전자레인지 앞면 유리에 금속망을 대어 전기장을 차단하는 것이 이 원리를 이용한 것이라는 사실은 이해하고 넘어가자. 또한 이와 같은 이유로 번개가 칠 때는 도체로 된 자동차 안이 매우 훌륭한 대피 공간이 된다. 그렇다고 해서 번개가 치는 날 일부러 자동차를 몰고 나가자고 부모님께 떼쓰지는 말자!

2) 전기 차폐 – 전기장 막아내기

최근 휴대 전화를 사용해 수능 시험의 답을 주고받는 부정행위가 발각됨으로써 수험장에서의 휴대 전화 소지가 사회적 문제로 떠올랐다. 이렇게 심각한 경우는 아니라 해도 교실이나 지하철 안에서 울리는 벨 소리는 짜증을 유발한다. 휴대 전화 같은 전자 기기들은 눈에 보이지 않는 전기장을 이용해 정보를 교환하는 것이니까, 특정한 공간에 전기장이 침투할 수 없게 한다면 휴대 전화 문제를 해결할 수 있지 않을까?

의식하지 않고 있어서 그렇지 누구나 전기장이 침투되지 않는 곳을 지난 경험이 있다. 자동차 라디오를 켜고 터널로 들어가면 라디오에서 잡음이 많이 난다. 터널 안에서 라디오 전파의 전기장의 세기가 줄어들어 방송 수신이 잘 안 되기 때문이다. 왜 이런 일이 생길까?

95쪽의 그림은 균일한 전기장 속에 전하를 띠지 않은, 속이 빈 얇은 금속구를 놓았을 때 금속 표면 근처에서 일어나는 전기장의 변화를 보여 준다. 앞에서 금속 표면은 등전위면을 이룬다고 했음을 기억할 것이다. 따라서 금속 표면에서의 전기장은 표면에 수직해야 한다. 전기장이 수직하려면 균일한 전기장의 전기력선(수평선)이 그림처럼 금속 표면에서 휘어져야 하며, 전기력선이 휘어지려면 왼쪽에는 음전하가, 그리고 오른쪽에는 양전하가 금속 표면에 전하가 유도되어야 한다. 이는 2장에서 다룬 정전기 유도 현상과 동일하다. 금속 껍질 왼쪽에 양전하로 대전된 막대를 가져오면 이와 비슷한 전기장이 만들어지고 동일한 전하 분포가 금속에 나타난다. 그러나 유도된 음전하와 양전하를 더하면 0이 되므로, 전기적으로 중성이라는 사실은 변하지 않는다.

이제 금속구 껍질 내부의 전기장을 생각해 보자. 내부에는 원래의 균일 전기장(방향이 왼쪽에서 오른쪽)에 유도 전하에 의한 전기장(방향이 오른쪽에서 왼쪽)이 더해지는데 두 전기장의 방향이 반대일 뿐만 아니라 크기가 정확히 같게 되어 두 전기장이 완전히 상쇄되므로 내부 전기장은 0이 된다. 이처럼 자연은 외부에서 전기장을 걸어 주더라도 금속 내부에서 전기장이 사라지도록 금속 표면에 교묘하게 유도 전하를 만든다. 이와 같이 하여 금속성 용기 안에서 전기장이 사라지는 현상을 **전기 차폐**라고 부른다. 직류 전기장의 경우 전기 차폐가 쉽지만 휴대 전화 전파와 같은 교류 전기장의 전기 차폐는 좀 더 복잡하다. 따라서 휴대 전화 공해나 휴대 전화를 이용한 입시 부정을 막는 데에 전기 차폐를 이용하려면 좀 더 많은 연구가 이루어져야 한다.

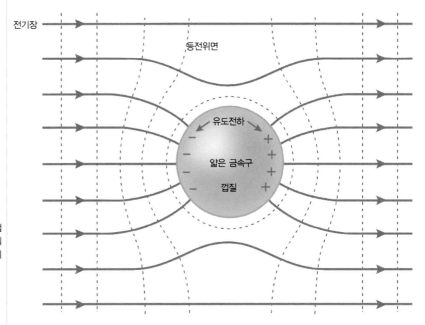

전기장

등전위면

유도전하

얇은 금속구

껍질

▶ 균일한 전기장 속에 놓인 금속구 껍질 주위의 전기장 변화. 유도 전하에 의해 금속 내부에서 전기장은 항상 0이 되어 전기 차폐가 일어난다.

| 좀 | 더 | 자 | 세 | 히 |

피뢰침의 원리

반지름이 R_1, R_2이고 전하가 대전된 두 금속구가 아주 긴 전선으로 연결되어 있다고 하자. 전하는 두 금속구의 전위가 서로 같아질 때($V_1 = V_2$)까지 한 쪽에서 다른 쪽으로 이동하게 될 것이다. 즉, 전위가 같으므로 전하는 $\frac{Q_1}{R_1} = \frac{Q_2}{R_2}$에 의해 결정된다. 금속구의 총전하 Q는 $\sigma(4\pi R^2)$(σ: 표면 전하 밀도)이므로 다음의 관계식이 전하된다.

$$\frac{\sigma_1}{\sigma_2} \propto \frac{R_2}{R_1}$$

즉, $\sigma \propto \frac{1}{R}$로서 각 금속구의 표면 전하 밀도는 반지름에 반비례함을 알 수 있다. 이것에 의해 불규칙한 모양의 금속체에서 어떻게 전하가 분포하는지에 대한 설명이 가능하다. 반지름이 작은 표면에 전하가 가장 많이 분포하므로 뾰족한 물체에 전하가 몰리면 전기장이 커져 주위에 있는 전하를 잘 끌어당긴다. 뾰족한 금속막대(피뢰침)를 높은 곳에 설치하면 번개의 전하가 뾰족한 피뢰침에 끌려 땅 속으로 방전되기 쉽다. 이것이 바로 피뢰침의 원리다.

3) 축전기와 유전체 – 전기를 저장해 봐요

전기 용량

2장에서 전하를 담아두는 데 축전기를 사용하면 편리하다고 했다. 라이덴 병으로부터 시작해 동일한 크기의 음전하와 양전하를 가진 도체판을 마주보게 한 현대의 축전기까지, 축전기는 전하를 더 오래, 그리고 더 많이 보관할 수 있도록 개선되어 왔다. 축전기 도체판의 전위(즉 전압)는 외부에서 전하를 더해주거나 제거함에 따라 변한다. 하지만 같은 양의 전하를 더해 주더라도 도체의 기하학적 모양에 따라 전위가 변하는 정도가 다르다. 이 차이를 정량적으로 나타낸 것이 바로 축전기의 **전기 용량**이다. 전기 용량은 어떤 특정 모양의 축전기의 한 도체판이 단위 전위당 간직할 수 있는 전하량으로 아래와 같이 정의한다.

$$\text{축전기의 전기 용량} \quad C = \frac{Q}{V}$$

전기 용량의 국제 단위는 정의에서 보면 C/V인데, 패러데이를 기념하여 이를 **패럿(F)**이라고 부른다.

$$1\,\text{F} = 1\,\text{C/V}$$

1C이 매우 큰 전하량이므로 1F 역시 매우 큰 단위이다. 따라서 흔히 전기 용량의 단위로 $1\mu\text{F}(=10^{-6}\text{F})$, $1\text{nF}(=10^{-9}\text{F})$, $1\text{pF}(=10^{-12}\text{F})$ 등을 사용한다. 축전기의 전기 용량은 축전기 도체판의 기하학적 모양(크기, 형태, 거리)과 도체판 사이에 들어가는 물질에 의해 결정된다.

이제 간단한 계산을 하나 해 보자. 전기 용량이 $1\mu\text{F}$인 축전기를 1.5V의 건전지에 연결하면 축전기(의 도체판)에 각각 얼마의 전하가 대전될까?

전기 용량의 정의를 사용하면 최대 충전 전하량은 다음과 같이 계산할 수 있다.

$$Q = CV = (10^{-6}\text{F})(1.5\text{V}) = 1.5\times10^{-6}\text{C} = 1.5\mu\text{C}$$

이 정도의 전하를 충전하는 데 걸리는 시간은 매우 짧다. 눈 한 번 깜빡하고 나면 충전이 끝나 있을 것이다.

유전체

영국의 물리학자 패러데이는 축전기의 두 도체판 사이에 유리, 종이, 플라스틱과 같은 절연체를 삽입하면 전기 용량이 증가하는 것을 최초로 발견하고, 이런 절연체들을 **유전체**라고 불렀다. 다시 말해 유전체를 넣은 축전기는 넣지 않은 축전기보다 더 많은 전하를 담아둘 수 있다. 그 이유는 바로 유전체의 **유도 전기 쌍극자** 때문이다.

축전기 내부에 도체를 넣지 않고 절연체인 유전체를 넣는 이유는 무엇일까? 조금만 생각하면 쉽게 답을 유추할 수 있을 것이다. 충전을 위해 전지에 연결한 축전기의 두 도체판 사이에 또 다른 도체판을 넣으면 합선이 일어나 큰 사고를 일으킬 수 있다.

전지와 연결된 축전기 내부에 유전체를 넣으면 아래 그림의 B에서처럼 축전기의 전기장에 의해 유전체 내부에 전기 쌍극자가 유도된다. 이것은 앞에서 이미 설명한 대전된 빗에 종이가 붙는 현상과 같다. 유도 전기 쌍극자의 전하 분포를 보면 유전체가 없을 때의 축전기 전기장(E_0)의 방향과 반대 방향으로 전기장(E')을 만들게 되어 축전기 내부의 전기장(E_0)을 감소(E)하는 효과를 줄 뿐만 아니라 축전기 도체판의 전하를 줄이는 효과도 준다. 유전체가 없고 공기만 차 있는 축전기에 많은 양의 전하가 충전되면 방전이 일어나는데, 유전체를 넣으면 더 많은 전하를 충전하더라도 방전 없이 축전기가 견딜 수 있다는 장점도 있다.

▼ **외부 전기장에 의한 유전체의 편극화**

A: 외부 전기장이 없을 경우. 유전체 분자들도 양성자의 중심과 전자 구름의 중심이 일치하는 중성의 형태로 존재한다.

B: 외부 전기장을 걸어 주면 유전체 내부에 전기 쌍극자가 유도된다.

C: 유도된 전기장 때문에 축전기의 전기장이 감소되는 효과를 얻는다.

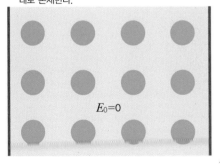

$E_0 = 0$

외부 전기장 E_0

외부 전기장에 의한 전하

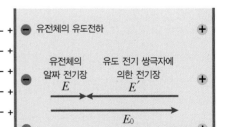

유전체의 유도전하

유전체의 알짜 전기장 E

유도 전기 쌍극자에 의한 전기장 E'

E_0

외부 전기장

GAMMA

전위차를 몸으로 측정한 과학자 캐번디시

"전위차를 어떻게 잴 수 있을까?"— 누가 이런 걸 묻는다면 여러분은 뭐라고 대답하겠는가? "아니 이런 우문이…."라며 그냥 얼버무리겠는가? 아니면 "전압계로 재면 되지 뭐."라고 대답하겠는가?

전압계는 전류가 자기장을 만들어내는 특성을 이용하여 만든 장치다. 다시 말해 전기에 대한 연구가 많이 이뤄진 후에 발명된 장치라는 것이다. 그렇다면 전기 연구의 초창기에는 어떻게 전위차, 즉 전압을 측정했을까? 앞에서 쿨롱이 전하의 특성을 알아내기 위해 수많은 금박공을 가지고 실험한 이야기를 했었다. 참 원시적인 방법이다. 그런데 물리학의 역사를 들여다보면 많은 물리 법칙이 그런 원시적인 경험적 방법을 통해 연구되어 왔다는 것을 발견할 수 있다.

'우공이산(愚公移山)' 이라는 말이 있다. '어리석은 사람이 산을 옮긴다' 는 뜻인데, 우공이라는 우직한 사람이 산을 옮길 작정으로 흙을 퍼 나르기 시작했는데, 그 사람의 결심을 산신령이 듣고 무서워 옮겨 갔다는 이야기에서 유래된 고사성어이다. 일상생활뿐 아니라 과학에서도 우공이산의 정신이 적용된

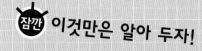 이것만은 알아 두자!

3장을 읽고 나니 전기와 전기장에 대해 조금 알 것 같지요? 지금 이해가 안 되더라도 뒤에서 다시 나오게 되니 느긋한 마음을 가지세요.

- 쿨롱은 두 전하 사이에 작용하는 힘이 두 전하 간의 거리의 제곱에 반비례하고, 전하량의 곱에 비례하는 쿨롱의 법칙을 발견하였다.
- 전기력과 중력은 힘의 크기가 거리의 제곱에 반비례하는 것이 동일하지만, 전하는 질량과 달리 두 종류가 있어 같은 종류의 전하 사이에는 서로 밀치는 힘이, 다른 종류의 전하 사이에는 서로 당기는 힘이 작용하지만, 중력은 항상 서로를 끌어당기는 것이 다른 점이다.

- 멀리서 보면 알짜 전하가 0이지만 마치 여분의 전하를 가진 것처럼 다른 전하에 전기력을 가하는 전하쌍을 전기 쌍극자라고 하며 전기 쌍극자의 전기력은 전하량과 전하 사이의 거리의 곱인 전기 쌍극자 모멘트에 좌우된다.
- 전하에 의해 변화된 공간의 성질이 바로 전기장이며, 다른 전하가 전기장이 있는 공간에 들어서면 이 변화를 전기력으로 느끼게 된다.

예가 많다. 대단한 법칙들 중에서도 '이렇게 하면 되지 않을까?' 하는 소박한 생각을 끝까지 발전시킨 끝에 얻어진 것들이 많다. 상대성 이론처럼 수학에 강하지 않으면 고안하거나 이해할 수 없는 어려운 이론도 있지만, 한 우물을 성실하게 오래 파서 완성된 이론도 있다.

전기 연구의 초창기에 전압의 크기를 알아보고자 그야말로 우공이산을 몸소 실천한 과학자가 있었다. 그는 바로 수소의 발견자로 유명하며, 뉴턴이 예측한 만유 인력 상수 G의 값을 실험으로 알아낸 캐번디시(1731~1810)였다.

캐번디시는 과학적 업적 외에도 유별난 성격으로도 유명했다. 그는 무척 내성적이어서, 교수와 면담하는 것이 싫어 케임브리지 대학을 중퇴했다고 한다. 그리고 여자를 무서워해서 집안의 여자 하인은 그와 마주치면 안 된다는 원칙까지 세워 놓았다고 한다. 그의 별난 성격은 학문적인 것에까지 영향을 미쳐서, 말년에는 자신의 연구를 발표하지도 않는 지경에까지 이르렀다. 그가 죽은 후 발견된 연구 원고는 당대의 연구보다 50년 가까이 앞서 있었다고 하니, 그가 조금만 더 대범해서 자신의 연구 성과를 공개하고 다른 이들과 공동 연구를 할 수 있었다면 전자기학의 발전이 훨씬 앞당겨졌을지도 모른다.

캐번디시는 유별난 성격만큼이나 유별난 과학적 호기심도 소유하고 있었다. 그는 전압의 크기를 알고 싶은 나머지 몸으로 전압의 크기를 직접 체험해 보았다고 한다. '찌릿' 하고 말면 20V, '으으윽~' 할 정도로 고통이 오면 60V…. 이런 식으로 말이다. 보통 사람들의 상식을 깨는 성격을 가진 캐번디시였길래 가능했던 연구 방법이기는 하지만, 그래도 그 실험으로 목숨을 잃지 않은 것이 천만다행이었다.

- 어떤 전하에 의한 전기장의 세기는 단위 양전하가 받는 힘의 크기이고, 전기장의 단위는 N/C를 사용하며, 전기장의 방향은 양전하인 시험 전하가 받는 힘의 방향과 일치한다.
- 전기장 E속에 놓인 전하량 q인 전하가 받는 전기력은 qE이다.
- 축전기에 전지를 연결하여 충전하면 내부에는 균일한 전기장이 생긴다.
- 전기적 위치 에너지는 시험 전하를 전기력에 반대하여 한 장소로부터 다른 장소로 이동시키기 위해 외부에서 해 준 일의 양으로 정의된다.
- 전기적 위치 에너지를 시험 전하의 전하량으로 나누는 값을 전위라고 부르며, 전기적 위치 에너지의 장이라고 생각할 수 있다. 전위의 단위로는 J/C 혹은 볼트(V)를 사용한다. 전위에 전하를 곱하면 전기적 위치 에너지를 얻게 된다.
- 두 점 사이의 전위 차이를 전위차 또는 전압이라고 부른다. 전압의 단위는 전위의 단위 V와 같다.

- 어떤 전하의 전기적 위치 에너지(또는 전위)가 같은 점들을 연결한 선 또는 면을 등전위선 또는 등전위면이라고 한다. 등전위면에서는 전기적 위치 에너지가 같기 때문에 전위차가 0이 된다. 전기장은 항상 등전위면에 수직이고 등전위면이 촘촘한 곳일수록 강한 전기장에 해당한다.
- 도체는 금속처럼 자유 전자를 많이 가진 고체이고, 전자들이 원자에 강하게 구속되어 자유 전자가 거의 없는 고체를 절연체라고 부른다. 반도체는 평소에 절연체처럼 행동하지만 특수한 상황을 만들어 주면 도체처럼 행동하는 특이한 물질이다.
- 전류가 흐르지 않는 상태에서 도체 표면이나 내부에는 전위차가 없어야 하고 그 결과 도체 내부의 전기장 역시 0이 되어야 한다.
- 외부에서 전기장을 걸어주면 금속 내부에서 전기장이 사라지도록 금속 표면에 유도 전하를 만들어 금속성 용기 안에서 전기장이 사라지는 현상을 전기 차폐라고 부른다.
- 축전기의 전기 용량은 축전기 도체 판의 기하학적 모양(크기, 형태, 거리)과 도체판 사이에 들어가는 물질에 의해 결정된다.

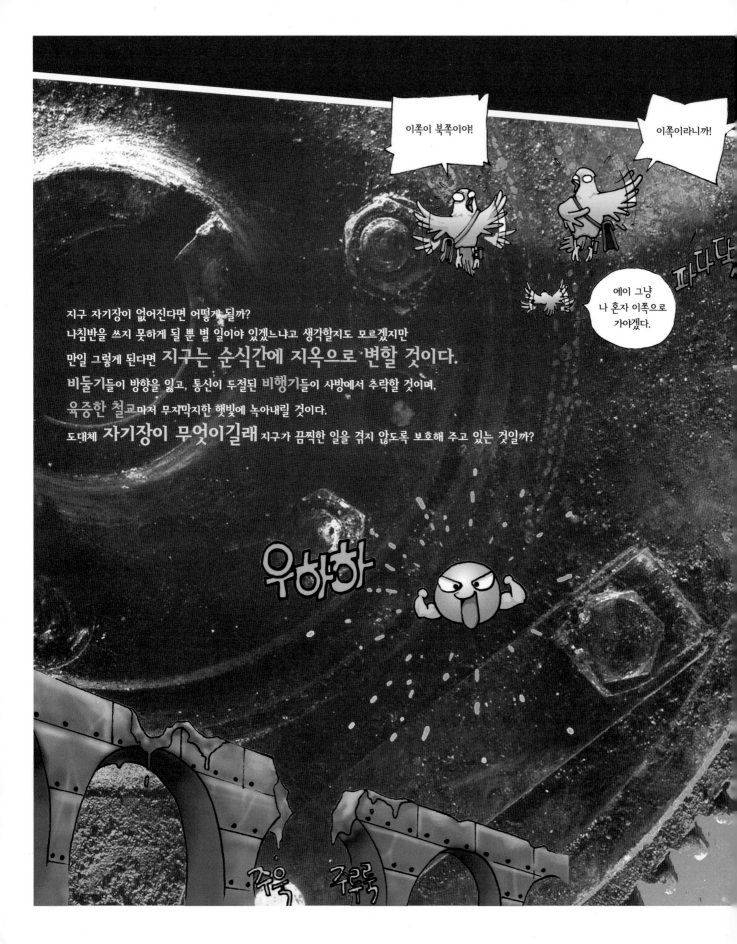

이쪽이 북쪽이야!

이쪽이라니까!

에이 그냥 나 혼자 이쪽으로 가야겠다.

파다닥

지구 자기장이 없어진다면 어떻게 될까?

나침반을 쓰지 못하게 될 뿐 별 일이야 있겠느냐고 생각할지도 모르겠지만

만일 그렇게 된다면 지구는 순식간에 지옥으로 변할 것이다.

비둘기들이 방향을 잃고, 통신이 두절된 비행기들이 사방에서 추락할 것이며,

육중한 철교마저 무지막지한 햇빛에 녹아내릴 것이다.

도대체 자기장이 무엇이길래 지구가 끔찍한 일을 겪지 않도록 보호해 주고 있는 것일까?

우하하...

쭈욱 쭈르륵

기웃기웃, 자기 들여다보기

ㅇㅇㅇㅇ~
무섭죠~

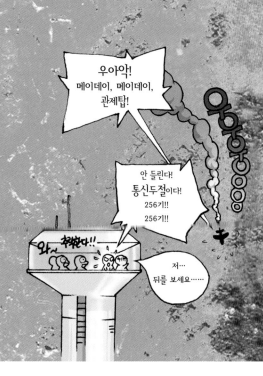

우아악!
메이데이, 메이데이,
관제탑!

안 들린다!
통신두절이다!
256기!!
256기!!

와~ 출발한다!!

저…
뒤를 보세요……

전류 고리가 만드는 마법

자기장

  고대 사람들도 특정한 광석이 금속을 끌어당긴다는 사실을 알고 있었다. 영어로 자석 또는 자기라는 말은 이런 광석이 많이 생산되던 지역의 이름에서 유래하였다. 3세기경 중국인들은 이 광석을 실에 매달면 항상 북쪽을 가리킨다는 것을 알게 되었고, 이 사실을 이용하여 세계 최초로 나침반을 만들어 항해에 이용하였다.

  4장을 차근차근 읽다 보면 자석이 무엇이고 방향을 찾는 데 자석을 사용할 수 있는 이유가 무엇인지, 왜 철과 같은 금속이 자석에 붙는지 등을 이해하게 될 것이며, 아울러 전류 고리가 자석과 같은 성질을 가진다는 매우 중요한 발견

| 좀 | 더 | 자 | 세 | 히 |

철이 자석에 붙는 이유

철이 자석에 붙는 이유는 종이나 머리카락이 대전된 빗에 붙는 이유와 비슷하다. 자석을 철에 가까이 하면 철에 자기 쌍극자가 유도된다. 더 정확히는 철에 있는 자기 쌍극자들이 자석의 자기장 방향으로 정렬된다. 철의 자기 쌍극자는 철 원자의 원자 전류, 그 중에서도 전자 스핀 자기 쌍극자에 의해 생긴다. 빗의 전기장에 의해 종이에 전기 쌍극자가 유도되는 것과 같은 원리이다.
자석의 N극을 철에 가까이 했다고 하고 N극 근처에 있는 철의 자기 쌍극자(매우 작은 자석이라고 생각하면 편리)들을 보면 당연히 N극에는 S극이 끌리기 때문에 철 표면에 있는 자기 쌍극자의 S극 방향이 자석의 N극에 가까이 있게 된다. 표면 바로 뒤에 있는 자기 쌍극자는 앞에 있는 자기 쌍극자의 N극에 끌려 S극이 바로 뒤에 온다. 이 과정이 계속 되풀이되어 철의 반대쪽은 자기 쌍극자의 N극이 위치하게 된다. 따라서 철의 내부는 한 자기 쌍극자의 N극과 이웃한 자기 쌍극자의 S극이 겹친 것처럼 되어 자기적으로 중성이 되고 단지 자석의 N극에 가까운 철의 표면에는 S극만이, 이 표면의 반대쪽에는 N극만이 있는 것처럼 보인다. 그러므로 철에 자석을 가까이 하면 철이 일시적으로 또 다른 자석이 되고 자석에 가까운 쪽에 자석의 극과 반대인 극이 유도되어 철에 달라붙게 된다. 동일한 일이 대전된 빗과 종이 또는 머리카락 등에서도 일어난다.
일반적으로 자성체에 자석을 가까이 하면 자성체가 일시적으로 자석이 되어 자석에 붙는다. 자성체가 자석에 얼마나 세게 붙는지는 자성체의 자기 쌍극자들이 자석의 자기장에 의해 얼마나 잘 정렬되는지 또는 얼마나 많이 유도되는지에 달려있다. 일단 자석을 떼면 자성체에 들어 있는 자기 쌍극자들이 다시 무질서해지거나 유도된 자기 쌍극자들이 사라지기 때문에 일시적으로 생겼던 자석의 성질을 잃는다. 그러나 철과 같은 자성체를 강한 자기장을 가진 영구 자석 근처에 오래 두면 영구 자석을 없애도 철이 자석의 성질을 잃지 않고 또 다른 영구 자석이 된다. 쇠로 된 못을 막대 자석으로 계속 문지르면 쇠못이 자석이 되는 것도 같은 이치이다.

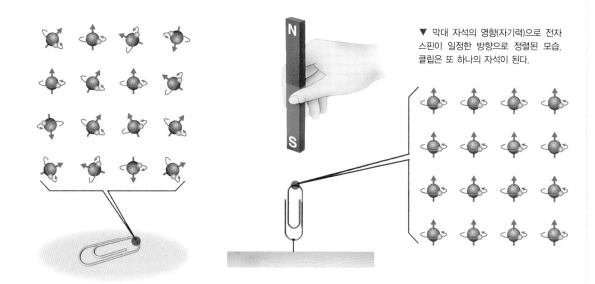

▼ 막대 자석의 영향(자기력)으로 전자 스핀이 일정한 방향으로 정렬된 모습. 클립은 또 하나의 자석이 된다.

▲ 일관성 없이 배치된 전자 스핀의 모습. 보통 물체 속의 전자 스핀은 이렇게 무질서하다.

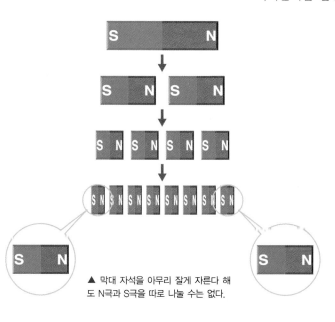

▲ 막대 자석을 아무리 잘게 자른다 해도 N극과 S극을 따로 나눌 수는 없다.

을 통해 자기가 무엇인지를 깨닫게 될 것이다. 그러기 위하여 우선 자기장에 대해 알아보자.

1) 자석의 자기장

고운 철가루를 막대 자석 주위에 뿌리면 철가루가 일정한 패턴을 만든다. 이것은 자석(또는 영구 자석)이 만드는 자기장 때문이다. 3장에서 공부한 전기장처럼 자기장 역시 눈에 보이지는 않지만 자석이 그 주위의 공간에 어떻게 영향을 미치는지를 설명하는 데 매우 편리한 물리 개념이다. 따라서 물리학자들은 자석이 다른 자석이나 금속, 또는 전류가 흐르는 도선, 심지어는 움직이는 전하에 미치는 영향을 자기장으로 설명한다.

자기장에 의해 나타나는 현상을 우리는 **자기** 또는 **자기 현상**이라고 부른다. 그리고 지금부터 자석뿐만 아니라 전류가 흐르는 도선이나 고리 역시 자기장을 만든다는 사실도 배워 나갈 것이다.

13세기의 학자 페트루스 페레그리누스는 자석에 두 극, 즉 북극(또는 N극)과 남극(또는 S극)이 존재하며 자석의 다른 부분보다 극 부근에 철이 더 잘 붙는 것을 발견하였다. 그리고 같은 극끼리는 밀고 다른 극끼리는 당기는 것도 발견하였다. 자석의 북극은 그 쪽이 항상 지리적 북쪽을 가리킨다고 하여 붙여진 이름이다. 초기 과학자들은 자석의 N극과 S극을 분리하기 위해 자석을 자르는 실험을 하였다. 그러나 놀랍게도 아무리 자석을 잘게 잘라도 여전히 두 극이 존재하였다. 다시 말해 양전하와 음전하가 따로 존재하는 것과는 달리 자기의 경우 홀극(즉 N극 또는 S극이 혼자 존재하는 것)을 발견할 수 없었다는 것이다.

자석의 N극과 S극이 양전하, 음전하와 비슷하긴 하지만 전하와 달리 자극은 항상 N극-S극의 쌍으로만 존재한다. 물리학에서는 이런 자석의 성질을 강조하기 위해 자석을 **자기 쌍극자**라고 부른다. 그럼 왜 자기의 경우 항상 극이 쌍으로 존재할까? 이 질문의 답을 아는 데는 수백 년이 더 걸렸다. 그 답은 원형 전류 도선에 의한 자기장에서 찾을 수 있다.

이제 나침반의 자석이나 실에 매단 자석이 왜 항상 일정한 방향을 가리키는지 알아보자. 이유는 지구 자체가 하나의 거대한 자석이어서 자석에 자기력, 즉 같은 자극끼리는 밀고 반대 자극끼리는 당기는 힘을 작용하기 때문인데, 1600년 경에 영국의 과학자 길버트가 이미 이러한 설명을 내놓았다. 현재는 지구 내부 핵에 있는 액체 상태의 철이나 니켈 등이 회전하기 때문에 자석의 자기장과는 다른 복잡한 지구 자기장이 생긴다고 알려져 있다.

그러면 지구의 북극은 자기적으로 무슨 극일까? 정답은 S극이다. 북쪽(North)을 가리킨다 하여 N극이라 이름 지었지만 정작 그 북쪽은 자기적으로는 S극이다.

▲ 지구는 하나의 거대한 자석이며, 지구의 북극은 자기적으로는 S극이다.

영구 자석

우리가 흔히 볼 수 있는 자석 또는 영구 자석은 어떻게 만들어질까? **자석은 강자성체라고 부르는 물체를 가공해 만든다.** 강자성체의 대표적인 예가 바로 철(쇠)이다. 철광석을 녹여 철만을 뽑아낸 후 식히면 자연적인 자석을 얻을 수 있다. 그러나 이런 식으로 얻은 천연 자석은 자기장이 강하지 않기 때문에 별도의 처리를 해 주어야 한다. 이 별도의 처리를 마친 것, 즉 천연 자석에 강한 자기장을 가해 자기장을 강화시킨 것이 우리가 보통 사용하는 영구 자석이다.

평범한 쇠못을 자석으로 여러 번 문지르면 자석의 성질을 띠는 것도 이와 같은 원리다. 이처럼 자석이 아닌 물체를 자석으로 만드는 것, 즉 자성을 띠게 하는 것을 **자화**라고 한다. 그러나 아무리 강한 영구 자석이라도 열을 가해 어느 온도 이상으로 높이면 자성을 잃게 된다. 이 온도를 '큐리 온도'라고 부른다. 철로 된 자석의 경우 770℃ 이상으로 가열하면 자성을 잃는다.

밴앨런대

최근 지구를 둘러싸고 있는 오존층이 줄어들면서 자외선이 강해져 호주에서는 눈 먼 토끼들이 늘고 있다는 보도가 있었다. 오존층처럼 지구 생명체를 보호해 주는 자연의 장치 가운데 하나가 지구를 도넛 모양으로 둘러싸고 있는 밴앨런대, 또는 밴앨런 복사대이다.

지구 주위로 지구 자기장이 영향을 미치는 공간을 자기권이라고 부른다. 자기권은 태양풍(태양 으로부터 나온 전하들)에 의해 비대칭적인 모양을 하고 있다. 높은 에너지를 가진 전하를 띤 입 자가 자기권으로 들어오면 지구 자기장에 의해 자기력을 받아 자기력선을 따라 나선 운동을 하 며 지구 자기권에 갇히게 된다. 앞에서 전하가 자기장에 수직하게 움직이면 원운동을 한다고 배 웠다. 그런데 전하가 완전히 자기장에 수직하지 않고 비스듬하게 움직이면 자기장에 수직한 방 향으로는 자기력을 받아 원운동을 하며 동시에 자기장에 평행한 방향으로는 자기력이 없어 등 속 운동을 하기 때문에 나선 운동을 하게 되는 것이다. 이런 이유 때문에 자기권의 두 지역에 전하가 집중적으로 잡혀 있게 되는데, 이곳을 밴앨런대라고 부른다.

밴앨런대라는 이름은 1958년에 발사된 미국 최초의 인공위성 익스플로러 1호를 사용해 이 전하 띠를 최초로 발견한 제임스 밴 앨런의 이름을 따서 붙여졌다. 밴앨런대의 내부 띠는 지구로부터 1000km 정도 떨어져 있고 외부 띠는 지구로부터 4만km나 떨어져 있다. 밴앨런대는 높은 에 너지를 가진 전하 입자들로 이루어져 있는데 내부 띠는 주로 양성자이고, 외부 띠는 주로 전자 들로 구성되어 있다. 태양풍이 강할 때 밴앨런대의 위아래 전위차는 1만V 이상이 되기도 한다. 이들 전하를 띤 입자들에 의해 지상의 자연 방사능보다 1억 배 이상 강한 방사능이 발생하기 때 문에 밴앨런대를 '밴앨런 방사능대'라고 부르기도 한다.

밴앨런대 내부에 있는 입자들은 지구 자기장의 자기력선을 따라서 남북으로 왕복 운동을 하는 데 주기는 대략 수 분에서 수 시간 정도다. 또 극지방의 밴앨런대에 갇혀 있던 일부 입자들이 빠져 나와 멋진 오로라를 연출하기도 한다. 만일 밴앨런대(또는 밴앨런대의 원인인 지구 자기 장)가 없었다면 우주로부터 오는 높은 에너지를 가진 전하가 그대로 지구에 도달하여 사람을 포 함한 모든 생물을 죽게 할 수 있다. 이렇게 본다면 지구에서 생명체가 살 수 있는 것은 거의 기 적에 가까운 일이라 할 수 있다.

▶ 지구를 태양풍 등의 고에너지 입자 들로부터 보호하고 있는 밴앨런대. 밴 앨런대 끝인 극지방에서는 이런 입자들 이 오로라를 펼치기도 한다.

자석 팔찌와 자석 요

요즘에는 인기가 많이 떨어졌지만 아직도 인터넷 검색을 해 보면 자석 팔찌나 자석 요에 대한 판매 광고를 자주 볼 수 있다. 이 광고들은 고혈압으로 뒷목이 뻐근한 사람, 관절염이 있는 사람이 자석 팔찌를 차면 보름 이내에 효과를 보며, 또 자석 요 또한 혈액 순환, 관절염, 고혈압 등에는 효과가 있다고 주장한다. 이 광고들은 과연 과학적으로 근거가 있는 것일까? 자석 팔찌야 가격이라도 싸니까 문제가 크지 않지만 자석 요는 심한 경우 가격이 100만 원 이상이 되기도 하니, 만약 근거가 없다면 광고를 믿고 산 소비자들은 사기를 당한 셈이 된다. 더구나 이런 제품을 사는 소비자들의 대부분이 가난하거나 나이가 많은 병든 노인들이라는 점에서 사회적으로도 문제가 된다.

우리나라뿐만 아니라 미국에서도 이런 문제가 발생하여 미국 의사들이 이들 제품의 효능에 대하여 조사를 하였다. 자석 팔찌 제조업자들은 팔찌의 자석이 몸 안에 전기를 유도하여 혈액 순환을 좋게 하기 때문에 건강에 도움이 된다고 주장해 왔다. 이들의 주장은 자석(물론 자기를 의미), 전기, 혈액 순환과 같은 과학 용어를 사용하기 때문에 얼핏 보면 꽤 과학적으로 보이기도 한다.

미국 플로리다에 위치한 마요 병원의 로버트 브래튼 박사는 자석 팔찌가 과연 건강에 도움이 되는지를 조사하였다. 그는 우선 305명의 실험 대상자로 하여금 자석 팔찌를 28일 동안 착용하도록 하고, 같은 수의 다른 실험 대상자들에게는 모양은 똑같지만 자석 성분은 없는 보통 팔찌를 같은 기간 동안 착용하도록 하였다. 그리고 실험 대상자들에게 팔찌를 착용하기 전과 착용하는 동안 근육 또는 관절 부위에 통증을 느끼는 정도의 차이를 조사한 결과 두 그룹 모두 팔찌를 착용한 후에 통증이 감소되었다고 하였다. 결과적으로 통증을 느끼는 정도는 자석 팔찌의 착용과는 전혀 관계가 없었던 것이다.

조금이라도 물리를 아는 사람이라면 자석 팔찌나 자석 요를 덥석 사기 전에 다음과 같은 질문을 해야 한다. 자석이 건강에 도움이 된다면 문방구에서 싸게 살 수 있는 막대 자석과 팔찌의 자석은 그 효능이 같은가, 다른가? 같다면 비싼 자석 팔찌 대신 막대 자석으로 자주 신체 부위에 문질러도 되지 않을까? 다르다면 과연 무엇이 다른가? 물리학자들이 볼 때 두 자석은 차이가 전혀 없다. 문방구의 자석에서 지구 자기장으로 생각의 지평을 넓힐 수 있다면, 우리 몸은 항상 지구 자기장에 노출되어 있는데 이것은 왜 자석 팔찌나 자석 요와 같은 효과를 주지 못하는가에 대해서도 생각해 보아야 한다. 이런 질문들을 통해 생활 속에 과학을 응용하는 자세와 과학이 필요한 이유를 배울 수 있다.

2) 자기력선

자석이나 나중에 배울 전류 도선에 의한 자기장의 특징을 편리하게 눈으로 볼 수 있게 해 주는 도구가 바로 **자기력선**이다. 자기력선은 쉽게 말해 나침반의 N극이 가리키는 방향을 연속적으로 이어놓은 선이다. 자기력선 역시 이 책의 제3장에서 소개한 전기력선처럼 몇 가지 규칙을 따른다. 즉 자기력선은 항상 자석

▲ 자석을 놓기 전 나침반의 모습 . 나침반의 바늘이 모두 지구자기장 방향으로 정렬되어 있는 것을 볼 수 있다.

▲ 자석을 놓은 후 나침반의 모습. 위치에 따라 나침반의 바늘 방향이 바뀐 것을 볼 수 있다.

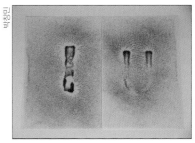

▲ 막대 자석과 말굽 자석 주위에 철가루를 뿌렸을 때의 자기력선 모양.

의 N극에서 나와 S극으로 들어가며 연속적으로 연결된 직선 또는 곡선을 이룬다. 또 자기력선끼리는 서로 교차하지 않는다. 일정한 부피의 공간에서 자기력선이 다른 곳보다 조밀하다는 것은 그 곳의 자기장이 강하다는 것을 의미한다.

자기력선은 보통 철가루나 나침반을 이용하여 쉽게 보여줄 수 있다. 철가루는 자기력선을 따라 이어져 있다. 철가루가 밀집해 있을수록 자기력선이 조밀하고 따라서 이곳에서 자기장이 강하다. 같은 영구 자석이라도 자석의 모양(막대 자석, 말굽 자석 등)에 따라 자기력선이 다르다.

3) 자기장은 벡터다!

자기력선이 보기에 편리하기는 하지만 어디까지나 자기장을 표시하기 위한 하나의 도구에 불과하다는 것을 잊지 말아야 한다. 자기장은 전기장처럼 벡터로 방향과 크기를 가진다. 따라서 자기장을 만드는 근원이 자석이든 전류 도선이든 관계없이 근원이 만드는 자기장의 방향과 크기에 대해 이해하고 있어야 한다. 자기장의 국제 단위는 테슬라(T)로, 현대 교류 발전에 큰 공헌을 한 미국의 과학자 테슬라를 기념하여 붙여졌다. 테슬라는 전기의 기본 단위들과는 다음과 같은 관계를 가진다.

$$1\text{T} = 1\frac{\text{V} \cdot \text{s}}{\text{m}^2}$$

테슬라는 매우 큰 단위다. 지금까지 만들어졌던 가장 강한 자기장이 수십 테슬라 정도임을 생각하면 그 크기를 짐작할 수 있을 것이다. 이런 이유로 일상생활은 물론 문제 풀이에서도 테슬라라는 단위는 좀처럼 사용되지 않고, 테슬라보다 작은 자기장 단위인 가우스(G)가 일반적으로 사용된다. '가우스'라는 단위 역시 전기와 자기에 대해 많은 연구를 했던 독일의 수학자 가우스를 기념하여 붙여진 이름이다. 테슬라와 가우스의 관계는 다음과 같다.

$$1T = 10^4 G$$

지표면 근처에서의 지구 자기장의 크기는 대략 0.5G 정도이고, 막대 자석과 같은 영구 자석의 자기장 크기는 보통 수십 가우스 정도이며 아주 강한 영구 자석의 경우 수백 가우스의 자기장이 나오기도 한다.

▲ 나침반은 작은 자석으로 자기력에 의해서만 방향이 바뀐다. 전류를 흘려 주었더니 방향이 바뀌었다는 것은 전류에 의해 자기장이 생겼다는 것이다.

4) 자기장은 왜 생길까?

물론 자석이 있기 때문에 자기장이 생긴다고 할 수 있지만 이것은 좋은 대답이 아니다. 이보다 근본적인 자기장의 원인은 덴마크의 물리학자 외르스테드의 실험을 통해 발견되었다. 1820년 봄, 외르스테드는 강의를 준비하던 중 이전에 번개가 치면 나침반이 움직였던 것을 문득 떠올렸다. 그리고 강의를 하면서 나침반 위에 전선을 남북 방향으로 놓고 전류를 흘려 보았다. 그랬더니 나침반 바늘이 돌아가는 것이 아닌가! 이렇게 하여 외르스테드는 전류가 자기를 만든다는 것을 처음으로 발견하였다.

그는 나중에 자석이 전류가 흐르는 전선에 힘을 가한다는 사실도 확인했다. 1820년 7월 외르스테드는 이 결과를 논문으로 발표하여 전기와 자기가 서로 밀접한 관계에 있음을 우리에게 처음으로 확인시켜 주었다. 또 몇 주가 지난 후 전류가 흐르는 코일(솔레노이드) 속에 철심을 넣으면 자석이 된다는 사실도 알아내었다.

외르스테드가 전류 도선에 의해 생기는 자기장을 발견한 지 2주일도 지나지 않아 프랑스의 수학자 비오(1774~1862)와 물리학자 사바르(1791~1841)는 외르스테드의 실험 결과를 설명할 수식을 도출했다. 이 수식은 놀랍게도 점전하에 의한 전기장을 표시해 주는 쿨롱의 법칙으로부터 유도된 수식과 비슷했다. 역시 프랑스 물리학자인 앙페르는 실험을 통해 닫힌 전류 고리에 의한 자기장

이선희

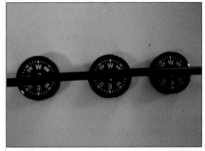

▲ 나침반의 N-S 방향을 전선과 평행하게 놓은 모습. 아직 전선에 전류가 흐르기 전이다.

이선희

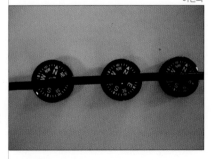

▲ 전선에 전류를 흘려 주면 나침반의 N-S가 돌아간 것을 볼 수 있다.

의 성질을 알아내고 이를 설명할 수식도 유도해 냈으며, 자석의 자기장을 포함해 모든 자기장이 전류에 의해 생긴다고 주장하였다.

앙페르는 어떤 근거로 이런 주장을 했을까? 앙페르는 전류 고리의 자기장에 의해 생기는 자기력선의 모양이 자석 주위의 자기력선과 같다는 것을 알게 되었다. 즉 전류 고리가 바로 자기 쌍극자라는 중대한 발견을 한 것이다. 자석이 전류 고리라고 가정하면 아무리 자석을 잘게 잘라도 항상 N극과 S극이 함께 쌍으로 존재하는 까닭도 설명이 된다. 즉, N극 또는 S극은 단순히 전류 고리의 위 또는 아래를 가리키는 것일 뿐, 독립된 N극이나 S극이라는 것은 애초부터 존재하지 않는 것들이다. 따라서 이제부터는 자석과 전류 고리를 더 이상 구분할 필요가 없다. 자석과 전류 고리는 같은 것임을 기억하면 된다.

하지만 여기까지 잘 따라온 학생이라 해도 아직 석연치 않은 부분이 존재할 것이다. 자석을 아무리 들여다보아도 전선을 발견할 수 없기 때문이다. 도대체 자석 안에는 어떻게 생긴 전류 고리가 있다는 것일까? 앙페르 역시 이에 대한 명확한 답을 알 수 없었다. 답이 구해진 것은 1900년 이후 원자에 대한 물리 지식이 축적되면서부터다.

다른 물질들처럼 자석도 원자들로 구성되어 있다. 원자 안에 있는 전자는 원 궤도를 그리며 원자핵 주위를 돈다. 앞에서 전류란 전자의 움직임이라고 했던 것을 기억할 것이다. 따라서 원자핵 주위에 원형의 전류 고리가 놓여 있다고 말할 수 있다. 그리고 이 전류 고리가 자석의 자기장을 만든다. 그러나 이것이 전부가 아니다. 전자는 원자핵 주위를 돌 뿐만 아니라 전자 자신의 축에 대해서도 회전 운동을 한다. 마치 지구가 공전과 자전을 함께 하는 것처럼 말이다. 전자의 자전 운동을 **스핀**이라고 부르는데, 사실 자석의 자기장을 만드는 데는 공전보다 이 스핀이 좀 더 중요한 역할을 한다.

전하를 가진 전자가 스핀(자전) 운동을 하면 공전 운동처럼 자기 쌍극자를 유도한다. 철과 같이 자화가 가능한 물질의 경우 전자 스핀에 의해 생기는 자기 쌍극자가 자석의 주요 원인인 것으로 알려져 있다. 각 원자들이 가진 자기 쌍극자가 협력하여 자석이 만들어지는 것이다.

TIP 지구는 반지름과 회전축을 갖고 자전운동을 하나 전자는 반지름이 없는 점입자로 간주됨. 따라서 109쪽과 137쪽에 나오는 전자의 스핀을 109쪽에 제시된 바와 같이 지구의 자전에 빗대어 설명할 수는 있으나 동일하게 생각할 수는 없음을 주의해야 함. 이와 같은 전자의 스핀을 전자의 궤도운동에 비해 직관적으로 이해하기 어렵게 느끼는 경우가 많을 것임. 더 깊은 이해를 원하는 독자는 향후 좀 더 전문적인 책을 볼 것을 권함. 본 교재에서는 전자가 궤도 운동과 상관없이 자체적으로 자기장을 발생시키는 이유를 설명하기 위해, 즉 전자가 하나의 자석과 같은 역할을 하는 이유를 설명하기 위해 스핀의 개념이 반드시 필요하다는 것까지만 이해해도 충분할 것이다.

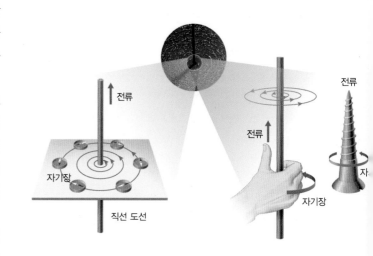

전류 도선 주위에 무슨 일이?

여러 가지 전류 도선에 의한 자기장

1) 직선 전류 도선에 의한 자기장

앞 절에서 직선 전류 도선에 의한 자기장은 외르스테드가 강의를 하다가 우연히 발견한 것이라고 이야기했다. 그런데 이 책을 꼼꼼히 읽는 학생이라면 '직선 도선'이라는 말에 의문을 가졌을 것이다. 이 책의 제 2장 '전하와 전류'에서 전기 회로에 전류가 흐르게 하려면 회로가 '닫혀 있어야만 한다'고 했기 때문이다. 따라서 직선 도선만으로는 회로를 구성할 수 없는데 어떻게 외르스테드는 이 실험을 할 수 있을까?

> 근사
> 실제와 똑같지는 않지만 거의 비슷한 것을 일컫는 과학 용어

사실 직선 도선이란 근사이다. 직선 도선을 준비하고 또 다른 두 도선을 이용해 직선 도선의 중앙에서 멀리 떨어진 두 곳에 직류 전원의 양극과 음극을 각각 연결한다. 그리고 전원의 두 극과 연결된 다른 두 도선으로부터 충분히 떨어진 직선 도선 중앙 부근의 자기장을 측정하면 그것이 직선 전류 도선에 의한 자기장과 거의 비슷해진다.

우선 철가루나 나침반을 사용해 자기장의 방향, 즉 자기력선을 살펴보면 도선을 중심으로 하는 동심원으로 이루어진 원형의 자기장이 생기는 것을 알 수 있다. 직선 도선에 흐르는 전류의 방향과 나침반의 N극이 가리키는 자기장의 방향 사이의 관계는 다음의 두 방법으로 표시할 수 있다.

▲ 직선 도선에 흐르는 전류의 방향과 자기장의 방향 사이의 관계.

방법 1: (오른손 규칙) 오른손 엄지손가락을 전류 방향으로 향하게 하고 네 손가락을 도선 주위로 감아쥐면 네 손가락의 끝이 가리키는

방향이 자기장의 방향(N극 방향)이 된다.

방법 2: (오른나사 규칙) 오른 나사를 전류 방향으로 향하게 하고 나사
를 돌리면 돌아가는 방향이 자기장의 방향(N극 방향)이 된다.

오른나사보다는 오른손이 익숙하기 때문에 오른손 규칙을 기억하는 것이 좋
다. 나중에 또 나오겠지만 벡터 물리량(자기장이 한 예)의 방향을 따질 때 오른
손만 사용해도 충분하다. 또 전류와 자기장이 수직하다는 점을 기억하라.

110쪽 그림에서 직선 전류 도선 주위에 형성된 여러 개의 원형 자기력선을 볼
수 있는데, 이 자기력선들의 자기장 크기는 모두 다르다. 프랑스의 비오와 사바
르, 그리고 그보다 나중에 앙페르도 직선 전류 도선에 의한 자기장의 크기를 이
론적으로 계산하고 실험으로 확인하였다. 그 결과 다음과 같은 식을 얻을 수 있
었다.

$$\text{직선 전류 도선에 의한 자기장} \quad B = k\frac{I}{r}$$

이 식에서 B는 직선 도선으로부터 수직 거리 r (단위 m) 떨어진 곳에서의 자
기장의 크기(단위 테슬라 T), I는 도선에 흐르는 전류의 세기(단위 암페어 A)이
고 $k = 2 \times 10^{-7} \text{N/A}^2$인 비례 상수이다. 이 식을 보면 자기장이 전류에 비례하고
거리에 반비례하기 때문에 전류의 세기가 클수록, 그리고 도선에 가까울수록
자기장이 강해지는 것을 알 수 있다. 작은 물체 또는 입자에 의한 중력장이나
점전하에 의한 전기장이 거리의 제곱 r^2에 반비례하는 것에 반해 직선 전류 도
선에 의한 자기장은 거리에 직접, 즉 r에 반비례하는 점이 특이하다. 그러나 대
전시킨 직선 도선, 즉 수많은 점전하를 직선 위에 분포시킨 경우의 전기장 역시
거리 r에 반비례한다. 따라서 직선 전류 도선을 무수히 많은 작은 전류 도선들
의 합으로 생각하면 각 작은 전류 도선의 자기장은 거리 제곱 r^2에 반비례하게
된다. 이것을 앞서 소개한 **비오와 사바르의 법칙**이라고 부르기도 한다.

이제 직선 전류 도선에 의한 자기장의 크기를 구체적으로 계산해 보자. 상당
히 큰 전류인 1A가 흐르는 직선 도선에서 10cm 떨어진 곳의 자기장의 크기는
얼마나 될까?

단위를 모두 국제 단위로 통일하여 답을 구하면 다음과 같다.

$$B = k\frac{I}{r} = (2 \times 10^{-7}\frac{\text{N}}{\text{A}^2})(\frac{1\text{A}}{10^{-1}\text{m}}) = 2 \times 10^{-6}\frac{\text{N}}{\text{A} \cdot \text{m}} = 2 \times 10^{-6}\text{T} = 0.02\text{G}$$

위 식에서 $\frac{\text{N}}{\text{A} \cdot \text{m}}$＝T임을 알 수 있을 것이며, 또 1T는 1G의 만 배라는 것(1T ＝10^4G)도 알 수 있을 것이다. 1A라는 상당히 큰 전류를 흘렸음에도 불구하고 우리나라에서의 지구 자기장의 크기인 0.5G의 4%에 지나지 않는 아주 작은 크기의 자기장이 얻어진 것을 보면 직선 전류 도선에 의해 큰 자기장을 얻기가 매우 어렵다는 것을 알 수 있다.

지금까지 알게 된 직선 전류 도선의 자기장의 특징에 대해 정리해 보자. 우선 자기장의 방향은 오른손 규칙으로 알 수 있는데 도선 주위에 원형의 자기장이 생겨 전류 방향과 수직함을 알 수 있다. 자기장의 크기는 거리에 반비례하고 전류 세기에 비례한다. 직선 전류 도선으로는 큰 자기장을 얻기 힘들다.

2) 원형 전류 도선(전류 고리)에 의한 자기장

원은 수많은 작은 원호로 구성되어 있고 물리나 수학에서 원호는 작은 직선으로 생각할 수 있다. 지름이 아주 큰 원을 상상하면 이 말의 뜻을 이해할 수 있을 것이다. 원형의 전류 도선, 즉 전류 고리 역시 무수히 많은 직선 전류 도선의 합이라고 생각할 수 있고 각 직선 부분(선분)이 만드는 자기장은 전체 자기장에 기여할 것이다. 따라서 앞에서 직선 전류 도선에 의한 자기장을 공부했기 때문에 이것을 응용하면 전류 고리에 의한 자기장의 특징도 알 수 있다.

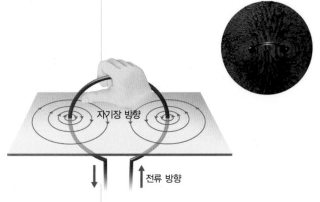

▲ 원형 전류 도선 주위에 생기는 자기장의 모습.

오른쪽 그림을 보면 원형 전류 고리를 구성하고 있는 각 선분의 자기장은 오른손 규칙에 따라 고리 내부에서는 수직하게 나오고 고리 외부로는 수직하게 들어가는 방향을 가진다. 물론 전류의 방향이 반대가 되면 자기장의 방향도 바뀔 것이다.

전류 고리 내부에서는 모든 선분에 의한 자기장의 방향이 같아 전체 자기장이 증가한다. 반면 외부에서는 반대편에 있는 두 선분에 의한 자기장의 방향이 반대가 되어 전체 자기장이 고리 내부보다 줄어든다(그 이유를 각자 생각해 보고, 꼭 이해하고 넘어가도록 하라). 그림 오른쪽에 있는 철가루로 얻은 자기력선의 패턴을 보면 자석의 자기력선과 유사한 것을 알 수 있고 그림과 같은 전류 방향이 주어졌다면 아래가 N극, 위가 S극이 된다. 다시 말해 막대 자석을 갖다 놓아도 같은 패턴의 자기력선이 생겨 자석이 있는 부분을 가리면 전류 고리인지 자석인지 구분할 수 없게 된다. 따라서 자석은 또 다른 전류 고리라고 생각해도 무방하다. 더 정확히는 전류 고리나 자석 모두 자기 쌍극자이다.

전류 고리(모양에 관계없이)에 흐르는 전류의 방향과 나침반의 N극이 가리키는 자기장의 방향 사이의 관계 역시 오른손 규칙으로 표시할 수 있다.

방법: (오른손 규칙) 엄지를 제외한 오른손 네 손가락을 전류 방향으로 감아쥐면 엄지가 가리키는 방향이 자기장의 방향(N극 방향)이 된다.

이 오른손 규칙은 직선 전류 도선의 경우와 비슷하다. 그러나 엄지와 나머지 손가락들이 지시하는 것이 바뀌어 있으니 주의해야 한다. 전류 고리의 경우 엄지로 전류 방향을 가리키기 어렵기 때문에 네 손가락으로 전류를 가리키는 것이 당연하지 않을까? 그러나 전류 고리의 경우에도 역시 자기장 방향과 전류의 방향은 수직하다.

비오와 사바르의 법칙을 적용하면 원형 전류 고리 중심에서의 자기장의 크기를 계산할 수 있고 그 결과는 다음과 같다.

$$원형\ 전류\ 고리\ 중심에서의\ 자기장\quad B = k' \frac{I}{r}$$

이 식에서 B는 고리 중심에서의 자기장의 크기(단위 테슬라 T), I는 고리에 흐르는 전류의 세기(단위 암페어 A), r은 고리의 반지름(단위 m)이고 $k' = 2\pi \times 10^{-7}\mathrm{N/A^2}$인 새로운 비례 상수이다. 이 식을 직선 전류 도선의 식과 비교해 보면 자기장이 전류에 비례하고 거리에 반비례하는 것은 같지만 비례 상수가 다르다. 원형 고리의 비례 상수 k'가 직선 도선의 비례 상수 k보다 π배 크다.

왜 원형 고리의 비례 상수가 더 클까? 원형 고리가 작은 직선 선분의 합이라는 것을 생각하면 답은 쉽게 나올 것이다. 원형 고리를 구성하는 선분은 중심에서 모두 같은 거리만큼 떨어져 있지만 직선 도선의 경우 선분이 원형 고리에 비해 멀리 떨어져 있어 각 선분이 전체 자기장에 기여하는 것이 원형 고리의 경우에 비해 작다. 따라서 k가 k' 보다 작은 값을 가지는 것은 당연하다.

그러나 원형 고리 중심 이외의 곳에서의 자기장의 크기는 이보다 작아진다. 식을 보면 비례 상수는 커졌지만 직선 전류 도선에서처럼 한 개의 원형 고리에 의한 자기장은 약하다. 따라서 적당한 크기의 전류를 도선에 흘려 큰 자기장을 얻으려면 다른 방법을 찾아야 한다.

3) 솔레노이드에 의한 자기장

앞에서 원형 고리 하나만으로는 큰 자기장을 얻을 수 없다는 것을 배웠다. 그렇다면 원형 고리를 여러 개 포개 놓으면 각 고리의 자기장이 더해질 테니까 전체 자기장이 커지지 않을까? 고리 내부에서의 자기장은 당연히 고리의 수에 비례해 커진다. 그러나 여러 개의 고리를 각각 다른 전원에 연결하려면 번거롭기 때문에 보통은 도선 하나를 원통 주위에 촘촘히 감아 고리 여러 개를 포갠 것과 같은 효과를 얻는다. 이처럼 원통 모양으로 촘촘히 여러 번 감은 도선을 **솔레노이드**(또는 코일)라고 부른다. 솔레노이드는 전류 고리를 여러 층 쌓은 것과 같으므로 자기장을 강화하는 효과를 낼 수 있다. 솔레노이드의 단면이 꼭 원형일 필요는 없다. 단면이 직사각형, 삼각형인 것도 있을 수 있으며 이들 모두 비슷한 자기장 특성을 가진다.

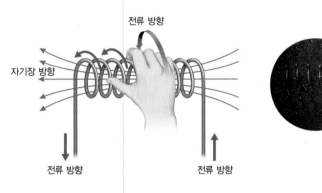

▲ 솔레노이드에 의해 생기는 자기장.

솔레노이드의 오른손 규칙

이제 솔레노이드가 만드는 자기장의 특성에 대해 알아보자. 이해를 돕기 위해 단면이 원형인 솔레노이드를 가정한다. 우선 자기장의 방향은 원형 전류 고리의 자기장 방향을 따르기 때문에 오른손 규칙을 사용할 수 있다.

> 방법: (오른손 규칙) 오른손 엄지손가락을 제외한 네 손가락을 솔레노이드에 흐르는 전류 방향으로 감아쥐면 오른손 엄지손가락이 가리키는 방향이 자기장의 방향(N극 방향)이 된다.

철가루가 만드는 자기력선의 패턴에서 볼 수 있듯이 솔레노이드 내부에서 자기장의 방향은 일정하며 솔레노이드의 축에 평행하다. 솔레노이드 외부에서는 자기장의 방향이 변한다. 특히 솔레노이드의 자기장 방향 또는 자기력선을 보면 원형 고리에 비해 자석에 더 가까운 것을 알 수 있다. 따라서 솔레노이드를 전자석이라고 불러도 좋다. 보통 솔레노이드를 전자석으로 사용할 때는 자기장을 크게 하기 위해 솔레노이드 내부에 철과 같이 자화가 되는 물체를 넣어준다.

솔레노이드가 만드는 자기장의 크기는 비오와 사바르의 법칙이나 앙페르의 법칙을 이용해 구할 수 있으나 계산이 매우 어렵다. 하지만 자기장의 크기를 대략 짐작해 볼 수는 있다.

솔레노이드 내부에 있는 축 중심에서의 자기장의 크기는 원형 고리 중앙에서의 자기장의 식에 도선의 감은 수를 곱한 것과 대충 비슷할 것으로 짐작할 수 있다. 따라서 솔레노이드 단면인 원의 반지름 r이 작으면 자기장이 커지고 반지름이 커지면 작아질 것으로 예상할 수 있다. 그러나 실제로는 솔레노이드의 감은 수에 따라 달라진다.

이상적인 솔레노이드의 자기장

물리학에서는 계산의 편의를 위해 이상적인 경우를 많이 가정한다. 이상적인 솔레노이드, 즉 길이가 무한대인(도선을 무한 번 감은) 솔레노이드가 있다고 가정하자. 이 경우 무한개의 원형 고리가 있고 고리의 작은 전류 선분들에 의한 자기장이 축적되므로 이상적인 솔레노이드의 내부에서는 어디에서나 자기장의 크기와 방향이 일정하다. 반면에 이상적인 솔레노이드의 외부에서의 자기장은 없다. 솔레노이드 외부에서는 각 전류 선분들이 만드는 자기장이 서로 상쇄되어 자기장이 생기지 않기 때문이다.

앙페르의 법칙을 적용하면 이상적인 솔레노이드의 내부에서의 자기장의 크기는 다음과 같이 주어진다.

$$\text{이상적인 솔레노이드의 내부에서의 자기장} \quad B = k'' nI$$

이 식에서 B는 솔레노이드 내부에서의 자기장의 크기(단위 테슬라 T), I는 솔레노이드에 흐르는 전류의 크기(단위 암페어 A), n은 솔레노이드에서 단위 길이(1m)당 도선의 감은 수이고 $k'' = 4\pi \times 10^{-7} \text{N/A}^2$인 비례 상수다. 이 식에서 주의할 것은 n이 도선 전체의 감은 수가 아니고 1m 길이에 감은 수라는 것이다. 만약 솔레노이드의 길이가 짧을 경우 1cm에 감은 수를 구해 100배를 해 주면 된다.

앞의 식은 길이가 매우 긴 이상적인 솔레노이드의 경우, 같은 전류를 흘린다고 하더라도 가는 도선을 사용해 촘촘히 감은 솔레노이드의 내부 자기장이 굵은 도선을 사용한 솔레노이드의 내부 자기장보다 커진다는 것을 말해 준다. 또 가는 도선을 사용할 경우 도선을 여러 층으로 감을 수 있는데, 층의 수에 비례해서 자기장이 커진다.

사실, 길이가 무한대인 이상적인 솔레노이드가 실제로 있을 리 만무하다. 그러나 원형 단면의 반지름에 비해 길이가 긴 솔레노이드의 자기장은 이상적인 솔레노이드의 자기장과 거의 유사하다. 물론 몇 가지 차이점은 있다. 유한한 길이의 솔레노이드인 경우 끝 부분을 제외한 내부에서만 자기장이 거의 일정하며 솔레노이드 외부에서는 자기장이 완전히 0이 되지 않는다. 114쪽 그림의 자기력선을 보면 솔레노이드 끝 부분에서 휘어진 자기력선이 나오거나 들어가 자석의 자기력선과 같아진다. 그러므로 자석은 유한한 길이를 가진 실제 솔레노이드와 같다고 할 수 있다.

이제 지름이 작은 원통에 가는 도선을 많이 감아 긴 솔레노이드를 만들어 전류를 흘려 주면 솔레노이드 내부의 자기장 크기는 앞 식의 계산 결과와 거의 일치하고 외부에서의 자기장은 거의 0이 되는 것을 확인할 수 있을 것이다. 이제 식을 사용해 내부 자기장의 크기를 어림짐작해 보자.

지름이 1cm이고 길이가 10cm인 종이 원통에 0.5mm 지름의 에나멜선(구리선에 에나멜 칠을 한 절연 도선)을 촘촘하게 2층으로 감아 솔레노이드를 만들었다고 하자. 이 솔레노이드에 1A의 전류를 흘리면 내부에서의 자기장의 크기는 얼마가 될까?

답을 구하려면 우선 단위 길이당 감은 수 n을 구해야 한다. 일단 1층만 생각해 보면 n의 값은 다음과 같이 구할 수 있다.

$$n = \frac{N}{l} = \frac{10\text{cm}/0.5\text{mm}}{0.1\text{m}} = 2000\frac{\text{번}}{\text{m}}$$

이 문제에서는 2층으로 감았다고 했으므로 n 값은 앞 식의 2배가 되고 이 솔레노이드의 내부 자기장을 구하면 다음과 같다.

$$B = k' nI = (4\pi \times 10^{-7} \frac{\text{N}}{\text{A}^2})(4000 \frac{1}{\text{m}})(1\text{A}) = 5.0 \times 10^{-3}\text{T} = 50\text{G}$$

이 자기장은 직선 도선이나 원형 고리 하나의 자기장에 비해 매우 큰 값으로, 지구 자기장의 100배나 되며 웬만한 영구 자석의 자기장과 맞먹는다.

솔레노이드 내부에 철심을 끼우면 자기장이 수천 배 더 강해져 훌륭한 전자석 구실을 해 낸다. '퍼멀로이'라고 부르는 철과 니켈의 합금을 솔레노이드 내부에 넣어 주면 자기장이 수만 배 증가하여 엄청나게 큰 자기장을 얻을 수 있다. 솔레노이드에 철심이나 퍼멀로이 등을 넣고 수십 A 정도로 강한 전류를 흘려 주면 1T 이상의 매우 강한 자기장을 내는 전자석을 만들 수 있다. 그러나 이 경우 전류 도선이 가진 전기 저항 때문에 많은 열이 발생하기 때문에 물을 통과시켜 냉각을 해 주지 않으면 도선이 녹아 버린다. 따라서 최근에는 강한 자기장을 얻기 위해 초전도체 도선을 사용한 전자석을 이용한다. 초전도체는 전기 저항을 가지지 않으므로 아무리 큰 전류를 흘려 주어도 열이 발생하지 않는다.

4) 균일한 자기장 얻기

길이가 충분히 긴 솔레노이드를 사용하면 내부에 균일한 자기장을 얻을 수 있다. 균일 자기장이란 자기장을 이루는 공간 안에서 자기장의 크기와 방향이 같다는 것을 말한다. 하지만 솔레노이드는 내부가 협소하기 때문에 균일 자기장이 필요한 실험을 하기 어렵다. 이 경우 '헬름홀츠 코일'이라고 부르는 한 쌍의 솔레노이드를 이용해 균일 자기장을 만들어 실험을 한다.

헬름홀츠 코일은 솔레노이드의 중간을 길게 늘여 두 개로 만든 것이라고 보면 된다. 이렇게 하면 완벽하지는 않지만 솔레노이드처럼 코일의 가운데 공간에 균일 자기장이 만들어져 그 안에 실험 장치를 놓고 실험을 할 수 있다. 헬름홀츠 코일은 지구 자기장을 상쇄하는 데도 사용된다. 3쌍의 헬름홀츠 코일에 적당한 전류를 흘려 주어 지구 자기장과 크기는 같고 방향이 반대인 자기장을 만들면 지구 자기장 효과를 상쇄시킬 수 있다. 자기장이 없는 곳에서 해야 하는 예민한 실험에는 이 방법이 이용된다.

자기 부상 열차와 초전도

자기 부상 열차

기차는 얼마까지 속력을 낼 수 있을까? 현재 최고 기록을 보유한 차는 프랑스의 TGV(떼제베)인데 이상 조건에서 순간 속력 515.3km/h를 낸 적이 있고, 보통 운행 속력은 350km/h이다. 이 보다 더 빠를 수는 없을까? 마찰만 획기적으로 줄여 준다면 열차의 속력이 훨씬 더 빨라지지 않을까? 여기에 착안하여 현재 개발 중인 교통 수단이 바로 자기 부상 열차다. 자기 부상 열차는 말 그대로 '바퀴가 없이 자기장을 이용해 공중에 떠서 가는 열차'를 말한다. 자석 또는 전자석의 N극과 N극, S극과 S극이 서로 미는 자기력을 가하는 것을 이용해 열차를 철로로부터 약간 공중에 띄워 움직이게 한다. 열차가 공중에 뜨게 되면 일반 열차나 고속철에서 나타나는 철로와 바퀴 사이의 마찰력이 사라지므로 높은 속도를 낼 수 있다.

자기 부상 열차는 바퀴가 없기 때문에 조용하고 진동이 적으며, 미끄러짐 현상이 없기 때문에 바퀴식 열차에 비해 언덕을 2배 이상 잘 올라갈 수 있다. 또한 철로와 접촉하는 부분이 없기 때문에 곡선에서의 주행 성능이 매우 좋아진다. 따라서 대도시의 경우 지하철 대신 자기 부상 열차를 사용하면 경비도 적게 들고 쾌적한 교통 수단을 제공할 수 있어 가까운 미래에 많은 도시에서 자기 부상 열차가 운행될 것으로 예상된다. 자기 부상 열차를 고속철로 사용하면 탈선 위험도 거의 없어질 것이다.

초전도체

자기 부상 열차의 '부상'은 '떠서 간다'는 것이다. 도대체 그 무거운 열차가 어떤 원리로 떠서 갈 수 있다는 것일까? 그 원리를 이해하려면 우선 초전도 물질이 무엇인지부터 알아야 한다.

본격적으로 초전도체에 대해 알아보기 전에 가능한 최저 온도가 몇 도인지부터 알아보자. 답은 -273℃이다. 온도는 열의 많고 적음을 수치로 나타낸 것인데 열의 원인은 분자 운동이다. 다시 말해, 분자 운동이 활발하다는 것은 온도가 높다는 뜻이고 거꾸로 온도가 떨어지면 분자 운동도 줄어든다. 아래 그림에서처럼 온도를 계속 낮추면 풍선 안에 들어 있던 분자의 운동이 줄어들고 결국 풍선은 볼품없이 찌그러지게 된다. 그런데 -273℃가 되면 분자 운동이 '0'이 되니 이 보다 낮은 온도는 있을 수 없는 것이다. 이 -273℃를 온도의 출발점으로 하여 다시 눈금을 매긴 것이 절대 온도(K)다. 즉 절대 온도로 0K는 섭씨 온도로 -273℃이고, 0℃는 273K가 되는 것이다.

이선희   이선희

 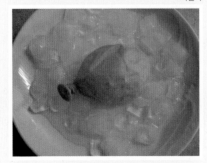

▲ 마이스너 효과. 초전도 물체 위에 올려 놓은 자석이 공중에 떠 있는 것을 볼 수 있다.

절대 영도(0K), 즉 분자 운동이 0이 되는 이 상태가 되면 전기 저항은 어떻게 될까? 많은 과학 자들이 절대영도의 세계를 상상하며 도전하던 1911년, 오네스는 수은을 가지고 실험하다가 전기 저항이 0인 상황, 즉 꿈에 그리던 절대 영도의 상황을 만났다. 물론 완전한 절대 영도는 아니었 지만(4.2K, −269.2℃) 분자의 움직임이 멎고 전기 저항이 제로가 되는 순간을 목격한 것이다. 이 상태의 물질을 '초전도체'라고 한다.

초전도체(superconductor)란 말 그대로 '무지하게(super) 전기가 잘 흐르는 상태 (conductor)'를 의미한다. 초전도체는 전기 저항이 없어 저항에 의한 에너지 손실을 막을 수 있고, 강한 전류를 흘려서 강한 자기장을 만들 수 있기 때문에 여러 가지로 유용한 가치를 지닌 다. 그래서 현재는 많은 과학자들이 초전도 현상이 일어나는 온도를 상온에 가깝게 끌어올리는 연구를 하고 있다.

마이스너 효과

초전도체가 갖는 특성 중의 하나로 '마이스너 효과'라는 것이 있다. 초전도 물체 위에 자석을 올려놓으면 자석이 뜬다는 것인데, 외부에서 자기장을 걸어 주면 초전도체 물질에는 전류가 유 도되어 외부 자기장을 거스르는 방향으로 자기장을 만든다. 자기장은 초전도 물질을 피해 가는 모양이 되고, 결국 자석과 초전도체 사이에는 척력이 작용하게 되는 것이다. 전자기 유도에 대 해서는 5장에서 자세히 배우게 된다.

레일의 자기장을 시간에 따라 잘 조정하면, 기차의 코일에 유도된 전류에 의해 생긴 자기장과의 상호 작용을 조절할 수 있게 되는데, 이 때 인력과 척력을 적당히 배열하면 레일로부터 기차를 앞쪽으로 밀어낼 수 있게 된다. 이 현상은 여러 개의 자석으로 기차를 앞에서 끌고 뒤에서 미는 것과 같은 효과를 주므로 적은 에너지로도 빠른 속력을 얻을 수 있다.

움직이는 전하가 받는 힘

자기력

물리학에서는 눈에 보이는 것보다 눈에 보이지 않는 것이 더 중요한 경우가 많다. 자기장도 그런 것 중의 하나다. 그렇다면 눈에 보이지 않는 자기장이 존재한다는 것을 어떻게 알 수 있을까? 가장 쉬운 방법은 앞에서 나왔던 것처럼 자석이나 전자석 주위에 철가루를 뿌려서 철가루가 일정한 패턴을 만든다는 것을 확인하는 것이다. 그리고 자기장 속에 놓인 전하나 전류 도선이 자기력을 받아 휘는 것을 보는 것도 자기장의 존재를 확인할 수 있는 좋은 방법 중 하나다. 이 방법을 잘 이용하면 자기장을 측정하는 센서도 만들 수 있다.

1) 자기장이 움직이는 전하에 작용하는 자기력

전류가 자기장에 영향을 준다는 사실을 알아 낸 외르스테드는 역으로 자기장도 전하에 영향을 줄 것이라 생각하고 여러 가지 실험을 해 보았으나 번번이 실패했다. 어찌 된 일인지 전하와 자석(또는 전류 도선)은 바로 옆에 있어도 서로의 존재를 알지 못하고 아무런 변화가 없었던 것이다.

그 후 많은 물리학자들이 실험을 거듭한 결과 외르스테드가 실패한 이유를 알아 낼 수 있었다. 문제는 바로 정지 전하에 있었다. 자기장을 만드는 것이 전하의 움직임, 즉 전류인 것처럼, 움직이는 전하만이 자기장의 영향을 받는다는 사실이 밝혀진 것이다. 또한 과학자들은 움직이는 전하라 해도 자기장과 평행하게 움직이면 자기장에 의해 힘을 받지 않는다는 사실도 밝혀냈다.

거듭되는 실험은 많은 사실들을 알려 주었다. 전하가 자기장에 수직인 방향으로 움직일 때 최대 자기력을 받는다는 사실도 밝혀졌고, 움직이는 전하에 작용하는 자기력은 전하의 전하량과 이동 속도, 자기장의 크기에 각각 비례하며, 전하의 부호가 반대가 되면 자기력의 방향도 반대가 된다는 사실도 알려졌다. 이 결과들을 정리해 보면 다음과 같은 식을 얻을 수 있다.

$$자기력의 크기 \ \ F_{자기} = |q|vB\sin\theta$$

여기서 $F_{자기}$는 이동 전하가 받는 자기력의 크기(단위 N), $|q|$는 전하의 전하량의 절대값(단위 C), v는 전하의 이동 속도(단위 m/s), B는 전하가 받는 자기장의 크기(단위 T)이고 θ는 자기장(벡터)과 속도(벡터) 사이의 각도다. 전하의 속도와 자기장이 수직하면 $\theta = 90°$ 이므로 $\sin(90°)=1$이 되어 위 식은 그냥 $F_{자기} = |q|vB$ 가 된다. 그리고 전하 속도와 자기장이 평행하면 $\theta = 0°$ 이고 $\sin(0°) = 0$이므로 $F_{자기} = 0$ 이 되어 자기력이 사라짐을 알 수 있다.

전자에 작용하는 자기력의 크기

자기력의 식을 사용하여 전자($|q| = 1.6 \times 10^{-19}$C)에 작용하는 자기력의 크기를 어림짐작해 보자. 실제로 TV 브라운관 내에 있는 전자총에서 발사된 전자가 자기장을 통과하게 하면 자기력을 받아 휘기 때문에 이런 계산이 의미를 가진다. 자기장의 크기를 보통 영구 자석이 낼 수 있는 정도, 즉 500G = 0.05T라고 가정해 보자. 전자총을 빠져나오는 전자는 전기장에 의해 가속되어 보통 초속 10^7m (10^7m/s)의 엄청난 속도로 움직인다. 전자가 자기장에 수직하게 움직인다고 가정하면 자기력의 크기 $F_{자기}$ 는 다음과 같은 계산을 통해 구할 수 있다.

$$F_{자기} = |q|vB = (1.6 \times 10^{-19}\text{C})(10^7\text{m/s})(0.05\text{T}) = 8 \times 10^{-14}\text{N}$$

이 값은 거시적인 세계에서는 무척 작은 힘에 해당한다. 그러나 전자의 질량이 매우 작다는 것 ($m = 9.1 \times 10^{-31}$kg)을 고려하면 굉장히 큰 힘이라 할 수 있다.
전자의 중력 $m_e g = (9.1 \times 10^{-31}\text{kg})(9.8\text{m/s}^2) = 8.9 \times 10^{-30}$N과 비교하면 전자에 작용하는 자기력은 중력의 무려 10^{16}배에 해당하는, 한마디로 엄청나게 큰 힘이라는 것을 알 수 있다.

2) 자기력의 방향 구하기

지금까지 움직이는 전하가 받는 자기력의 크기에 대하여 자세히 알아보았으니 이제는 자기력의 방향에 대해 알아볼 차례다. 여러 물리학자들의 실험 결과를 종합한 결과 자기력의 방향은 전하의 속도와 자기장에 모두에 수직이라는 사실이 밝혀졌다. 자기력의 방향을 구하는 몇 가지 방법들을 제시하면 다음과 같다.

방법 1 : (오른손 규칙 1) 오른손의 엄지를 양전하의 이동(즉 속도) 방향
으로, 검지를 자기장 방향으로 향하게 하면 중지가 가리키는 방
향이 바로 자기력의 방향(N극 방향)이 된다. 음전하의 경우 엄
지를 전하의 이동 방향과 반대로 하면 된다.

방법 2 : (오른손 규칙 2) 오른손의 엄지를 양전하의 이동(즉 속도) 방향
으로, 나머지 네 손가락을 자기장 방향으로 향하게 하면 손바닥
이 가리키는 방향이 바로 자기력의 방향(N극 방향)이 된다. 음
전하의 경우 엄지를 전하의 이동 방향과 반대로 하면 된다.

방법 3 : (플레밍의 왼손 법칙) 왼손의 중지를 양전하의 이동(즉 속도) 방
향으로, 검지를 자기장 방향으로 향하게 하면 엄지가 가리키는
방향이 바로 자기력의 방향(N극 방향)이 된다. 음전하의 경우
중지를 전하의 이동 방향과 반대로 하면 된다.

위에서 왼손과 오른손을 사용하는 여러 가지 방법들을 소개하긴 했지만 그
중 어느 것을 사용하든지 자기력의 방향을 아는 데는 아무런 문제가 없다. 자신
이 기억하기 가장 쉬운 한 가지 방법만 알고 있으면 된다. 4장에서는 지금까지
계속 오른손을 사용해 왔기 때문에 굳이 왼손을 사용할 필요는 없을 것이다. 따

▼ 힘·자기장·전류의 방향을 기억하
기 위한 여러 가지 방법들.

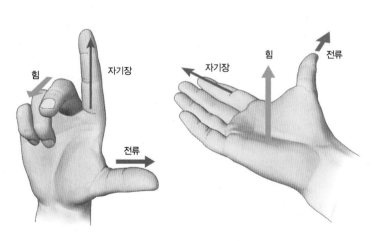

방법1 (오른손 규칙 1)   **방법2** (오른손 규칙 2)

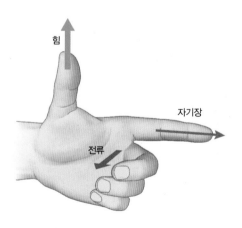

방법3 (플레밍의 왼손 법칙)

라서 플레밍의 왼손 법칙은 필요 없이 혼란을 일으킬 수 있기 때문에 잊어버려도 아무런 상관이 없다. 플레밍은 영국의 전기공학자로, 전자기학이 생긴 초기에 사람들이 자기력의 방향에 대해 어려워하자 사람들이 기억하기 쉽도록 손을 사용해 표시하는 방법을 생각해 냈다. 따라서 플레밍의 왼손 법칙을 '법칙'이라 부르는 것은 다소 과장된 것이고 단순한 표시 방법이라 생각하는 것이 옳다. 또 발전기의 유도 전류에 관한 플레밍의 오른손 법칙이라는 것도 있어 더 혼란스러워진다. 간혹 중·고등학교의 과학이나 물리 시험 문제를 보면 어떤 법칙을 사용해서 자기력의 방향을 구해야 하는가 하는 질문이 나오고 플레밍의 왼손 법칙을 고르는 것이 맞는 답으로 제시되기도 하는데, 이런 문제는 결코 좋은 문제가 아니다. 아니, 좀 더 정확하게 말하자면 아주 무책임한 문제라고 할 수 있다. 물리를 단순 암기로 간주하고 낸 문제이기 때문이다. 실제로, 손가락이 가리키는 물리량만 정확히 알면 굳이 플레밍의 왼손 법칙을 쓰지 않고도 오른 손으로도 충분히 답을 구할 수 있다.

지금까지 자기장 속에서 움직이는 전하가 받는 자기력의 크기와 방향에 대하여 자세히 알아보았다. 그러나 왜 이런 자기력이 작용하는가에 대해서는 아직 시원한 답을 줄 수가 없다. 하지만 물리를 더 깊이 공부하면 1장에서 조금 소개한 것처럼 아인슈타인의 특수 상대성 이론을 적용하여 전기력으로부터 자기력의 특성을 유도할 수 있다.

3) 자기력은 전하를 휘게 한다

124쪽 그림의 왼쪽과 같이 균일한 자기장 속에 양전하를 쏘았다고 하자. 이 양전하는 어떻게 움직일까? 세 가지 수직한 방향을 동시에 표시하기 위해 물리에서는 화살 모양을 흉내낸 새모운 기호 ⊙과 ×를 사용한다. ⊙은 화살을 앞에서 보았을 때의 모양으로 지면을 뚫고 나오는 방향을 가리킨다. 반면 ×는 화살을 뒤에서 보았을 때의 모양이므로 지면을 뚫고 들어가는 방향을 가리킨다.

등속 원운동이란 물체가 원을 따라 항상 같은 속력(벡터인 속도의 크기)으로

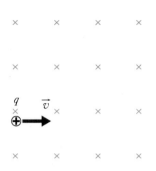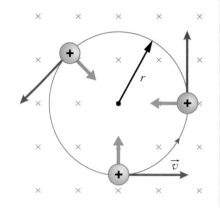

◀ 균일한 자기장 속에 전하를 수직으로 쏘았을 때의 모습. 전하는 등속 원운동을 하며, 원의 반지름(r)은 전하량의 크기(q)와 전하의 속도(v)에 따라 달라진다.

회전하는 것을 말한다. 물체의 속도의 방향은 항상 원의 접선 방향이다. 이 질문에서 자기장은 지면을 뚫고 들어가는 방향(×)이므로 속도와 수직함을 알 수 있다. 전하의 부호가 양(+)이므로 자기력에 관한 오른손 규칙 1이나 오른손 규칙 2를 적용하면 전류의 방향은 실제로 양전하가 움직이는 방향이 된다. 이제 스스로 규칙을 적용해 보면서 원 궤도 위의 세 곳에서의 자기력의 방향이 위의 그림과 같이 되는 것을 확인하라.

앞에서 다룬 양전하에 작용하는 자기력과 흡사한 것을 1권 '힘과 운동 뛰어넘기'에서 본 적이 없는가? 쥐불놀이 깡통, 인공 위성, 또는 태양계 행성의 원운동과 양전하의 운동이 비슷해 보이지 않는가? 모두 원운동을 하는데 깡통은 줄의 장력에 의해, 인공위성은 지구 중력에 의해, 행성은 태양의 중력에 의해 원운동을 한다는 차이가 있을 뿐이며, 물체에 작용하여 원운동하게 하는 이 힘들을 통틀어 **구심력**이라고 부른다고 배웠다. 지금 우리가 다루는 양전하의 경우 **자기력이 구심력의 역할**을 한다.

구심력은 물체의 속도에 항상 수직하여 속도의 방향만을 바꿈으로써 물체를 원운동을 하도록 만드는 특성이 있다. 전하의 운동에서 구심력 역할을 하는 자기력 역시 항상 전하의 속도에 수직하며 전하 속도의 방향만을 바꾼다. 다시 말해 자기력은 속도의 크기에는 변화를 주지 않고 다만 방향만을 바꾼다. 보통 힘은 물체의 속력을 증가시켜 운동 에너지를 증가시킨다. 그러나 자기력은 전하의 속력을 바꾸지는 못하기 때문에 전하의 운동 에너지를 변화시키지 않는다.

언뜻 보면 물체의 에너지도 증가시키지 못하는 자기력은 아무 쓸모가 없을 것 같지만 그렇지 않다. 자기력은 전하 속력을 변화시킬 수는 없지만 전하를 휘게 하는 데는 매우 효과적이다. 앞에서 본 것처럼 자기장에 수직하게 들어온 전하는 속도에 수직한 자기력 때문에 직진하지 못하고 원 궤도를 따라 휘게 된다.

매우 작아서 보이지 않고 매우 빠른 속도로 움직이는 전하(주로 전자)를 붙잡아 두는(원을 따라 맴돌게 하는) 가장 효율적인 방법이 바로 전하가 나오는 곳에 자기장을 걸어 두는 것이다. 이렇게 보면 자연의 모든 것은 아무리 사소한 것이라도 다 쓸모가 있음을 느끼게 된다. 자기력이 전하를 원운동시키는 것을 이용한 장치들이 많이 있다. 전하량은 같지만 질량이 다른 동위 원소를 분리해 내는 데 사용하는 질량 분석기, 전하량은 같지만 속력이 다른 전하들을 분리해 내는 전하 속도 고르개 등이 좋은 예다. 또 톰슨은 자기력을 이용하여 전자의 전하량 대 질량의 비를 처음으로 측정하여 1906년 노벨 물리학상을 수상하기도 했다.

4) 자기장이 전류 도선에 작용하는 자기력

앞에서 도선을 따라 자유 전자가 이동하는 것이 전류라고 한 것을 기억할 것이다. 전류 도선에 자기장을 걸어 주면 도선 안에서 이동하는 전자가 자기력을 받고 그 결과 전류 도선이 자기력을 받는 셈이 된다. 따라서 자기장이 전류 도선에 작용하는 자기력의 원인은 바로 이동 전하가 받는 자기력이고 이동 전하의 자기력을 이용하면 전류 도선의 자기력의 특성도 알아낼 수 있다.

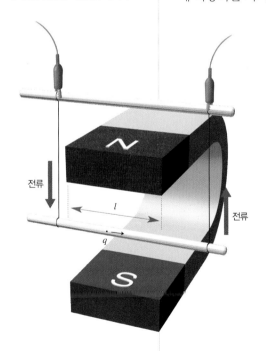

▼ 좁은 공간에 작용하는 자기력

우선 전류 도선이 받는 자기력의 크기에 대해 알아보자. 자기장이 공간 전체에 퍼져 있다면 문제가 없지만 대개의 경우 자기장은 특정한 공간에만 존재한다. 왼쪽 그림에서처럼 직선 전류 도선을 자석 안에 넣으면 전류 도선의 일부에만 자기장이 작용한다. 이 경우 자기장을 느끼는 도선 안의 전하들만 자기력을 느낄 것이다. 따라서 전류 도선이 받는 자기력 역시 자기장 안에 있는 선분에만 작용할 것이다. 자기장 안에 있는 전류 도선(선분)의 길이를 l, 도선에 흐르는 전류를 I, 도선 안에서 움직이는 전하 운반자의 이동 속도를 v라고 하자. 원래 전하 운반자는 전자지만 계산을 편하게 하기 위해 전하량이 q인 양전하라고 가정하자. 그러면 전류의 방향과 전하의 이동 방향이 같다. 또 자기장과 도선이 수직하다고 하자.

자기장 안에 놓인 전류 도선 선분 속으로 단 한 개의 전하 운반자만 들어온다고 가정하고 이 전하가 선분을 빠져 나가자마자 또 다른 한 개의 전하가 들어온다고 가정하자. 전하에 작용하는 자기력은 $F_{자기}=qvB$가 되고 이것이 동시에 전류 도선이 받는 자기력이 될 것이다. 전류는 단위 시간당 도선의 단면을 지나는 전하량이므로 다음과 같이 전류를 계산해 보자. 전하의 속도가 v이므로 이 전하가 길이 l인 선분을 통과하는 데 걸리는 시간은 $\frac{l}{v}$이 된다. 즉 $\frac{l}{v}$시간 동안 단 한 개의 전하가 도선을 지나는 것이다. 그러면 단위 시간, 즉 1초 동안 도선을 지나는 전하의 수는 1초를 $\frac{l}{v}$로 나누어 주면 된다. 따라서 전류는 전하 운반자의 전하량 q에 단위 시간당 선분을 지나는 전하의 수 $\frac{1}{\frac{l}{v}}=\frac{v}{l}$ 을 곱한 값이 된다.

$$\text{도선에 흐르는 전류 } I = q \times \left(\frac{v}{l}\right) = \frac{qv}{l}$$

선분에 여러 개의 전하 운반자가 동시에 들어오더라도 이 관계식은 변하지 않는다. 그 이유는 각자 생각해 보라.

이제 자기력으로 돌아가 보자. '이동하는 전하가 받는 자기력 = 전류 도선에 작용하는 자기력'이라고 했으며 앞의 관계식에서 $qv=Il$이므로 전하가 받는 자기력에 이 식을 대입하면 다음의 관계식을 얻을 수 있다.

$$\text{전류 도선에 작용하는 자기력(자기장과 전류의 방향이 수직할 때) } F_{자기}=IlB$$

이것이 바로 자기장이 전류 도선에 작용하는 자기력이다. 이 식이 이동하는 전하가 받는 자기력에서 유도되었다는 것을 반드시 기억해야 한다. 두 식은 같은 식인 셈이다. 전류의 방향과 자기장의 방향이 수직하지 않을 경우, 식은 아래와 같이 쓸 수 있다.

$$\text{전류 도선에 작용하는 자기력(일반식) } F_{자기}=IlB\sin\theta$$

l은 자기장 안에 있는 전류 도선(선분)의 길이, θ는 자기장 방향과 전류 방향 사이의 각도이다. $\sin\theta$는 전하의 자기력의 식에 나온 것이다. 이 식을 보면 아

무리 큰 전류를 도선에 흘려도 도선이 자기장 안에 놓여 있지 않다면 $l=0$ 이 되어 자기력이 작용하지 않고, 또 전류가 자기장과 평행해도 $\theta=0$이 되므로 역시 자기력이 작용하지 않는다는 것을 알 수 있다.

전류 도선에 작용하는 자기력의 방향 또한 전하에 작용하는 자기력의 방향을 구하는 방법을 사용해 구할 수 있다. 이 경우 후자에서는 양전하의 이동 방향이었던 것이 전류의 방향으로 바뀌었다는 차이밖에 없다.

> 방법 1 : (오른손 규칙 1) 오른손의 엄지를 전류 방향으로, 검지를 자기장
>   방향으로 향하게 하면 중지가 가리키는 방향이 바로 자기력의
>   방향(N극 방향)이 된다.
> 방법 2 : (오른손 규칙 2) 오른손의 엄지를 전류 방향으로, 나머지 네 손
>   가락을 자기장 방향으로 향하게 하면 손바닥이 가리키는 방향
>   이 바로 자기력의 방향(N극 방향)이 된다.
> 방법 3 : (플레밍의 왼손 법칙) 왼손의 중지를 전류 방향으로, 검지를 자
>   기장 방향으로 향하게 하면 엄지가 가리키는 방향이 바로 자기
>   력의 방향(N극 방향)이 된다.

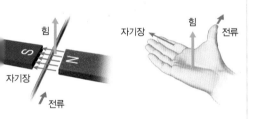

▼ 자기장 안에 놓인 전류 도선이 받는 힘의 방향

전류 도선에 작용하는 자기력 역시 전류와 자기장 방향에 각각 수직하다는 것을 기억하라. 이동 전하가 받는 자기력으로부터 전류 도선이 받는 자기력이 유래했기 때문이다.

이쯤에서 문제를 하나 풀어 보자. 왼쪽 그림에서 전류가 ㄱ에서 ㄴ으로 흐른다면 전류 도선에 작용하는 자기력의 방향은 A, B, C, D 중 무엇일까?

오른손 규칙을 써서 문제를 풀겠다고 생각했다면 이미 절반은 성공한 것이다. 오른손 규칙을 적용하면 B가 자기력의 방향이 된다.

자기력의 방향을 맞혔다면 이번에는 전류 도선에 작용하는 자기력의 크기를 알아보자. 1A의 큰 전류가 흐르는 도선이 500G(0.05T)의 영구 자석의 자기장 속에 놓여 있고, 자기장 속에 들어 있는 도선의 길이는 10cm라고 하고 도선과 자기장의 방향은 수직하다고 하자. 이 때 전류 도선에 작용하는 자기력은 얼마나 될까?

파도 타는 포일

자기장 속에서 전류가 받는 힘을 알아볼 수 있는 간단한 실험이 있다. 자기장이 세거나 전류가 크면 강한 힘이 작용하므로 그 힘으로 인한 움직임을 볼 수 있겠으나 우리가 가진 자석과 전류로는 그리 큰 힘을 얻을 수 없다. 그럼 그 힘의 효과를 눈으로 보려면 어떻게 해야 할까?
방법은 전선의 무게를 줄이는 것이다. 다음의 방법을 사용해 보자.
말굽 자석 사이로 알루미늄 포일을 길게 늘어뜨리고 그 양끝을 9V 건전지 끝에 연결시킨다. 연결시키는 순간 알루미늄 포일은 떠오르기도 하고 내려가기도 한다. 그 방향을 미리 예측하고 맞혀 보자. 말굽 자석이 여러 개 있으면 아래의 사진들처럼 울퉁불퉁 춤추는 포일을 만들 수도 있다.

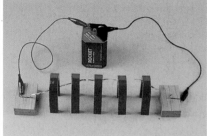 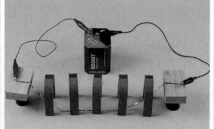 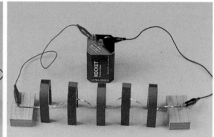

위의 조건들을 전류 도선에 작용하는 자기력의 식에 대입하고 모든 단위를 국제 단위로 통일하면 힘은 자동적으로 N으로 표시되며, 다음과 같은 결과가 나올 것이다.

$$F_{자기} = IlB = (1\text{A})(0.1\text{m})(0.05\text{T}) = 5 \times 10^{-3}\text{N}$$

이 힘은 0.5g의 물체를 들어 올리는 데 드는 힘의 크기와 같다. 따라서 매우 강한 자기장과 전류를 걸어 주지 않는 한 전류 도선에는 매우 작은 자기력이 작용한다는 것을 알 수 있다.

5) 자기력을 응용한 장치들

전류 도선에 작용하는 자기력을 응용한 장치의 종류는 매우 다양하며, 대표적인 것으로 전동기(모터), 전기를 소리로 바꿔주는 스피커, 전류계와 전압계의 핵심인 검류계 등을 들 수 있다.

스피커 내부를 보면 코일(솔레노이드)이 영구 자석 안에 들어 있고 이 코일은 스피커의 진동판(스피커 콘)에 붙어 있다. 코일에 교류 전류(소리를 전기로 바꾼 신호)가 흐르면 영구 자석의 자기장에 의해 약한 자기력이 생기고 이 자기력이 코일에 붙은 진동판을 진동시켜 소리가 발생한다. 진동판은 아주 가볍기 때문에 작은 자기력에도 민감하게 반응한다.

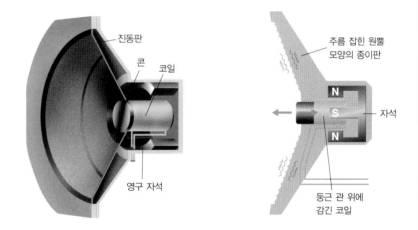

▶ 코일에 전류가 흐르면, 그 전류에 의해 유도된 자기력이 자석과 상호 작용하여 코일이 좌우로 힘을 받게 된다. 진동판은 흔들림을 증폭하여 소리를 내게 된다.

검류계의 내부를 보아도 스피커와 유사하게 영구 자석 사이에 코일(전류 고리)이 놓여 있는 것을 확인할 수 있다. 이 코일은 약한 나선형 스프링 및 눈금판 바늘과 연결이 되어 있다. 59쪽에서도 잠시 언급했던 것처럼, 검류계에 전류가 흐르면 영구 자석의 자기장에 의해 자기력이 작용한다. 이 자기력에 의해 코일이 회전을 하고 동시에 나선형 스프링을 압축시킨다. 전류가 계속 흐르면 코일이 받는 회전력과 스프링의 압축력이 같아지는 곳에서 코일의 회전이 멈추고, 이 때 코일에 연결된 바늘이 눈금을 가리키게 된다. 검류계에 적절한 전기 저항체를 연결하면 넓은 범위의 전류와 전압을 측정할 수 있는 아날로그(눈금식) 전류계와 전압계를 만들 수 있다. 디지털(숫자식) 전류계와 전압계는 원리가 다르다.

검류계

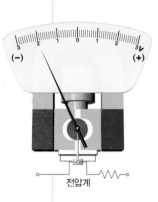

전류계 · 전압계

▲ 검류계, 전류계, 전압계 모두 영구 자석 사이에 코일을 넣어 만든다.

| 직 | 접 | 해 | 보 | 자 |

내 손으로 만드는 이어폰

준비물 :
두꺼운 빨대. 에나멜선(두께 0.3mm, 길이 2m), 네오디뮴 자석(빨대 굵기보다 가늘게, 대략 지름 0.3mm, 두께 0.3mm정도), 종이 테이프(3cm×3cm), 양면 테이프 조금, 고무관(빨대가 들어갈 정도의 굵기로 약 1cm길이가 적당), 이어폰 잭

만드는 법
1. 종이 테이프(3cm×3cm)의 중앙에 네오디뮴 자석을 붙인다.
2. 이 종이 테이프를 빨대 끝에 붙인다.(자석이 빨대 중앙에 오게 하고 빨대 면과 닿지 않도록 주의한다.)
3. 종이 테이프의 나머지로 빨대를 잘 감싸 붙인다.(불필요한 부분은 제거)
4. 종이 테이프 둘레에 폭 1cm 정도의 양면 테이프를 감는다.(에나멜선을 잘 감기 위한 작업)
5. 에나멜선 양끝을 10cm정도 남기고 양면 테이프 위에 수십 번 감은 후 에나멜선 양끝을 묶어 풀리지 않도록 한다. 에나멜선은 반드시 한 방향으로 감아야 한다.
6. 에나멜선의 양끝을 1cm정도 칼로 긁어 에나멜을 벗긴 후, 이어폰 잭과 연결한다.
7. 빨대의 다른 한 쪽 끝에 길이 1cm의 고무관을 씌운다. 이 부분이 귀에 닿을 부분이다.

빨대가 굵으면 크고 강한 자석을 사용할 수 있기 때문에 소리도 크게 난다. 두 가지를 만들어 비교하는 것도 좋은 공부가 된다.

6) 전동기

전동기는 전류 도선에 작용하는 자기력을 이용하여 전기 에너지를 일(또는 역학적 에너지)로 바꿔 주는 장치이다. 전동기가 어떤 원리로 이런 일을 할 수 있을까? 131쪽 그림에서처럼 모든 전동기는 코일(직사각형 모양의 전류 고리)과 영구 자석으로 구성되어 있다. 영구 자석은 코일에 일정한 자기장을 제공한다.

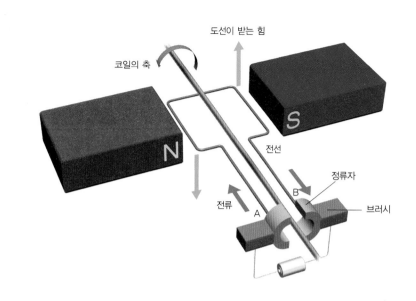

도선이 받는 힘

코일의 축

N

S

전선

정류자

전류

A

B

브러시

▶ 전동기의 원리.

전원이 코일로 이어지는 전선에 직접 연결되지 않았음에 주목하라. 만약 전선에 연결된다면 전선의 A 부분이 B의 위치에 와도 전류는 윗방향으로 흐른다. 그렇게 되면 전선이 받는 힘은 현재와 반대가 되고 코일은 반대 방향으로 회전하게 된다. 이런 일을 방지하기 위해 전원은 브러시를 통해 정류자에 연결되어 있다. 정류자는 코일에 흐르는 전류의 방향을 바꿔 주고 마찰을 줄여 주는 역할을 한다.

코일을 전원에 연결해 전류를 공급하면 코일에 자기력이 작용한다. 여기서 코일을 직선 전류 도선의 합으로 생각하면 편리하다. 전류 도선이 받는 자기력은 자기장 속에 들어 있는 부분에만 작용하기 때문에 직사각형 부분만 고려하면 된다. 오른손 규칙을 적용하여 직사각형 도선의 네 부분에 작용하는 자기력의 방향을 구해 보라. 그림처럼 마주 보고 있는 두 선분에는 크기가 같고 방향이 반대인 자기력이 작용한다(전류, 길이, 자기장이 같기 때문). 물리학에서는 이런 힘을 '짝힘'이라고 부른다. 물체에 짝힘이 작용하면 물체는 회전 운동을 한다고 알려져 있다. 이해가 안 되면 자동차 핸들을 양손으로 잡고 서로 반대 방향으로 미는 것을 상상하면 된다. 이렇게 하면 자동차 핸들이 쉽게 회전할 것이다.

이상의 내용을 정리해 보자. 전동기는 전류 도선(코일)에 작용하는 자기력을 이용해 코일을 회전시키고 다시 코일은 여기에 연결된 물체를 회전하게 하여 일을 하는 장치이다. 전동기의 코일이 한 방향으로 계속 회전하기 위해서 전동기 코일의 끝에는 정류자와 브러시가 붙어 있다. 이들은 코일이 반 바퀴 회전했을 때 전류의 방향을 반대로 바꾸어 줌으로써 코일을 계속 같은 방향으로 회전하게 만든다. 왜 정류자와 브러시가 필요한지 각자 생각해 보자.

7) 전류 도선 사이에 작용하는 자기력

가까이 있는 전류 도선 사이에는 외부에서 걸어준 자기장이 없더라도 자기력이 작용한다. 왜 그럴까? 우리는 전류 도선이 자기장이 만든다는 것을 알았다. 전류 도선은 주위에 자기장을 형성한다. 따라서 이 자기장이 있는 곳에 또 다른 전류 도선을 놓는다면 자기장에 의해 전류 도선에 자기력이 작용하리라 예상할 수 있다. 단지 이 경우에는 자석이나 솔레노이드 등에 의한 자기장이 아니라 옆에 놓인 전류 도선에 의한 자기장이라는 차이밖에 없다.

자석 두 개가 밀고 당기는 것 역시 전류 도선 사이에 작용하는 자기력이 그 원인이다. 앞서 자석과 원형 전류 고리는 모두 자기 쌍극자라는 것을 배웠다. 두 원형 전류 고리를 가까이 접근시키면 한 고리의 자기장이 다른 고리에 자기력을 작용하는 것은 당연하다. 이제 자석이 서로 밀고 당기는 이유가 비로소 이해되었을 것이다.

이제 전류 도선이 만드는 자기장과 자기장이 전류 도선에 작용하는 자기력의 식을 이용해 간단히 두 평행하게 놓인 전류 도선 사이에 작용하는 자기력의 식을 유도해 보자. 우선 도선에 흐르는 전류의 방향이 같다고 가정한다. 두 도선에 흐르는 전류를 각각 I_1, I_2 라고 하고 도선 사이의 거리를 r이라고 하자.

앞서 배운 직선 전류 도선의 자기장의 지식을 적용해 전류 I_1이 흐르는 도선 1이 다른 도선 2가 있는 곳에 만드는 자기장의 크기와 방향을 구해 보자. 자기장의 방향은 오른손 규칙에 의해 그림처럼 되어 도선 2의 전류 방향과 수직하며 자기장의 크기는 $B_1 = k\dfrac{I_1}{r}$이 된다. 이제 이 자기장 때문에 전류 I_2가 흐르는 도선 2에 자기력이 작용하게 된다. 서로 마주보고 있는 도선의 길이를 l이라고 하고 도선 1의 자기장이 전류 도선 2에 작용하는 자기력을 구하자. 자기장과 전류 방향이 수직하므로 도선 2가 받는 자기력의 크기는 다음과 같이 쓸 수 있다.

$$F_{자기2} = I_2 l B_1 = I_2 l (k\frac{I_1}{r}) = k\frac{I_1 I_2}{r}l$$

이 때 자기력의 방향은 도선 1을 향한다. 도선 1의 자기장에 의해 도선 2가 도선 1로 끌리는 자기력을 받는다는 의미다.

이번에는 도선 2의 자기장을 구해 도선 2의 자기장이 도선 1에 작용하는 자기력을 구해 보자. 자기장의 크기는 $B_2 = k\dfrac{I_2}{r}$가 되고 따라서 도선 1이 받는 자기력의 크기는 다음과 같다.

$$F_{자기1} = I_1 l B_2 = I_1 l (k\frac{I_2}{r}) = k\frac{I_1 I_2}{r}l$$

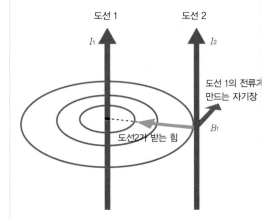

▲ 같은 방향의 전류가 흐르는 평행한 두 개의 전류 도선 사이에 작용하는 자기력. 이 그림에서는 도선1에 의해 도선 2가 받는 힘을 표시했지만, 이와 똑같은 원리로 도선 1도 도선 2에 의해 오른쪽 방향으로 힘을 받는다.

이 때 자기력의 방향은 도선 2쪽을 향한다. 두 자기력의 식을 비교하면 방향은 반대이고 크기가 같은 것을 알 수 있다. 이 예에서 우리는 뉴턴의 작용–반작용의 법칙을 다시 확인하게 된다. 이 경우에도 힘은 일방적으로 작용하는 것이 아니고 서로 크기는 같고 방향이 반대인 힘을 주고받는 상호 작용이다.

지금까지의 내용을 정리해 보자. 전류 방향이 같은 두 평행 도선 사이에는 서로 끌어당기는 자기력이 작용하고 자기력의 크기가 같다는 것을 알았다. 반면 전류 방향이 반대이면 전류 도선이 만드는 자기장의 방향이 반대가 되어 서로 밀치는 자기력이 작용한다. 두 경우 모두 도선에 작용하는 자기력은 각 도선에 흐르는 전류의 곱에 비례하고 떨어진 거리에 반비례한다.

전류 도선 사이에 작용하는 자기력은 현재 전류 1A의 국제 표준을 정하는 데 사용되고 있다. 1948년 국제도량형총회는 새로이 "진공 중에 1m 간격으로 평행하게 놓인 매우 작은 원형 단면을 가진 무한히 긴 두 직선 도선에 동일한 일정한 전류를 흘렸을 때 도선의 길이 1m당 2×10^{-7}N의 힘이 작용하면 이 일정한 전류의 값을 1A로 정의한다"라고 규정하고 1960년 총회에서 이것을 전류의 국제 단위로 결정하였다. 이 전류 단위의 정의가 어떻게 만들어진 것인지는 앞의식을 통해 알 수 있다. 앞 식에서 전류 1A의 정의대로 $I_1 = I_2 = 1\text{A}$, $r = 1\text{m}$, $l = 1\text{m}$로 놓으면 $k = 2 \times 10^{-7} \dfrac{\text{N}}{\text{A}^2}$이므로 자기력은 다음과 같이 얻어진다.

$$F_{\text{자기}} = k\frac{I_1 I_2}{r}l = (2 \times 10^{-7}\frac{\text{N}}{\text{A}^2})(\frac{1\text{A} \cdot 1\text{A}}{1\text{m}})(1\text{m}) = 2 \times 10^{-7}\text{N}$$

이 값은 전류 1A의 정의와 일치한다. 앞에서 직선 전류 도선에 의한 자기장은 매우 약하다고 했던 것을 기억하는가? 이 자기장이 약하기 때문에 두 직선 전류 도선 사이에 작용하는 자기력 역시 위에서 구한 것처럼 약하지만 현재의 측정 기술로 이런 약한 힘도 정확하게 측정할 수 있다.

두 전류 도선 사이에 작용하는 자기력은 거리에 반비례하고 전류의 곱에 비례하기 때문에 같은 방향으로 큰 전류가 흐르는 전선이 가까이 있을 경우에는 서로 끌어당기는 자기력에 의해 전선이 붙게 되어 합선이 일어나 큰 사고로 번질 수 있다. 발전소로부터 전기를 공급하는 송전선에는 이런 사고 위

전자기력

전기장과 자기장이 있는 공간에 정지한 전하가 놓여 있으면 전하는 전기력 $F_{전기}=qE$ 만을 받고 자기력은 받지 않는다. 여기서 q는 전하의 전하량, E는 전기장의 크기이다. 움직이는 전하는 전기력 이외에 자기력 $F_{자기}=qvB$ 도 받는다. 여기서 v는 전하의 이동 속도, B는 자기장의 크기이다. 전기력과 자기력 모두 벡터이므로 움직이는 전하는 전기력과 자기력의 합력을 받게 되는데 이 합력을 전자기력 또는 로렌츠의 힘이라고 부른다. 로렌츠의 힘은 전자기력에 대해 많은 연구를 한 네덜란드의 물리학자 로렌츠(1853~1928)를 기념해서 붙인 이름이다.

$$로렌츠의 힘 \quad \vec{F}=\vec{F}_{전기}+\vec{F}_{자기}$$

로렌츠의 힘의 크기와 방향을 구하려면 벡터인 두 힘을 더해야 하므로 전기력과 자기력의 방향을 잘 알아야 한다. 양전하의 경우 전기력은 전기장 방향과 평행하다. 반면 자기력은 자기장과 이동 속도에 모두 수직하다. 따라서 방향과 크기를 잘 조절한 전기장과 자기장을 움직이는 전하에 걸어 주면 전하가 항상 일정한 속도로 등속 운동하게 할 수 있다. 예를 들어보자. 아래 그림에서와 같이 공간에 전기장과 자기장이 걸려 있고 방향이 서로 수직하다. 전기장(화살표 표시)은 위에서 아래로, 자기장(×표시)은 지면을 뚫고 들어가는 방향이다. 이 공간에 속도가 v인 양전하를 가진 입자가 전기장과 자기장 모두에 수직하게 왼쪽에서 수평으로 들어온다.

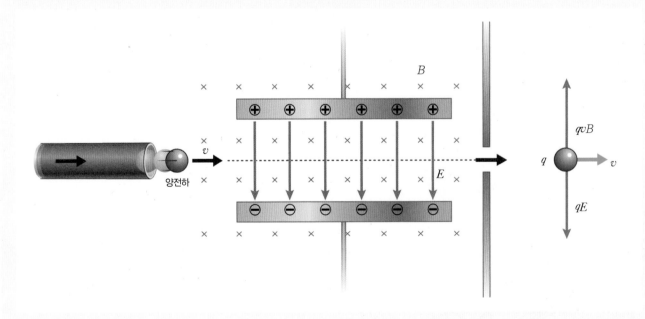

이제 양전하에 작용하는 로렌츠의 힘(전기력과 자기력)을 각자 구해 보라. 전기력과 자기력의 방향이 반대인 것을 알 수 있을 것이다. 만약 전기력과 자기력의 크기가 정확히 같다면 두 힘이 상쇄되어 로렌츠의 힘이 사라진다. 다시 말해 전기력과 자기력이 있음에도 불구하고 서로 상쇄되어 이 양전하는 오른쪽으로 계속 등속 운동을 하게 된다. 등속 운동을 할 조건은 $F_{전기}=qE=qvB=F_{자기}$ 가 되고 이 식에서 전하의 이동 속도를 구하면 다음과 같다.

$$등속\ 운동의\ 조건\quad v=\frac{E}{B}$$

다시 말해 수직 전자기장이 걸린 공간에서 위 조건을 만족하는 속도를 가진 양전하만이 오던 방향으로 속도의 변화 없이 직선 운동을 하게 된다.

이 원리를 이용한 것이 전하의 속도 고르개라는 장치다. 눈에도 보이지 않는 작은 전하들 가운데 우리가 원하는 속도를 가진 전하만을 어떻게 골라낼까? 방법은 수직 전자기장이 걸린 공간에 전하들을 쏘아 주는 것이다. 그러면 위의 조건을 만족하는 속도를 가진 전하만이 직선으로 이동하여 오른쪽의 작은 구멍을 빠져나올 수 있다. 전기와 자기의 원리를 알면 정말 교묘한 장치를 만들 수 있다. 그래서 물리학을 발명의 어머니라고 한다.

험이 잠재되어 있다. 발전소에서 생산한 전기 에너지를 공급할 때는 송전선의 전기 저항에 의한 열의 발생을 줄이기 위해 매우 큰 전류를 사용한다. 그리고 가까이 있는 여러 개의 송전선을 사용해 전기를 보낸다. 따라서 송전선 사이에는 매우 강한 자기력이 작용하게 되며, 이를 막아 주지 않으면 두 송전선이 붙어 버리는 합선이 생길 수 있다. 이 때문에 발전소로부터 전기를 보낼 때는 송전탑을 철로 튼튼하게 세우고 여기에 송전선을 단단히 고정하고 스페이서 등의 기구를 이용해 송전선들이 일정 간격을 유지하도록 만들어 주어 자기력에 의한 합선을 방지하고 있다. 물론 송전탑은 송전선이 바람에 흔들리는 것을 막아 주는 역할도 한다.

8) 자기장 측정 센서

자기력을 이용하면 자기장을 측정하는 장비, 즉 자기장 센서를 만들 수 있다. 자기장은 눈에 보이지 않기 때문에 자기장 센서는 자기장의 특성을 이해하는 데 매우 유용한 도구다. 과연 우리는 어떤 원리로 자기장을 측정할 수 있을까?

자기장 측정 센서 중 현재 가장 많이 사용되는 것이 홀 센서다. 홀 센서는 전류가 흐르는 도체에 자기장을 걸어 주면 전류와 자기장에 수직한 방향으로 전압이 발생하는 홀 효과를 이용하여 자기장의 방향과 크기를 알아내는 장치다. 홀 효과는 1879년 미국 물리학자 에드윈 홀이 발견하였다. 홀 효과에서 발생하는 수직 방향의 전압은 자기장의 크기에 비례하므로 이 전압을 측정하여 자기장의 크기를 구할 수 있다. 또 이 전압은 홀 센서가 자기장의 방향과 수직할 때 최대가 되므로 홀 센서를 움직여 자기장의 방향도 알 수 있다.

홀 센서는 직류 자기장(자기장이 시간이 지나도 같은 방향을 향함)이나 교류 자기장(자기장의 방향이 시간에 따라 변함) 모두를 측정하는 데 사용된다. 교류 자기장을 측정할 경우에는 전압계와 작은 크기의 코일만 있으면 된다. 5장에서 다룰 패러데이의 전자기 유도 법칙에 따라 교류 자기장 속에 놓인 코일에는 교류 유도 기전력(즉 전압)이 발생한다. 이것을 교류 전압계로 측정하여 역으로 계산하면 교류 자기장의 크기를 알 수 있다(홀 센서에 대한 다른 이야기는 168쪽에 나온다).

자기 쌍극자의 줄 맞추기

물질의 자기적 성질

1) 자성체와 비자성체

물체를 자석 근처에 가져가면 자석에 붙는 물체가 있고 그렇지 않은 물체가 있다. 우리는 흔히 자석에 붙는 물체를 자성체, 붙지 않는 물체를 비자성체라고 부른다. 그러나 우리의 상상이 항상 물리학적 사실들과 일치하는 것은 아니다. 알루미늄, 크롬 등과 같이 금속이면서도 자석에 붙지 않는 것처럼 보여 비자성체로 알고 있지만 자석에 아주 약하게 끌리는 물질들도 있는데 이 역시 자성체(정확히는 **상자성체**)라고 부른다. 또 보통 비자성체로 알고 있는 구리, 금, 은 등의 금속이 실은 자석을 가까이 하면 약하게 반발하는 자성체(정확히는 **반자성체**)다.

자성체냐 비자성체냐를 구분하는 가장 좋은 기준은 물체 안에 있는 자기 쌍극자(원자 수준의 자석이라고 생각하면 편리)들의 성질을 아는 것이다. 물체를 구성하고 있는 원자들은 원자 전류에 의한 전류 고리, 즉 자기 쌍극자를 가진다. 원자 전류 고리는 주로 원자핵 주위를 회전하는 전자의 공전 운동에 의해 생기는 자기 쌍극자와 전자의 자전 운동에 의해 생기는 전자 스핀 자기 쌍극자, 또 원자핵의 자전 운동에 의하여 생기는 핵 스핀 자기 쌍극자 등이 있다. 물체의 자성에는 공전 전류 고리보다는 전자 스핀에 의한 자기 쌍극자가 더 중요한 역할을 한다. 따라서 각 전자를 한 개의 자기 쌍극자라고 보아도 무방하다.

원자 안에는 전자가 많기 때문에 각 전자들이 만드는 자기 쌍극자가 무수히 존재한다. 그런데 자연의 물리적 원리에 의해 원자에 들어 있는 각 자기 쌍극자(전자)들은 서로 반대 방향으로 있는 것을 좋아한다. 따라서 전자의 수가 짝수이면 자기 쌍극자가 많더라도 서로 상쇄되어 자성을 띠기 어렵다. 반대로 전자의 수가 홀수가 되어 쌍을 이루지 않은 전자가 있게 되면 자성을 띠게 된다. 단순하게는 이런 이유로 어떤 원자로 구성된 물체는 자성체가 되고 다른 원자로 구성된 물체는 비자성체가 되는지 설명할 수 있다.

물체(자성체라도)가 자성을 띠느냐 띠지 않느냐를 결정하는 또 다른 중요한 요소가 있다. 일반적으로 모든 물체는 온도를 가진다. 온도가 높을수록 물체를 구성하고 있는 원자가 받는 열에너지가 커서 더 활발하게 움직인다. 이 때문에 물체 안의 자기 쌍극자들의 방향이 매우 무질서해져 자기 쌍극자가 있더라도 자성이 나타나지 않는다. 대부분의 물질이 자성을 가지지 않는 것은 바로 이 때문이다.

자성에 따른 물질의 분류

현상	분류	성질	예	특기 사항
자석에 잘 붙음	강자성체	매우 강한 자성을 가지는 물질	철, 니켈, 코발트 영구 자석, 기억 소자 등으로 이용됨.	보통 '자성체'라고 부름
자석에 거의 반응하지 않음	상자성체	자기장 속에 놓았을 때, 자기장과 같은 방향으로 자성을 약하게 띠는 물질.	상온에서의 산소, 망간, 알루미늄, 백금 등	보통 '비자성체'라고 부르지만 자기 쌍극자가 변화하므로 엄밀하게 말하면 '자성체'
	반자성체	자기장에 두면 자기력선이 들어가는 쪽이 N극, 나가는 쪽이 S극의 자성을 띠게 되는 물체	금, 은, 수은, 구리, 유리 등	

2) 강자성체의 자화

철이나 코발트, 니켈과 같이 영구 자석의 재료가 되는 자성체를 **강자성체**라고 부른다. 강자성체는 저절로 자석이 되기도 하지만 일반적으로는 강한 자기장을 걸어 주어야 자화가 일어나 강한 영구 자석이 될 수 있다. 그 이유는 강자성체 안에 들어 있는 스핀 자기 쌍극자들이 무질서하게 배열되어 있으며 또한 자기 구역이 형성되어 있기 때문이다.

앞에서 이야기한 것처럼 일반적으로 스핀 자기 쌍극자들은 열에너지에 의해 스핀 자기 쌍극자의 방향, 즉 작은 자석의 방향이 매우 무질서하기 때문에 자성이 나타나지 않는다. 이런 자성을 띠지 못한, 즉 자화되지 않은 강자성체에 자기장을 걸어 주면 스핀 자기 쌍극자들이 자기력을 받아 자기장 방향으로 배열

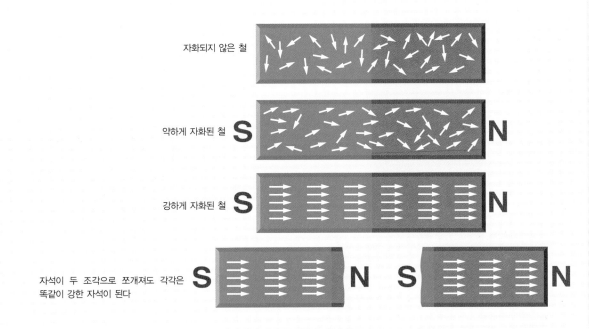

자화되지 않은 철

약하게 자화된 철 S ... N

강하게 자화된 철 S ... N

자석이 두 조각으로 쪼개져도 각각은 S ... N S ... N
똑같이 강한 자석이 된다

▲ 자화 정도에 따른 스핀 자기 쌍극자들의 배열

하는 경향이 나타나면서 자화가 일어난다. 스핀 자기 쌍극자의 배열이 잘 될수록 자성이 강해지며 스핀 자기 쌍극자의 배열이 완벽해지면 아주 강한 영구 자석이 된다.

또 강자성체는 인접한 스핀 자기 쌍극자들이 강하게 상호 작용하여 비교적 같은 방향으로 정렬되어 있는 자기 구역(자구)이라고 부르는 좁은 지역들로 이루어져 있다. 한 자기 구역 안에는 수백만 개 이상의 스핀 자기 쌍극자들이 들어 있다. 그런데 외부에서 자기장을 걸어 주지 않으면, 각 자기 구역들의 스핀 방향이 무질서하여 스핀 자기 쌍극자가 서로 상쇄되므로 강자성체 전체로 보면 자성을 띠지 않는 것처럼 보인다. 그러나 외부에서 자기장을 걸어 주면 자기 구역들의 스핀 자기 쌍극자들이 대부분 같은 방향으로 정렬되면서 강한 자성을 띠게 된다. 달리 말하면 정렬되지 않은 자기 구역들의 스핀 자기 쌍극자가 같은 방향으로 정렬하면서 강자성체 전체가 급격히 하나의 자기 구역처럼 된다고 볼 수 있다. 이와 같은 변화에 의해 강자성체가 영구 자석이 되는 것이다.

강자성체라도 외부 자기장에 의해 자기 구역이 정렬되는 정도가 다르다. 또한 같은 철이라도 다른 금속 원자들과 섞어 어

▼ 자구와 자구 내의 스핀들의 배열

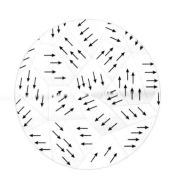

자구들의 스핀 방향이 무질서해서 자성을 띠지 않는다.

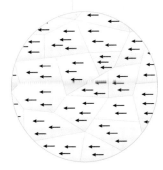

스핀 방향이 외부 자기장에 의해 한 방향으로 정렬되어 영구 자석이 되었다.

떤 합금을 만드느냐에 따라 정렬되는 정도가 달라지는데, 연철이 강철보다 자화가 잘 되는 것은 이 때문이다. 또한 철을 가볍게 두들기면 자기 구역들이 정렬되어 자성을 띠지만, 자석을 바닥에 떨어뜨리거나 심하게 두들기면 오히려 자기 구역 사이의 스핀 자기 쌍극자의 방향이 무질서하게 되어 자성이 약화되거나 심하면 자성이 사라질 수 있다.

전자석의 경우는 어떨까? 전자석은 솔레노이드 안에 강자성체를 넣고 전류를 흘려 준 것이다. 그러면 처음에는 자기 구역들의 스핀 자기 쌍극자의 방향이 무질서하여 자성을 띠지 않았던 강자성체가 솔레노이드의 자기장에 의해 자기 구역이 하나가 되면서 강한 자성을 가지게 된다. 따라서 외부에 작용하는 자기장이 이제는 솔레노이드 자체의 자기장에 강자성체의 자기장이 더해져 강자성체가 없을 때보다 훨씬 강해진다. 이 경우 보통 강자성체의 자기장이 솔레노이드 자체의 자기장보다 수천 배 이상 강하다. 배보다 배꼽이 더 커진 경우라고나 할까.

자성체를 응용한 예는 우리 주위에서 흔하게 찾아볼 수 있다. 관련된 예로 130쪽에 제시된 전동기(motor), 158쪽에 제시된 발전기, 크레인, 그리고 냉장고를 비롯한 각종 기기의 여닫이 문이 있다.

▲ 자성체를 응용한 크레인

▲ 자성체를 활용한 냉장고 안쪽 문

3) 자기 차폐

대부분의 경우 자기장 역시 전기장처럼 쉽게 물체를 투과한다. 종이나 유리 위에 철가루를 뿌리고 그 아래에 자석을 대어 보면 이 사실을 쉽게 확인할 수 있다. 자기장은 종이나 유리를 투과하여 그 위에 있는 철가루가 자기력선을 따라 배열되게 한다.

전기장은 금속 상자를 뚫고 들어가지 못하지만 자기장은 금속 상자도 아무런 어려움 없이 뚫고 들어가기 때문에 자기장의 투과를 막는 것은 전기장의 투과를 막는 것보다 훨씬 더 어렵다. 자기장이 물질을 뚫고 들어가지 못하게 하는 것을 **자기 차폐**라고 부른다. 아주 예민한 전자기 실험을 하거나 예민한 전자기 장비를 다룰 때는 **전자기 차폐**가 필요하며, 이처럼 전기장과 자기장이 없도록 만든 특정한 공간을 전자기 차폐실이라고 부른다.

전도성이 좋은 금속으로 공간을 감싸면 전기장이 차폐된다. 이유는 외부 전기장을 걸어 주었을 때 정전기 유도에 의해 금속에 전하가 유도되고 이 유도 전하들이 만드는 전기장이 정확히 외부 전기장을 상쇄시켜 금속 상자 내부에서의 전기장이 0이 되기 때문이다. 같은 원리로 외부 자기장을 걸었을 때 자기 쌍극자가 충분히 유도되어(또는 전자 스핀 자기 쌍극자들이 정렬을 일으켜) 이들에 의한 유도 자기장이 정확히 외부 자기장을 상쇄시켜 준다면 자기장의 차폐가 가능해진다. 자기장의 경우 자화가 매우 잘 되는 특수한 강자성체 합금들이 이런 구실을 할 수 있다. 철판을 사용할 경우 외부 자기장을 조금 줄일 수 있지만 완전히 차폐하지는 못한다.

지구 자기장

지구가 하나의 거대한 자석이고 지구 자기장이 바로 나침반이 방향을 가리키는 원인이라고 최초로 주장한 사람은 영국의 과학자 길버트이다. 지구 자기장은 지구 중심으로부터 1000km와 3000km 사이에 있는 액체 상태의 지구 외핵에서 생성된 어떤 종류의 전류에 의해 생긴다고 알려져 있다. 외핵을 구성하고 있는 물질은 주로 철이나 니켈처럼 전기를 잘 통하는 원소들이다. 초기 지구에 아주 작지만 약간의 자기장이 걸려 있었다고 가정하고 지구 자전에 의해 외핵의 물질들이 서서히 회전을 시작했다고 하면 (5장에서 다룰 전자기 유도 법칙에 따라) 외핵에 약한 유도 전류가 발생하게 되고 이 유도 전류에 의해 새로운 자기장이 만들어지기 때문에 자기장이 좀 더 커진다. 자기장이 커지면 유도 전류 역시 더 커지고 따라서 여기서 유도되는 자기장 역시 증가한다. 이런 순환 과정이 되풀이되어 현재와 같은 크기의 지구 자기장이 생겨났다는 주장을 '다이나모 이론' 이라고 한다.

다이나모 이론은 발전기의 작동 원리와 비슷하다. 다시 말해 지구 내부에는 거대한 영구 자석이 들어 있는 것이 아니라 일종의 발전기가 들어 있는 셈으로, 발전기로부터 공급된 전류에 의해 자기장이 생긴다고 보는 것이다. 지구 내부에 영구 자석이 없다는 것은 지구 핵의 온도만 보아도 알 수 있다. 핵의 온

잠깐 이것만은 알아 두자!

4장을 읽고 나니 자기, 즉 자기장과 자기력의 속사정을 알 것 같나요? 자세한 것은 몰라도 이것만은 꼭 기억하고 넘어갑시다!

- 자기장의 근원인 전류 고리와 자석은 동일하며 자기 쌍극자라고 부른다. 자기 쌍극자에서는 항상 N극과 S극이 쌍으로 존재한다.
- 자기력선은 항상 N극에서 나와 S극으로 들어가며 두 자기력선은 서로 교차하지 않는다. 자기력선이 조밀한 곳에서 자기장이 강하다.

- 자기장의 국제 단위는 테슬라(T)이지만 너무 큰 단위여서 보통 가우스(G)라는 단위를 더 많이 사용한다. $1T = 10^4 G$이다.
- 직선 전류 도선은 도선 주위에 원형의 자기장을 만든다. 자기장의 방향은 오른손 규칙으로 알 수 있으며 전류 방향과 항상 수직하다. 자기장의 크기는 도선으로부터 떨어진 거리에 반비례하고 도선에 흐르는 전류에는 비례한다.

도가 너무 높아 영구 자석과 같은 강자성체가 존재할 수 없기 때문이다.

지구 자기장은 지구 자전에 의한 전류 외에 대류에 의한 전류 등에 의해서도 생기게 되어 단순한 자기 쌍극자(자석)와는 다른 복잡한 자기장을 보인다. 이 때문에 지구 자기축은 지구 회전축과 17° 정도 기울어져 있다. 지구 내부에 전류가 존재한다는 증거는 매년 지구 자기장이 감소하는 것을 통해서도 알 수 있다. 지구 내부에 흐르는 전류가 마찰에 의해 계속 감소하기 때문에 지구 자기장 역시 매년 감소한다. 일부 과학자들은 지구 자기장이 현재의 절반으로 감소하는 데 대략 1400년 정도 걸린다고 주장한다. 현재 10^{-4}T (1G) 수준인 지구 자기장이 이런 추세로 감소한다면 생명체에 심각한 위협이 될 수 있다. 지구 역사의 오랜 기간 동안 생물 종들이 급격하게 변하는 시기가 있었음에 착안한 일부 과학자들은 지구 자기장의 크기가 커졌다 작아졌다 하며 진동한다는 주장을 펴기도 한다. 어떤 주장이 맞을지는 좀 더 지켜보아야 할 것이다. 또 한 가지 흥미로운 점은 과거 지구 자기장의 방향이 여러 차례 바뀌었다는 것이다. 이런 기록이 암석에 잘 남아 있는데, 암석에 남은 자기장의 기록을 '고지자기'라고 부른다.

지구 자기장이 줄어든다고 생명에 무슨 문제가 있을까? 2003년에 개봉된 '코어'라는 영화를 보면 4장의 열림장에서 묘사된 것처럼 지구 자기장이 갑자기 사라지자 하늘을 날던 비둘기 떼가 갑자기 방향을 잃고 건물과 충돌하기도 하고 전자 장치들이 모두 먹통이 되는가 하면 태양 광선이 강렬해져 철재 다리가 녹아내린다. 과장되긴 했지만 무시하기에는 꺼림칙한 무엇이 분명히 있다.

▲ 지구의 북쪽은 자기적으로는 S극이다.

▲ 지구 자기장은 지구 외핵에서 발생되는 자기장이라 할 수 있다.

- 강하고 균일한 자기장을 얻는 데 편리한 솔레노이드는 원형 고리를 여러 개 포개 놓은 것과 같은 구실을 한다. 길이가 긴 이상적인 솔레노이드의 경우 자기장은 솔레노이드 내부에만 존재한다. 내부 자기장의 방향은 오른손 규칙을 따라 솔레노이드의 축과 평행하며 크기는 전류와 단위 길이당 감은 수에 비례한다. 솔레노이드 내부에 강자성체를 넣어 자기장을 강화시킨 것을 전자석이라고 한다.

- 자기장은 움직이는 전하에 자기력을 가한다. 전하에 작용하는 자기력은 전하량, 전하의 이동 속도, 자기장의 크기, 자기장과 전하 이동 속도 사이의 각도에 따라 달라진다. 자기력의 방향은 자기장과 이동 속도 모두에 수직이기 때문에 자기장과 전하 이동 속도 방향이 평행하면 자기력이 작용하지 않는다. 자기력의 방향은 오른손 규칙으로 주어진다.

- 자기장은 움직이는 전하 또는 전류 도선에 자기력을 가하는데, 이 자기력의 원인은 도선 안의 움직이는 전하에 작용하는 자기력이다. 자기장과 전류 방향이 평행하면 자기력이 작용하지 않으며 자기력의 크기는 전류와 자기장의 세기, 자기장 속에 있는 도선의 길이, 전류와 자기장 사이의 각도에 의해 결정된다. 자기력의 방향은 오른손 규칙으로 주어진다.

- 전류 도선 사이에도 자기력이 작용한다. 왜냐 하면 한 도선이 만드는 자기장이 다른 전류 도선에 자기력을 작용하기 때문이다. 평행 전류 도선의 경우 전류의 방향이 같으면 끌어당기는 힘이, 전류의 방향이 반대이면 밀치는 힘이 각 도선에 작용한다.

- 전동기는 자기장이 전류 도선에 작용하는 자기력을 이용한 장치이다. 코일에 전류를 흘리면 자기력이 짝힘으로 나타나 코일을 회전시켜 전기 에너지를 역학적 에너지 또는 일로 변환한다.

- 물질의 자기적 성질은 주로 물질 안에 들어 있는 전자 스핀 자기 쌍극자의 성질에 의해 결정된다. 전자 스핀 자기 쌍극자들이 외부에서 걸어준 자기장에 의해 잘 정렬되어 자성을 띠게 되면 (자화되면) 자성체가 되고 그렇지 못하면 비자성체가 된다. 강자성체의 경우 스핀 자기쌍극자들의 정렬을 통해 영구자석이 되는 것이 가능하다.

"삐익~ 삐익~" 아이고, 저런. 친구가 공항 검색대에서 걸려 버렸군!

그러게 손톱깎이를 주머니에 넣지 말라니까 끝까지 말을 안 듣더니….

비행기 시각에 늦으면 어쩌지?

앗, 잠깐! 그런데 공항 검색대는 손톱깎이가 주머니에 들어 있다는 것을 어떻게 알았을까?

전자기 도사께서는 그게 다 전자기 유도에 의한 **맴돌이 전류** 때문이라는데,

전자기 유도는 뭐고 맴돌이 전류는 또 뭐지?

Chapter five 5

전기와 자기, 관계를 밝혀라!

이게 다
맴돌이 전류
때문이죠~

자기도 전기를 만든다

패러데이의 법칙

4장에서 자기 현상은 전하의 이동인 전류에 의해 생긴다는 것을 배웠다. 따라서 전기와 자기는 서로 밀접한 관계가 있음을 짐작할 수 있다. 전기 현상의 원인인 전하와 관계된 전류가 자기를 만든다면 그 반대로 자기에 의해서 전류가 유도될지도 모른다는 짐작을 해 보는 것은 어떨까? 이것이 가능하다면 전기와 자기는 뗄레야 뗄 수 없는 동전의 앞뒷면 같은 것이고 물리학에서는 이것을 전기와 자기가 대칭성을 가진다고 말한다. 이 장에서는 자기장의 변화로 인해 전류가 유도되는 전자기 유도 현상에 대해 알아보고자 한다. 이 현상을 수식화하여 표현한 것을 패러데이의 전자기 유도 법칙이라고 부른다.

1831년 영국의 과학자 패러데이가 전자기 유도 현상을 발견할 때만 해도, 그것이 우리의 생활을 이렇게 바꾸어 놓으리라고는 아무도 짐작하지 못했을 것이다. 어떤 변화를 줄 지 안 사람은 당시에 아무도 없었다. 현재 우리가 이용하는 교통카드, 공항의 금속 탐지기, 지뢰 탐지기, TV 방송, 휴대 전화, 전자기 유도 가열(IH: Induction Heating) 방식의 전기 밥솥, 전압을 바꿔주는 변압기, 전동 칫솔, 발전기 등은 모두 전자기 유도 현상을 응용하여 개발된 문명의 이기들이다. 이처럼 물리적 원리는 어떤 목적을 위해 발견되지 않았지만 시간이 지나면서 우리의 일상생활에 큰 영향을 주는 이기를 개발하는 원리로 자리잡게 된다. 기초과학인 물리학은 자연의 원리를 규명하는 데 그치지 않고, 간단하고 명료한 원리를 이용해 무궁무진한 여러 현상을 설명하고 다양한 방면에 응용된다는 점에서 위대하다고 볼 수 있다. 이런 대표적인 예가 바로 전자기 유도이다.

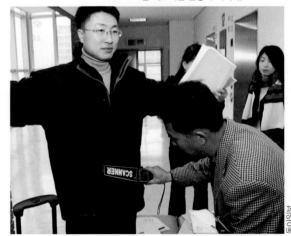

▼ 금속 탐지기는 전자기 유도를 이용한 대표적인 문명의 이기이다.

교통카드의 원리

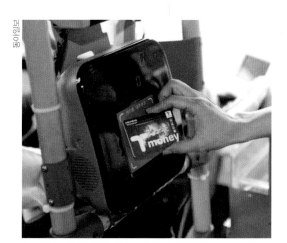
ⓒ이미지클럽

▲ 교통카드를 이용하여 요금을 편리하게 지불할 수 있는 것도 전자기 유도 덕분이다.

요즘은 '카드의 시대'라 할 만큼 여러 종류의 카드가 사용되고 있다. 최근 교통 체계가 개편되면서 없어서는 안 될 교통카드, 현금보다 더 유용하게 사용되는 신용카드 및 각종 보너스 카드, 출입카드 등 가지고 다녀야 할 카드도 수십 가지에 이른다. 생활 필수품이 되어 버린 이 카드들은 어떤 원리로 작동되는 것일까?

최근 IC 카드는 기능성이나 보안성 등과 관련한 우수한 특성 때문에 기존 마그네틱 카드를 상당수 대체하고 있다. IC 카드는 내부에 반도체 기반의 집적회로(integrated circuit)를 내장하고 있으며 스마트 카드라 부르기도 한다. IC 카드는 자석과 접촉해도 데이터가 손상되지 않으며, 마그네틱 카드에 비해 한층 다양한 기능을 부여할 수 있고 보안성 및 내구성도 우수하다. IC 카드는 접촉식과 비접촉식이 있는데 비접촉식 IC 카드(비접촉식 IC 카드를 RF 카드라고도 함)의 대표적인 예로 교통카드가 있다.

그렇다면 RF 카드는 기기와 접촉하지 않고 어떻게 정보를 주고 받을 수 있는 것인가? RF 카드는 라디오파 인식(RFID)이라는 기술을 이용한 것으로, 카드 안에 IC 칩과 송수신용 안테나가 들어 있어 단말기와 서로 교신을 하게 된다. 슈퍼마켓에서 사용하는 바코드와 같다고 생각할 수도 있지만 RF 카드 내부의 칩은 기록된 정보를 계속 변경할 수 있다는 점에서 바코드와 다르다. 그렇기 때문에 교통카드는 계속 충전해서 쓸 수 있고, 버스나 지하철을 같이 탈 때 정보를 기억할 수 있는 것이다. RF 카드의 작동 원리는 바로 패러데이가 발견한 전자기 유도이다.

코일 내부에서 자석을 움직이면 유도 전류가 발생되는 것처럼 코일 주변에 자석을 가져가도 유도전류가 흐른다. 자석의 움직임이 교통카드와 같이 접촉하지 않고 정보를 교환하거나 처리하는 방식을 비접촉식 스마트 카드라 한다. 코일 내부에서 자석을 움직이면 유도 전류가 발생되는 것처럼 코일 주변에 자석을 가져가도 유도 전류가 흐른다. 자석의 움직임이 빠를수록 그리고 코일의 감은 수가 많을수록 유도 전압이 더 크다. 요금을 처리하는 교통카드 단말기에는 교류가 흐르고 있어 계속 변하는 자기장이 발생하고, 여기에 교통카드를 갖다 대면 교통카드 내부에 있는 코일에 유도 전류가 흐른다. 반도체 IC 칩과 연결된 코일은 교통카드 모서리를 따라 여러 번 감겨 있다. 코일에서 발생한 유도 전류는 카드 내부에 있는 축전기를 충전시키고, 반도체 IC 칩은 축전기에 축적된 전기 에너지를 이용해 작동한다. 이처럼 교통카드는 교통카드 단말기와 통신하면서 전자기 유도를 통해 전원이 없이도 IC 칩에 변경된 요금 정보를 저장하고 시간을 기록하게 된다. 조그만 카드 속에 담겨진 놀라운 물리적 원리가 우리 미래의 모습을 바꾸고 있다.

1) 전기가 자기를 만든다

4장 1절에서 이야기했던 것처럼, 1820년 외르스테드는 전류가 자기를 만든다는 것과 자석이 전류가 흐르는 전선에 힘을 가한다는 사실을 발견했다. 이로써 그는 전기와 자기가 서로 밀접한 관계에 있음을 알게 해 주었으며, 또 솔레노이드 속에 철심을 넣으면 자석이 된다는 사실도 발견했다.

앞에서 전지로 도선의 양 끝에 전위차 혹은 전압을 가하면 원자에 속박되지 않는 일부 자유 전자가 움직이게 되어 도선에 전류가 흐른다는 것을 배웠다. 달리 말하면 도선 양 끝에 걸린 전압에 의해 전기장이 도선 내부에 생겨 자유 전자에 전기력이 작용해 전위가 높은 곳(전자의 경우 전지의 음극)에서 낮은 곳(전자의 경우 전지의 양극)으로 움직이게 된다. 이것은 마치 높은 곳에 위치한 물이 중력에 의해 낮은 곳으로 이동하는 것과 같다. 그러므로 외르스테드는 전류가 흐르는 도선 주위에 있는 나침반의 바늘이 움직인 것을 보고 전기가 자기를 만든다는 결론을 얻었다.

2) 자기도 전기를 만든다–패러데이와 헨리

외르스테드가 전기가 자기를 만든다는 사실을 발견한 후 당시의 많은 과학자들은 이것의 역현상, 즉 자기가 전기를 만드는 현상을 찾기 위해 많은 실험을 했다. 패러데이도 그 중의 한 명이었다. 그는 전기가 흐르는 도선에 의해 자기장이 만들어진다면 자기장도 전류를 발생시킬 수 있을 것이라 믿고 자석에 코일을 감거나 전류가 흐르는 도선 주위에 다른 도선을 놓고 전류가 흐르는지 살펴보았다. 그러나 패러데이도 다른 과학자들과 마찬가지로 전기를 얻는 데 실패하였다.

미국의 물리학자 헨리(1797~1878)는 1830년 8월 휴가 중 전자석의 양쪽 극에 철심을 붙이고 이 철심 주위로 코일을 감은 후 코일의 양끝을 전류계에 연결했다. 전자석에 전류를 흘려주기 위해 스위치를 켜는 순간 전류계의 눈금이 잠시 움직이는 것을 관측하였다. 전자석의 자기가 코일에 전류를 유도한 것을 발견한 것이다! 그러나 이렇게 중요한 발견을 해 놓고도 헨리는 새 학기를 맞아 강의 때문에 결과를 논문으로 발표하지 못하였다. 그로부터 약 1년이 지난 1831년 여름, 헨리의 발견을 알지 못한 패러데이가 독립적으로 헨리의 실험과 거의 동일한 실험을 통해 똑같은 발견을 하고 논문으로 발표하였다. 이 때문에 많은 사람들이 지금도 자기장의 변화에 의해 전류가 유도되는 전자기 유도를 패러데이가 발견한 것으로 알고 있다.

실험에 성공한 패러데이는 과거에 행했던 많은 실험에서 전자기 유도를 관찰

하지 못한 이유가 무엇이었는지를 깨닫게 되었다. 이전 실험에서는 도선 근처에 자석이나 전자석(즉 전류 고리)을 가져다 놓기만 했지 자석을 움직이거나 전류를 변화시키지 않았던 것이다. 이와 같이 도선에 미치는 자기장이 변화하지 않을 때는 도선에 전류가 흐르는 전기 현상이 나타나지 않는다. 반대로 전자석의 전류를 변화시켜 자기장의 변화를 주면 근처에 놓인 도선 고리에 전류가 유도된다. 도선 고리 속으로 자석을 넣었다 뺐다 하여도 자기장의 변화가 생겨 도선 고리에 전류가 유도된다.

이처럼 도선 고리 주위에 자기의 변화를 주어 도선에 전류가 흐르는 현상을 **전자기 유도 현상**이라 하고, 이 때 도선에 흐르는 전류를 **유도 전류**라고 부른다. 전류는 원래 전지가 가진 전압에 의해 흐르고 이를 전지의 기전력이라고 부른다. 시간에 따라 자기를 변화시킬 때 도선 고리에 전류가 흐른다는 것은 눈에 보이지 않지만 도선 고리 어딘가에 전지가 생겼다고 볼 수 있다. 그리고 이 전지에 의해 유도 전류가 흐르게 된다고 생각할 수 있다. 이런 이유로 전자기 유도에 의해 생긴 가상 전지의 전압을 **유도 기전력**이라고 부른다.

이제 패러데이의 전자기 유도를 정리해 보자. 우선 도선으로 전류 고리를 만들고 도선의 양끝을 전류계에 연결한다. 자석 또는 전자석을 가지고 전류 고리 속으로 넣었다 뺐다 한다. 또는 전자석을 전류 고리 옆에 놓은 후 전자석에 흐르는 전류를 크게 했다 작게 했다 한다. 그럼 전류 고리에 미치는 자기장이 변화하여 유도 전류가 흐른다. 이것을 쉽게 이해하려면 자기장이 변할 때 자연이 눈에 보이지 않는 매우 작은 가상 전지를 전류 고리에 연결한다고 생각하자. 그러면 이 가상 전지의 전압이 유도 기전력이 된다.

그렇다면 자기를 변화시킬 때 고리에 유도 전류나 유도 기전력이 생기는 이유는 무엇일까? "패러데이의 전자기 유도 법칙에 의해 생긴다" 또는 "자연의 원리가 그렇다" 등의 대답을 한다면 더 이상 할 말은 없다. 그러나 이러한 답이 좋은 대답이 아니라는 것은 누구나 알 것이다. 그렇다면 '좋은 답'은 무엇일까?

4장에서 배운 자기력을 머리 속에 떠올려 보면 그 '좋은 답' 이 무엇인지 짐작할 수 있을 것이다.

　내가 자석이 되었다고 생각해 보자. 그러면 자석이 도선 고리 속으로 들어갔다 나왔다 하는 것이 자석이 된 내가 볼 때는 도선 고리가 나에게 가까워졌다 멀어졌다 하는 것으로 보일 것이며, 도선에 들어 있는 자유 전자들 역시 도선처럼 운동을 하는 것으로 보일 것이다. 4장에서 전하가 자기장 내에서 움직이면 자기력(로렌츠의 힘)을 받아 움직인다고 배웠다. 도선의 자유 전자가 이동하면서 자석의 자기장에 의해 자기력을 받아 이동하게 되고 전하의 이동이 전류이므로, 결과적으로 도선 고리에 유도 전류가 흐르게 되어 전자기 유도 현상이 나타나게 된다. 이처럼 자기력을 이해하면 전자기 유도가 왜 생기는지도 알 수 있다.

|직|접|해|보|자|

패러데이 되기

전류가 자기를 만든다면 자기도 전류를 만들 수 있지 않을까 하는 패러데이의 생각은 결국 성공하여 우리에게 발전의 원리를 가르쳐 주었다. 우리도 패러데이를 따라 발전기를 만들어 보자.

준비물 : 에나멜 타래(0.3mm, 300g), 고휘도 LED(발광 다이오드)
　　　　네오디뮴 자석(10mm×15mm) 4개

1. 에나멜 타래의 시작과 끝을 뺀다(살 때 미리 말하지 않으면 시작을 뺄 수 없으니 꼭 미리 말한다).
2. 전선을 칼로 긁어 에나멜을 벗긴 후 LED를 연결한다.
3. 에나멜 타래 속으로 네오디뮴 자석을 넣었다 뺐다 하면서 LED를 관찰한다.
4. 사진 A와 같이 LED는 한 방향으로만 전류를 흐르게 하므로 넣을 때 불이 들어왔다면 뺄 때는 안 들어온다. 뺄 때도 들어오는 것을 확인하고 싶다면 LED의 (+), (−)를 바꾸어서 연결하면 된다. 사진 B처럼 LED 두 개를 다른 극끼리 합쳐 전선에 연결한다.(이 경우 넣을 때와 뺄 때 각기 다른 LED에 불이 들어온다.)

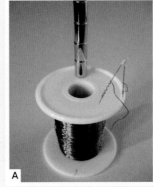

이선희

3) 유도 전류를 얻는 방법은 여러 가지

전자기 유도는 (1) 일정한 도선 고리를 통과하는 자기의 시간에 따른 변화에 의해서 일어날 뿐만 아니라, (2) 자기 변화는 없지만 도선 고리의 면적이 달라지거나, (3) 아래 그림과 같이 일정한 자기장 속에서 도선 고리를 회전시켜 자기가 통과하는 도선 고리의 면적이 시간에 따라 바뀔 때도 일어난다. 이것을 종합하면, 도선 고리를 통과하는 자기장의 세기 혹은 **자기 다발**이 시간에 따라 변화하게 되면 도선 고리에 전기가 유도되는 **전자기 유도** 현상이 일어난다고 할 수 있다. 자기 다발은 주어진 도선 고리의 면적을 수직으로 통과하는 자기장의 세기를 말하며, 도선 고리의 면적과 도선 고리의 면을 지나는 수직 자기장의 곱으로 주어지고 따라서 자기장의 국제 단위 T(테슬라)와 면적의 국제 단위인 m^2을 곱한 $T \cdot m^2$ 이 자기 다발의 국제 단위가 되는데 이것을 Wb(웨버)라고 부른다.

$$1Wb = 1T \cdot m^2$$

자기장이 통과하는 도선 고리의 면이 자기장과 나란한 경우에 자기 다발은 0이 되고, 자기장과 도선 고리의 면이 수직할 때 자기 다발이 최대가 된다. 또 도선 고리의 면과 자기장의 각도가 그 사이에 있게 되면 자기 다발 역시 최대와 0 사이의 값을 가진다. 따라서 아래 그림과 같이 일정한 자기장을 제공하는 두 영

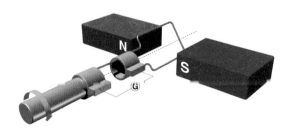

구 자석 사이에서 도선 고리가 회전하면 도선 고리의 면을 통과하는 자기 다발이 결과적으로 변하게 되어 전자기 유도 현상이 일어나 도선에 유도 전류가 흐르게 되어 전기를 얻을 수 있는데 이것이 바로 **교류 발전기**의 원리이다.

전자기 유도 현상에서 유도 전류 혹은 유도 기전력의 세기는 도선 고리의 면을 지나는 자기 다발의 시간 변화가 클수록 커진다. 따라서 자기장이 강한 막대 자석을 빠르게 움직일수록, 또 코일의 감은 수가 많을수록 유도 전류의 세기가 커진다. 여러 번 감은 코일의 경우 자기 다발은 고리 하나를 지나는 자기 다발에 고리의 감은 수를 곱한 값이므로 많이 감은 코일을 쓸수록 유도되는 전류의 세기가 커진다. 그림의 경우는 자기장의 세기가 클수록, 도선을 빨리 회전할수록 유도 전류가 커진다.

이 책의 1장에서 언급한 바와 같이 교류는 전류의 방향이 시간에 따라 달라지므로 직류와는 달리 도선에 교류 전류가 흐르면 주위의 자기장이 변하며 자기장을 유도한다. 코일에 흐르는 전류의 변화에 의해 그 코일 자체에 유도 기전력이 생겨 유도 전류가 흐르는 현상을 **자체 유도**라고 한다. 따라서 교류의 특성은 시간에 따라 전기와 자기의 세기와 방향을 끊임없이 변하게 하고 전기와 자기를 분리하지 못하도록 한다.

4) 유도 전류의 방향 – 자기장이 변하는 게 싫어요!

그럼 전자기 유도 현상에서 도선 고리에 유도된 전류는 어느 방향으로 흐를까? 달리 말하면 도선 고리의 어느 쪽이 전지(유도 기전력)의 양극이 될까? 패러데이 역시 이 문제에 관심을 가졌고 실험을 통해 유도 전류의 방향을 자석과 도선 고리의 상대적인 운동으로 설명하였다. 그러나 러시아의 물리학자 렌츠(1804~1865)는 패러데이의 방법에 만족하지 않고 보다 쉬운 설명 방법을 찾고자 했다. 1834년 렌츠는 유도 전류나 유도 기전력의 방향을 훨씬 쉽게 설명할 수 있는 렌츠의 법칙을 제안하였다.

유도 전류에 작용하는 자기력의 방향이 전류 도선의 상대적인 운동을 방해하는 방향으로 유도 전류가 흐른다는 것이 렌츠의 법칙이다. 렌츠의 법칙이 발표된 지 30년 쯤 지난 후 영국의 물리학자 맥스웰(1831~1879)은 렌츠의 법칙을 좀 더 이해하기 쉽도록 다음과 같이 표현하였다.

▲ 유도 전류와 유도 기전력의 방향을 훨씬 쉽게 설명하는 데 성공한 러시아의 물리학자 렌츠.

전동기의 역기전력

전동기는 전기 에너지를 일로 변환하는 기계이다. 발전기는 전기를 발생시키기 위해 수력, 화력, 원자력 등을 이용해 회전자(코일)를 강제로 돌리는데 반하여 전동기는 전기로 회전자를 돌려주는 점이 다르다. 영구 자석의 자기장 속에 놓인 전류가 흐르는 도선이 자기력을 받는 원리에 의하여 전동기의 회전자가 회전하게 된다. 전동기의 회전자에 전류가 흘러 회전자가 돌아가기 시작할 때, 회전자에 흐르는 전류에 의한 자기장이 회전자 자신에 전자기 유도를 일으켜 전동기에 걸어준 외부 기전력과 방향이 반대인 유도 기전력을 발생시킨다. 이를 역기전력이라고 하는데 역기전력은 전동기의 작동 초기에 갑자기 많은 전류가 흐르는 것을 막아 회전자에 감긴 코일이 과열되지 않도록 하며, 전동기의 회전수가 갑자기 커지는 것을 방지하는 순기능을 가진다. 하지만 때로는 역기전력이 외부 기전력보다 훨씬 커져 테슬라 코일처럼 불꽃을 발생시켜 화재의 원인이 되는 역기능도 가지고 있다.

전자기 유도가 밥도 한다? – IH 방식 전기 밥솥의 원리

요즘 대부분의 가정에서는 불을 사용하지 않고 전기를 이용한 전기 밥솥으로 편리하게 밥을 짓고 있다. 그러나 아직도 많은 사람들은 전기 밥솥에서 전기가 열을 발생시켜 쌀을 익히기 때문에 밥이 지어진다고 생각할 뿐, 전기밥솥의 작동 원리에 대해 잘 모르고 있다.

전기 밥솥은 열을 발생하는 방식에 따라 전열선 가열 방식과 전자기 유도 가열(IH) 방식으로 나눌 수 있다. 전열선 가열 방식은 밥솥 아래에 있는 히터선에 전류를 흘려 히터를 가열하고 이 열이 밥솥에 전달되어 밥을 짓는다. 요즘 판매되는 전기 밥솥은 대부분 전자기 유도 가열(IH) 방식이다. IH(Induction Heating)라는 이름은 패러데이의 전자기 유도 원리에서 유래되었다. IH 방식의 경우 전기밥솥에 220V 가정용 교류 전원을 연결하면 밥솥 주위의 코일에 전류가 흘러 밥솥 주위에 교류 자기장을 만든다. 이 교류 자기장에 의해 밥솥의 스테인리스 스틸 층에 맴돌이 전류가 유도된다. 이 맴돌이 전류가 밥솥에 열을 발생시키면 이 열이 밥솥 안쪽의 열전도율이 높은 알루미늄 층을 통하여 밥솥 전체에 퍼져 전열선 가열 방식보다 쌀이 고르게 익게 한다. 이런 IH 방식의 장점으로는 밥솥 자체가 열을 발생시키므로 전열선 가열 방식보다 열효율이 매우 높고 쌀이 고르게 익는다는 것을 들 수 있다.

패러데이가 전자기 유도 현상을 발견했을 때 전기 밥솥의 작동원리가 될 줄은 상상도 못했을 것이다. 마치 맥스웰이 전기와 자기 현상을 통합하고 전자기파를 발견했을 때 휴대 전화 등의 무선 통신을 예상하지 못한 것과 같다고 할까? 이렇듯 새로운 과학적 원리의 발견은 오랜 세월이 흐른 후에 우리가 사용하는 문명의 이기로 나타나 보답을 한다.

유도 전류는 항상 유도 전기를 일으키는 원인인 자기 다발의 변화에 저항하는 방향으로 흐른다.

즉 도선 고리는 자기장(정확히는 자기 다발)이 변화하는 것을 싫어한다. 따라서 자기 다발이 커지면 유도 전류가 생기고 이 유도 전류가 만드는 자기장이 커진 자기 다발을 감소시켜 원래 상태로 되돌린다. 반대로 도선 고리를 지나는 자기 다발이 작아져도 역시 유도 전류가 생기고 이 유도 전류가 만드는 자기장이 줄어든 자기 다발을 증가시켜 원래 상태로 되돌린다.

렌츠의 법칙은 에너지가 저절로 얻어지지 않는다는 에너지 보존 법칙의 결과이기도 하다. 오른쪽 그림에서와 같이 자기장 내에서 움직이는 도선의 유도 전류 방향을 생각해 보자. 만약 그림 A에서처럼 유도 전류가 흐른다면 이 유도 전류에 작용하는 자기력이 도선의 이동 방향과 같아 도선이 계속해서 움직일 것이다. 다시 말해 한번 도선이 움직이기 시작하면 계속 움직여서 끊임없이 전기가 발생할 것이다. 이것이 사실이라면 공짜로 전기 에너지를 영구히 얻을 수 있게 되어, 외부에서 에너지나 일을 공급해야 다른 종류의 에너지를 얻을 수 있다는 에너지 보존 법칙과 모순이 된다. 따라서 그림 B에서처럼 유도 전류에 작용하는 자기력이 도선의 상대적 운동을 방해해야 한다. 이 경우 계속해서 전기를 얻으려면 도선을 아래로 계속 끌어당기기 위해 힘을 주어야 하고 이 힘이 한 일에 의해 전기 에너지가 얻어지므로 에너지 보존 법칙이 성립된다. 물체의 운동 상태를 그대로 유지하고자 하는 성질인 관성의 척도가 질량이듯이, 렌츠의 법칙은 유도 전류가 전자기 현상에서 관성의 척도임을 말해 준다.

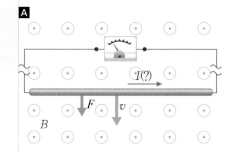

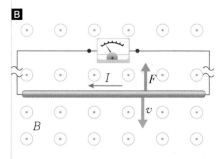

A:전류가 받는 힘의 방향은 도선의 이동을 도와주어 저절로 에너지가 발생하는 모양이 된다. 즉, 에너지 보존 법칙에 위배된다.

B:도선의 이동 방향과는 반대 방향으로 힘이 발생되어 도선을 계속 이동시키려면 일을 해 주어야 한다. '해 준 일=증가한 전기 에너지'가 되므로 에너지 보존 법칙이 성립한다.

5) 맴돌이 전류

우리가 깨닫지 못하지만 일상생활에서도 전자기 유도 현상이 많이 이용되고 있다. 그 중 한 가지가 맴돌이 전류와 그 특성을 이용하는 것이다. 도체판이 자기장 속을 지날 때, 도체 표면에 자기 다발의 변화가 생겨 여러 개의 고리 모양의 전류가 유도되는데, 이것이 바로 **맴돌이 전류**이다. 도체판의 경우 앞에서 살펴본 것과 달리 도선 고리가 드러나 있지 않지만 도체판 위의 닫힌 곡선 경로가 도선 고리 구실을 하여 일종의 유도 전류인 맴돌이 전류가 생긴다. 렌츠의 법칙에 의해 자기 다발의 변화에 반대하는 방향으로 흐르는 맴돌이 전류가 닫힌 곡

▲ 공항 검색대에서 가방 안의 물건이 무엇인지 알아볼 수 있는 것도 맴돌이 전류 덕분이다.

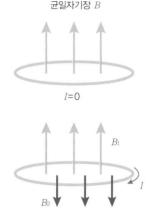

균일자기장 B

$I=0$

B_1

I

B_2

▲ 도체판을 통과하는 자기장이 증가하면(B_1) 그것을 억제하기 위해 맴돌이 전류(I)가 유도된다. 유도된 맴돌이 전류는 자기장 B_2를 유도하고 이것은 자기장 증가폭을 줄여 자기장은 B로 일정하게 유지된다.

선을 따라 돌아가는 모양으로 생긴다.

자기장 안에서 도체판이 이동할 때 유도된 맴돌이 전류는 자기장과 상호 작용하여 도체판의 움직임을 방해하는 자기력이 발생하기 때문에 결과적으로 브레이크 역할을 하게 된다. 물체가 움직일 때 물체 바닥과 물체 사이의 마찰력이 열에너지를 발생해 물체의 운동 에너지를 감소시키는 것처럼 자기장 속에서 움직이는 도체판에 맴돌이 전류가 유도되면 도체판의 저항에 전류가 흘러 열에너지를 발생되면서 도체판의 운동 에너지가 감소하게 된다. 이런 맴돌이 전류의 성질을 잘 이용한 것이 바로 전력 사용량을 기록하는 적산 전력계, 낙하 놀이 기구인 자이로드롭의 브레이크, 기차의 브레이크 등이다. 반면 맴돌이 전류는 전기 기구에 열을 발생시켜 에너지를 낭비하게 되므로 맴돌이 전류를 줄이는 방법이 개발되기도 한다.

|직|접|해|보|자|

쉽게 확인해 보는 맴돌이 전류
- 구리관 속에 자석 떨어뜨리기

앞에서 자기 부상 열차를 다루며 언급했던 초전도체의 마이스너 효과(119쪽)를 기억하는가? 맴돌이 전류는 이처럼 자기장을 거스르는 방향으로 전류가 유도된다. 다시 말해 자기장의 변화가 전류를 유도시키고, 이 유도된 전류가 만드는 자기장이 본래의 자기장을 밀어내는 현상이 생기는 것이다. 이를 손쉽게 확인할 방법이 있다.

구리관 속에 자석(기왕이면 자기력이 강한 네오디뮴 자석)을 넣고 떨어뜨려 보면 알 수 있다. 자석은 생각보다 훨씬 늦게 떨어진다. 그 이유를 물으면 자석이 금속에 붙으니까 그렇다고 말하는 학생들이 있는데 사실은 그렇지 않다. 앞에서 구리는 비자성체라고 했던 것을 기억할 것이다. 어쨌거나 구리는 자석에 붙지 않는다.

자기장을 생성하는 자석이 떨어지면 공간 안의 자기장이 달라진다. 즉 구리관 안의 자기장이 변하게 된다. 구리는 자기장 변화를 억제하는 쪽으로 유도 전류를 생성하여 자석이 떨어지는 것을 방해한다. 이것이 바로 맴돌이 전류이다.

그럼 이 맴돌이 전류를 이용할 데는 없을까?

그것을 이용한 것이 바로 자기 브레이크로, 자이로드롭에 사용된다. 자이로드롭은 처음엔 번지 점프처럼 그냥 쑥 자유 낙하하다가 기둥에 구리를 씌운 부분부터 속도가 줄어든다. 속력이 빨라지면 빨라진 만큼 맴돌이 전류도 크게 나타나 효과적으로 속력을 줄이게 된다.

▲ 구리관 안에 네오디뮴 자석을 떨어뜨리면 자석은 생각보다 훨씬 천천히 떨어진다.

금속 탐지기와 지뢰 탐지기의 원리

최근 국제적 테러의 위험이 커지면서 공항을 출입할 때 금속 탐지기나 X선 투시기를 사용한 검색이 더욱 까다로워지고 있다. 설마 주머니에 동전 하나쯤 있어도 괜찮겠지 했다가는 영락없이 "삐~" 소리를 듣게 된다. 공항 검색대에서 사용하는 금속 탐지기는 크게 두 가지이다. 하나는 문틀처럼 고정되어 있어 사람들이 이곳을 통과하도록 만든 것이고, 또 다른 하나는 검색원이 손에 들고 몸에 가까이 대어 움직이면서 검색하는 것이다. 이런 금속 탐지기들은 어떤 원리로 숨어있는 금속을 찾아내는 것일까?

금속 탐지기는 패러데이의 전자기 유도 원리를 이용하여 금속을 찾아낸다. 금속 탐지기에는 교류 전류가 흐르는 코일이 있어 전류의 방향이 일정한 시간마다, 즉 주기적으로 계속 바뀌게 된다. 그러므로 교류 전류에 의해 코일 주변에 만들어지는 자기장 역시 전류의 방향이 바뀔 때마다 변화하게 된다. 만약 이 변화하는 자기장 속에 금속이 들어오면, 전자기 유도 원리에 의해 금속 내부에 미세한 맴돌이 전류가 발생하게 된다. 이 맴돌이 전류는 약한 자기장을 만들게 되고, 이 자기장 변화에 의해 금속 탐지기 내부에 숨겨진 수신 코일에 유도 전류가 발생한다. 따라서 수신 코일에 유도된 전류 값을 통해 금속 탐지기 주변에 금속이 있는지를 알 수 있다. 지뢰 탐지기도 같은 원리로 땅 속에 묻혀 있는 금속의 폭탄이나 지뢰를 찾아내게 된다.

▼ 탐지기는 전류를 흘려 자기장을 보낸다. 금속이 있다면 이 자기장에 저항하는 자기장을 만들도록 맴돌이 전류를 발생시킨다. 그리고 이 맴돌이 전류에 의한 자기장이 탐지기의 수신부를 자극하여 금속의 존재를 확인할 수 있게 해준다.

탐지기가 만든 자기장

전류

전류

탐지기가 만든 자기장

금속에 유도된 맴돌이 전류

금속의 맴돌이 전류가 만든 자기장

유도된 맴돌이 전류

금속의 맴돌이 전류가 만든 자기장

자이로드롭의 자기 브레이크

서울이나 지방에 있는 놀이 공원에 가면 자이로드롭을 볼 수 있다. 30명에서 40명 정도가 탄 원형의 탑승 의자가 기둥(타워)을 중심으로 원을 그리면서 지상 70m, 아파트 25층 정도의 높이까지 올라갔다가 갑자기 자유 낙하하기 시작한다. 탑승 의자가 중력에 의해 자유 낙하하는 거리는 약 35m로, 떨어지는 시간은 2.5초 정도이며 마지막 속도는 무려 시속 94km 정도가 된다. 자유 낙하가 끝나면 원형 의자를 멈추기 위해 브레이크가 걸린다.

시속 90km 이상의 속도를 가진 의자를 순식간에 멈추는 원리는 무엇일까? 우선 머리에 떠오르는 것이 자동차 브레이크처럼 의자와 기둥 사이의 마찰력을 이용하는 방법일 것이다. 그러나 이 방법은 위험하다. 우선 오래 사용할 경우 기둥 또는 의자가 파손되거나 마모되어 정지하지 못할 수도 있다. 또 다른 방법으로 전자석의 이용을 생각할 수 있다. 자석의 같은 극끼리 반발하는 성질을 이용한다. 의자 밑과 기둥 밑에 전자석을 설치하고 전류를 흘린다. 의자가 지면에 가까워지면 두 전자석이 반발하게 되어 지상 위 일정 거리에서 멈춘다. 그러나 갑자기 정전이 되면 전자석이 작동하지 않아 정지하지 못하는 불상사를 초래할 수도 있어 위험하다.

따라서 자이로드롭은 이 방법들과 다른 안전한 자기 브레이크를 사용한다. 자기 브레이크는 물체가 접촉할 필요도 없고 정전이 되더라도 안전하다. 도대체 자기 브레이크는 어떤 원리로 작동하는 것일까?

자기 브레이크는 전자기 유도, 특히 맴돌이 전류를 이용한다. 자이로드롭의 의자 뒤에는 12개의 긴 말굽 모양의 영구 자석이 붙어 있다. 또 기둥 중앙에는 12개의 금속판이 들어 있다. 자유 낙하하던 의자의 영구 자석들은 지상 25m 높이에서 기둥의 금속판들과 서로 만나게 된다. 이 때 영구 자석의 자기장에 의해 금속판에 맴돌이 전류가 유도된다. 앞서 맴돌이 전류에서 다루었던 것처럼 금속판이 이동할 경우 맴돌이 전류에 작용하는 자기력은 금속판의 운동을 방해하게 되어 브레이크 구실을 하게 된다. 브레이크 효과는 자이로드롭의 낙하 속도에 비례해 커지기 때문에 매우 빠르게 의자를 멈출 수 있다. 레일을 따라 빠르게 움직이는 롤러코스터 역시 맴돌이 전류를 이용한 자기 브레이크를 사용한다. 이 역시 의자에 자석이, 도착 지점 근처에 금속판이 설치되어 있다. 다음에 자이로드롭이나 롤러코스터를 타게 되면 의자에 붙은 자석을 꼭 확인해 보길.

▲▶ 롤러코스터(위)나 자이로드롭(오른쪽)을 멈추는 자기 브레이크도 맴돌이 전류를 이용한 것이다.

동아일보

전자기 유도 대표 선수

교류 발전과 변압기

1) 교류 발전기

발전기는 전자기 유도 현상을 이용하여 역학적 에너지를 전기 에너지로 변환시키는 기계이다. 오른쪽 그림과 같이 한 쌍의 영구 자석을 사용하여 일정한 자기장을 만들고 자기장에 수직인 축을 중심으로 도선 고리를 빠르게 회전시키면 순간마다 도선 고리를 통과하는 자기 다발이 변화하기 때문에 코일에 전류가 유도되는 것이 발전기의 원리다. 실제 발전기에서는 여러 번 감긴 코일(회전자라고 부름)을 도선 고리로 사용하고 회전자가 터빈(수많은 날개가 달린 회전축)에 연결되어 있다. 발전기의 경우 화력, 수력, 원자력 등의 에너지원을 가지고 터빈을 회전시킨다.

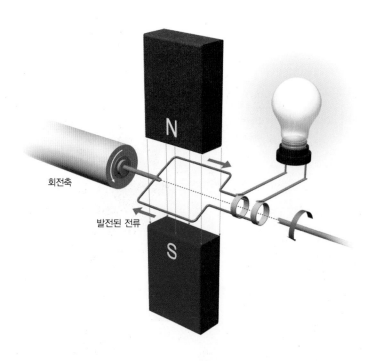

회전축

발전된 전류

▲ 회전축을 돌리면 도선 고리(회전자)에는 전류가 유도된다. 이것이 발전의 원리이며, 회전축은 터빈과 연결되어 동력을 공급받는다.

　도선 고리를 지나는 자기 다발은 도선 고리의 면적에 고리 면에 수직한 자기장을 곱한 물리량이라는 것을 기억할 것이다. 도선 고리의 면이 자기장에 수직할 때 자기 다발의 값이 최대가 되고 도선 고리의 면이 자기장과 평행할 때 자기 다발의 값이 0이 된다. 도선 고리가 일정한 속도로 회전한다고 하면 자기 다발이 주기적으로 커졌다 작아졌다 할 것이다. 따라서 유도 기전력은 자기 다발의 시간적인 변화율에 비례하므로, 주기적으로 커졌다 작아졌다 하여 교류 전기가 발생한다.

2) 변압기

패러데이의 전자기 유도 원리를 이용하는 또 다른 대표적인 장치가 변압기다. 발전소에서 생산한 전력을 각 가정으로 송전하는 경우 몇 차례에 걸쳐 전압을 낮춰 보낸다. 발전소에서 송전선을 통해 변전소로 전력을 보낼 때 송전선에 의한 열손실을 최소화하기 위해 아주 고전압(약 50만V)으로 전력을 보낸다. 또 변전소에서 각 가정에 전기를 보낼 때는 전기 안전을 위해 열손실을 무릅쓰고 전압을 220V로 낮추어 공급한다. 이와 같이 고전압을 우리가 원하는 전압으로 마음대로 바꾸는데 사용하는 전기 기구가 바로 변압기다. 변압기는 교류 전류만 변화시키므로, 이 점에서 교류 전류가 직류 전류보다 유리하다. 직류 전압의 크기를 줄이거나 늘리는 일은 매우 어렵다. 이런 이유 때문에 현재 우리는 교류 전기를 사용하고 있다.

이제 변압기의 내부를 들여다보자. 변압기는 절연 도선을 강자성체(예를 들어 철) 심에 감은 두 개의 전류 고리(코일) — 1차 코일과 2차 코일 — 로 구성되어 있다. 1차 코일에 교류 전원을 연결하여 코일에 교류 전류가 흐르면 교류 자기장이 형성된다. 이 자기장은 강자성체 심을 따라 2차 코일에 전달되어 2차 코일을 지나는 자기 다발이 생기게 된다. 자기장이 시간에 따라 변하는 교류 자기장이므로 자기 다발 역시 시간에 따라 변하게 되고 전자기 유도 현상에 의해 2차 코일에 유도 기전력이 나타난다. 즉, 1차 코일에 걸리는 교류 전압이 떨어져 있는 2차 코일에 유도 기전력을 발생시킴을 알 수 있다. 이 때 변압기의 철심은 자기 다발이 밖으로 새지 않고 그대로 전달되게 하는 역할을 한다.

철심에 의해 자기 다발이 그대로 전달되기 때문에 한 개의 전류 고리를 지나는 자기 다발의 크기는 1차나 2차 코일에 관계없이 동일하다. 자기 다발의 시간 변화가 바로 유도 기전력이므로 한 개 전류 고리에 유도되는 기전력 역시 코일에 관계없이 동일하다. 도선을 여러 번 감은 코일의 유도 기전력은 한 개 전류 고리에 유도되는 기전력에 고리 수, 즉 도선의 감은 수를 곱한 값이 되어 코일에 유도되는 전압의 크기는 감은 수에 비례하게 된다. 따라서 1차 코일의 감은 수를 N_1, 2차 코일의 감은 수를 N_2라고 하면 다음과 같은 수식이 성립한다.

$$\text{1차 코일과 2차 코일의 전압비} \quad \frac{V_1}{V_2} = \frac{N_1}{N_2}$$

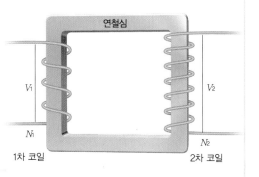

▲ 변압기의 원리. 전압 V_1을 1차 코일에 걸어 주면 2차 코일에 전압 V_2가 생긴다. 전압은 코일을 감은 수에 정비례하여 $\frac{V_1}{V_2} = \frac{N_1}{N_2}$ 이다.

1차 코일보다 2차 코일의 감은 수가 크면 2차 코일의 출력 전압이 1차 코일에 걸린 입력 전압보다 커지기 때문에 승압 변압기라고 부른다. 반대로 1차 코일보다 2차 코일의 감은 수가 작으면 출력 전압이 입력 전압보다 작기 때문에 감압 변압기라고 부른다.

변압기로 전압을 증가시킨다고 해서 무조건 다 좋은 것만은 아니다. 이상적인 변압기의 경우 1차 코일(입력 측)과 2차 코일(출력 측)에 나타나는 전기 에너지는 에너지 보존 원리에 의해 같아야 한다. 6장에서 배우겠지만 전기 에너지는 전압과 전류의 곱에 비례하므로 변압기에서 전류는 오히려 감은 회수에 반비례하게 된다. 그러나 실제 변압기의 경우 철심에 맴돌이 전류가 생겨 열이 발생하므로 2차 코일에서 나오는 전력이 1차 코일에 공급된 전력보다 작다. 이제 변압기를 사용해 발전소에서 전력을 송전할 때는 고전압·저전류로, 가정에서는 저전압(220V)·고전류를 쓸 수 있어 편리하다는 사실을 이해할 수 있을 것이다.

| 생 | 활 | 속 | 물 | 리 |

전동 칫솔은 어떻게 충전될까

전동 칫솔은 건전지가 필요 없고 가정용 전원에 연결하여 간단히 충전할 수 있어 편리하다. 그런데 대부분의 충전 기기들은 전원 연결 단자가 외부로 노출되어 있는데 전동 칫솔을 보면 연결 단자가 보이지 않는다. 물론 전동 칫솔을 물에 젖기도 쉽고 습기가 많은 욕실에서 사용하기 때문에 연결 단자가 외부로 나와 있으면 감전이나 누전의 위험이 있을 수 있어 당연히 보이지 않게 디자인해야 한다. 그럼 전동 칫솔은 어떤 원리로 연결 단자 없이도 충전이 되는 것일까?

최근 판매되는 전동 칫솔들은 전자기 유도를 이용해 내부에 담긴 충전지를 충전한다. 패러데이의 전자기 유도 원리를 이용한 이 충전 방식은 변압기와 유사하게 동작한다. 전동 칫솔을 자세히 보면 칫솔 아래 부분에 구멍이 나 있고, 칫솔을 세워두는 부분에는 구멍에 맞는 작은 기둥이 솟아 있다. 칫솔의 구멍 주위와 칫솔 받침의 기둥 안에 각각 코일이 들어 있다. 기둥 안의 코일은 변압기의 1차 코일 구실을, 칫솔의 코일은 변압기의 2차 코일 역할을 한다. 1차 코일에 220V의 가정용 교류 전원을 연결하면 시간에 따라 변화하는 자기장이 생긴다. 두 코일이 서로 접촉하지 않아도 전자기 유도 현상에 의해 2차 코일에 낮은 전압의 교류 유도 기전력이 발생하고 이 기전력에 의하여 전동 칫솔이 충전된다.

이런 물리학의 원리를 모르면 전동 칫솔이 충전되는 것이 마치 마술처럼 신기하게 여겨진다. 그러나 과학적 원리를 알고 자연 현상을 대하면 마술처럼 신기하게 보였던 수많은 현상들을 논리적으로 이해하게 된다.

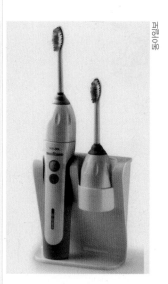

맥스웰의 혁명

전자기의 통합과 전자기파

우리는 평소 전기와 자기를 매우 다른 종류의 현상으로 느낀다. 앞의 3장과 4장에서는 편의상 전기와 자기를 나누어서 다루었지만 사실 자연에서는 전자기 현상 한 가지뿐이다. 한 마디로 말해서 전기와 자기는 서로 얽혀 있어 분리될 수 없는 관계를 가지고 있다.

영국의 물리학자 맥스웰은 과학사에서 불후의 업적 중 하나로 꼽는, 1873년에 출판된 그의 저서 '전기와 자기에 대하여'에서 전자기 통합 이론을 완성하였을 뿐만 아니라 빛이 전자기파의 일종임을 예견하였다. 고전 역학의 핵심이 뉴턴의 운동 법칙인 것과 같이 전자기학의 핵심은 맥스웰의 전자기 통합 이론이다.

1) 맥스웰 – 전기와 자기를 결혼시킨 장본인

실험적 재능과 물리적 직관이 대단하였던 패러데이는 전자기 현상에 대해 전자기 유도를 포함하여 많은 사실을 실험으로 발견하였지만, 전기와 자기를 포함하는 통합 이론을 만들어내지는 못했다. 반면 패러데이와 같은 시기에 활동한 맥스웰은 변호사의 아들로 태어나서 비교적 부유한 환경 속에서 교육을 받았다. 패러데이가 빈민가에서 태어나 불우한 어린 시절을 보낸 것과는 대조적이었다. 1850년 영국의 케임브리지 대학에 입학한 초기부터 맥스웰은 그의 뛰어난 재능을 인정받았다. 그는 젊은 시절에 패러데이의 업적에 큰 관심을 보였다. 수학적 능력이 뛰어났던 맥스웰은 전자기 유도 현상으로부터 전기와 자기를 하나로 통합하는 **전자기 이론**을 만들어냈다. 패러데이의 전자기 유도 법칙이 자기의 변화가 전기를 유도하는 현상을 정량화한 것이라면, 맥스웰은 전기와 자기의 대칭성에 근거하여 전기의 변화가 있으면 전류가 흐르지 않더라도 자기가 생겨날 수 있음(맥스웰의 전자기 유도)을 이론적으로 발견하여 전기와 자기를 통합할 수 있었다. 4장에서 다루었던 실제 전류에 의해 생성된 자기장과 구별하기 위하여 이 자기장을 **변위 전류**에 의한 유도 자기장이라 부른다.

2) 전자기학의 출현 – 뉴턴 역학 이후의 대발견

오늘날 모든 전자기 현상은 맥스웰의 전자기 이론으로 설명할 수 있다. 뉴턴에 의하여 물체의 운동을 기술하는 고전 역학이 완성된 후 2세기가 지나 맥스웰에 의하여 전기와 자기가 하나로 통합되면서 전자기학이 완성되었다.

맥스웰의 전자기 이론의 최고 업적은 전자기파의 가능성을 최초로 인식한 것이다. 1862년 맥스웰은 공기와 같은 매질 속에서, 심지어는 아무 것도 없는 진공 속에서도 진행할 수 있는 전자기파가 존재할 수 있음을 처음으로 확인하였다. 또한 1865년에는 전자기파의 진행 속도가 빛의 속도와 같다는 것을 발견하고 이 사실로부터 빛이 **전자기파**의 일종임을 깨닫게 되었다. 따라서 맥스웰의 전자기 이론은 이전에는 서로 상관이 없는 다른 분야로 여겨왔던 광학과 전자기학을 통합하는 역할을 하게 되었다.

3) 빛 – 전기와 자기의 널뛰기

맥스웰은 전기와 자기를 서로 연관시켜주는 전자기 이론으로부터 전기장과 자기장이 만족하는 수학 방정식들을 유도하였고 이것으로부터 전기장과 자기장이 파동이 된다는 것을 알게 되었다. 이 방정식에 따르면 전기장과 자기장은 서로 수직하게 주기적으로 진동하며 진행하는 전자기파를 이룬다. 전하가 가속 운동하면 시간에 따라 변화하는 전기장이 발생한다. 변화하는 전기장은 전자기 유도에 의해 다시 변화하는 자기장을 유도한다. 그리고 변화하는 자기장은 처음 전기장과 동일한 방향으로 전기장 변화를 일으키는 일이 무한히 반복된다. 즉 전기와 자기가 널뛰기를 하는 셈이다. 널뛰기에서 서로가 교대로 발판을 구름으로써 상대방의 운동을 도와주듯이 전자기 유도에 의해 전기장과 자기장이

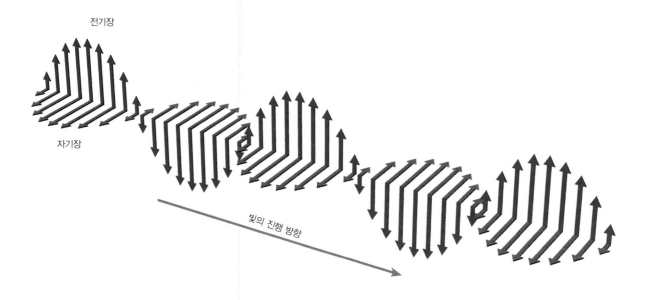

전기장

자기장

빛의 진행 방향

▲ 빛은 전기장과 자기장이 서로 수직을 이루며 파동의 형태로 이동하는 전자기파의 일종이다.

교대로 진동을 하게 되고, 이 진동으로 인해 전자기파가 만들어져 공간을 이동하게 된다.

　발생한 전자기파 에너지를 열에너지로 변환할 전기 회로가 없다면 전기장과 자기장이 계속 커져 전자기파가 바깥 공간으로 나오게 된다. 전기장과 자기장이 서로 보강이 되려면 전기장의 방향과 자기장의 방향이 서로 수직해야 하고 전자기파의 진행 방향은 전기장과 자기장의 방향과 모두 수직을 이루어야 한다. 따라서 전자기파는 횡파의 특징을 가진다. 긴 도선 막대에서 전하를 가속시켜 전자기파를 발생시키는 장치를 **안테나**라고 부른다. 안테나에서는 전하의 진동과 동일한 진동수를 가진 전자기파가 발생된다. 안테나로부터 전자기파가 나오는 현상을 **전자기 복사**라고 한다.

　맥스웰은 전기장과 자기장의 방정식으로부터 전자기파의 속도를 계산하고 이 속도가 당시 알려진 빛의 속도와 동일함을 발견하고 놀라게 되었다. 이 사실로부터 맥스웰은 빛이 전자기파라는 혁명적인 주장을 하게 되어 인류가 그토록 궁금해했던 빛의 신비가 처음으로 밝혀지는 순간이기도 했다. 또 빛 이외에 다양한 종류의 전자기파가 존재한다는 것을 보였다.

　맥스웰의 전자기파 주장이 너무 혁명적이어서 당시 과학자들은 전자기파를 곧바로 받아들이지 못하였으나, 1887년 독일의 물리학자 헤르츠가 최초로 전자기파를 발생시키고 이 전자기파를 관측하는 실험에 성공하면서 전자기파의 존재를 믿게 되었다. 또 헤르츠는 오늘날 우리가 라디오파라고 부르는 전자기파의 일종인 전파를 발생시킨 후 이 전파가 빛처럼 반사되거나 굴절될 수 있음을 보여 주었다. 이후 이탈리아의 마르코니와 다른 과학자들에 의해 전자기파를 이용한 라디오, TV, 무선 통신 등이 가능하게 되었다. 전자기 현상과 무관하다고 여겨진 빛이 전자기파에 해당한다는 것을 알게 됨으로써 뉴턴에서 시작되어 발전을 거듭해 온 빛에 대한 이해가 새로운 국면을 맞이하게 되었다.

▲ 전파가 빛처럼 반사되거나 굴절될 수 있음을 보여 준 독일의 과학자 헤르츠.

|생|활|속|물|리|

TV, 라디오 및 무선 통신

패러데이와 맥스웰이 전자기학을 완성하고 빛이 전자기파임을 알아냈을 때 현재처럼 공중파를 통해 각 가정에 영상을 전송하고 수신을 하게 될 것이라고 과연 상상이나 할 수 있었을까? 더욱이 개인마다 휴대 전화을 이용해 아무 곳에서나 통화를 할 줄은 상상조차 할 수 없었을 것이다. 아직도 전력의 수송은 구리선과 같은 물리적 연결망이 있어야 가능하지만, 정보의 전송은 점점 전자기파를 이용한 무선 통신으로 변해가고 있다. 따라서 특정한 진동수(통신에서는 주파수라고 함) 영역의 전자기파를 사용하는 권한, 즉 무선 통신의 채널 확보가 중요한 문제로 부각되고 있다.

방송과 같은 한 쪽 방향(단방향) 통신은 보내고자 하는 정보를 방송국 안테나에서 일방적으로 전자기파를 통해 보내고, 이 전자기파를 수신하고자 하는 가입자는 수신 가능 지역 내 아무 곳에나 TV나 라디오와 같은 단말기를 설치하면 보내진 정보를 수신할 수 있다. 이러한 단방향 통신은 가입자 수라는 개념을 전혀 고려할 필요가 없다. 그러나 휴대 전화와 같은 양방향 통신은 단방향 통신보다 훨씬 복잡할 뿐만 아니라 한 지역에서 통신을 할 수 있는 가입자 수가 여러 요인에 의해서 제약을 받는다. 일반적으로 양방향 통신에서 가장 중요한 것은 통신의 상호 독립성이다. 즉 통신하고 있는 당사자 외에 다른 사람이 동일한 통신 내용을 수신할 수 없어야 한다. 이러한 요구 조건을 만족시키기 위해서 모든 양방향 통신 시스템에서는 통화 채널이라는 개념을 이용하여 각각의 가입자가 서로 다른 통화 채널을 이용하여 통신할 수 있도록 한다.

따라서 주어진 주파수 영역 안에서 가급적 많은 채널을 확보하기 위해 여러 기술이 적용되고 있다. 주파수 이용 효율을 높이기 위하여 각각의 가입자가 쪼개진 작은 주파수 영역만 사용하는 주파수 분할 방식, 적당히 나누어진 주파수 채널을 각 가입자가 일정 시간만 사용하는 시분할 방식, 동일한 주파수 영역을 사용하지만 전송하는 정보에 암호를 곱해주어 채널을 구분하는 부호분할 방식 등의 기술이 개발되어 있다.

수많은 무선 통신 가입자를 보유한 우리나라가 어쩌면 맥스웰이 발견한 전자기파의 혜택을 가장 많이 받고 있다고 해도 지나치지 않다. 무선 통신은 기초과학 연구로부터 발견된 원리가 시간이 지나면서 여러 기술로 발전되어 자연스럽게 우리 생활에 깊숙이 스며드는 것을 보여 주는 좋은 예라고 할 수 있다.

▼ 수많은 무선 통신 가입자를 보유한 우리나라는 맥스웰이 발견한 전자기파의 혜택을 가장 많이 받고 있는 나라라고 해도 과언이 아닐 것이다.

4) 전자기파 스펙트럼 – 여러 이름을 가진 전자기파

전자기파는 그 진동수(또는 주파수) 혹은 파장의 크기에 따라 아래의 그림과 같이 각각 다른 이름으로 부른다. 전자기파의 진동수란 전자기파의 전기장 또는 자기장이 1초에 몇 번 변화하는가를 나타낸다. 또 전자기파의 파장이란 전기장이나 자기장의 공간적인 주기를 말한다. 즉 전자기파를 파장만큼 이동시켜도 전자기파는 동일하다.

진동수가 비교적 작은 **라디오파**나 **초단파**는 오디오, TV, 무선 통신에 주로 사용된다. 그리고 이 보다 진동수가 좀 더 큰 **마이크로파**는 레이더와 전자 레인지 등에 사용된다. 이들보다 진동수가 큰 전자기파를 그 파장에 따라 **적외선, 가시광선(빛), 자외선**으로 구별하여 부르며, 적외선과 자외선도 넓은 의미의 '빛'이라고 말하기도 한다. 진동수가 매우 큰 **X선**과 **감마선**도 전자기파의 일종이다. 따라서 인간이 눈으로 감지할 수 있는 빛은 전자기파의 극히 일부에 지나지 않는다는 것을 알 수 있다. 이것은 인간의 눈으로 바라본 세상이 매우 제한되어 있음을 말해 준다. 그렇다고 하더라도 인간의 눈이 가지는 불완전성에 대

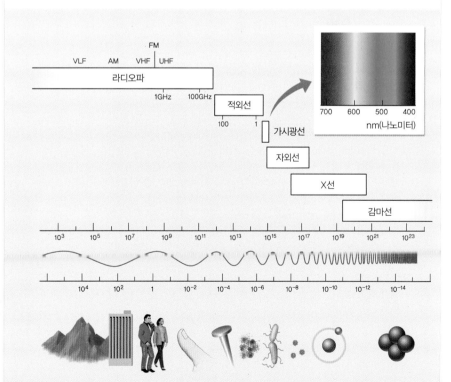

▶ 진동수에 따라 달리 이름지어진 전자기파들. 라디오파는 파장이 길고 진동수가 적으며 감마선은 파장이 짧아 투과력이 높다. 실제 생활 속의 크기들과 비교해 보자.

해 실망할 필요는 없다. 인류는 현재 과학의 눈부신 발전으로 눈으로 볼 수 없었던 다른 빛들, 즉 적외선이나 자외선 같은 전자기파의 다른 스펙트럼 영역들을 볼 수 있는 다양한 기술들을 가지게 되었다. 가령 우주를 관측하는 천문학자들은 가시광선을 모으는 망원경뿐만 아니라 자외선 망원경, 적외선 망원경, X선 망원경 등 다양한 종류의 망원경을 사용하여 우주에서 지구에 도달하는 전자기파의 좀 더 넓은 영역에 대한 정보를 놓치지 않고 분석할 수 있게 되었다.

|생|활|속|물|리|

전자 레인지

전자 레인지(또는 마이크로웨이브 오븐)는 현재 거의 모든 가정에서 사용되고 있다. 하지만 이것이 어떤 원리로 음식을 데우는지 아는 사람은 그리 많지 않은 것 같다. 과연 어떻게 오븐 속의 음식이 데워지는 걸까? 원리를 간단히 설명하면 다음과 같다. 오븐은 전기를 사용하여 전자기파의 일종인 높은 진동수의 고출력 마이크로파를 발생시킨다. 이 마이크로파는 음식물에 들어 있는 물 분자들의 진동을 증폭시킨다. 물질 속의 모든 분자들은 각자 특정한 진동수로 진동하고 있는데, 외부에서 분자의 진동수와 같은 진동수를 가진 전자기파를 쏘여주면 전자기파가 분자와 공명을 일으켜 분자의 진동을 격렬하게 한다. 이것은 그네를 밀 때 그네의 흔들리는 주기에 맞추어 힘을 가하면 그네의 흔들림이 크게 증폭되는 원리와 비슷하다.

가정에서 사용하는 마이크로웨이브 오븐은 2.45GHz의 진동수를 가진 전자기파(마이크로파)를 사용한다. 이것은 전자기파의 전기장이 1초에 24억 5천만 번이 바뀌는 것을 의미한다. 따라서 음식물 안의 물 분자들 역시 전자기파로부터 에너지를 얻어 이 횟수만큼 진동하게 되고, 물 분자들이 주위 음식물 분자들과 마찰을 일으켜 물 분자의 운동 에너지가 열에너지로 바뀌면서 음식이 데워진다. 빈 그릇을 오븐에 넣었을 때 가열이 되지 않는 것은 그릇에 물 분자가 없기 때문이다.

그러면 마이크로웨이브 오븐은 인체에 어떤 영향을 미치며 과연 안전한가? 고출력의 전자기파에 인체가 직접 노출되면 우리의 몸 안에 물 분자들이 많이 있기 때문에 음식물처럼 데워질 수 있다. 그러나 가정용 마이크로웨이브 오븐은 음식물이 놓인 밀폐된 공간에만 전자기파를 가두어두기 때문에 안전하다. 오븐 내의 벽은 전자기파를 반사시키는 금속으로 만들어져 있고 내부를 들여다 볼 수 있는 유리도 전자기파를 반사시키는 물질이 발라져 있어 전자기파가 빠져 나오기 어렵다. 하지만 완벽하게 전자기파가 차단되지는 않기 때문에 오븐을 가동하는 중에는 오븐에 가까이 서 있거나 너무 오랫동안 오븐 안을 들여다보는 것은 바람직하지 않다.

다 보기 나름이야

전자기의 상대성

앞에서 맥스웰이 전기와 자기의 대칭성을 토대로 전자기학이라는 통합 이론을 완성하였음을 배웠다. 그리고 1장에서 아인슈타인의 상대성 이론에 의하면 관찰자가 전하에 대하여 어떤 운동을 하는가에 따라 관찰자가 느끼는 것이 전기 현상 또는 자기 현상이 될 수 있다고 했다. 여기서 전기와 자기의 상대성에 대해 좀 더 자세히 알아보도록 하자.

아인슈타인의 특수 상대성 이론에 의하면 서로 다른 등속 운동을 하는 관찰자는 동일한 운동을 보고서도 각기 다른 속도, 가속도, 힘 등을 말한다. 그러나 뉴턴의 운동 법칙(힘과 가속도의 관계)이나 맥스웰의 전자기 이론과 같은 물리 법칙들은 관찰자에 상관없이 변하지 않는다. 관찰자의 운동에 따라 전하에 의한 전기장과 자기장(전하가 움직이는 전류에 의하여)의 크기가 달라지지만, 전자기 법칙들은 모든 관찰자에게 동일하다. 예를 들면, 가만히 서 있는 관찰자가 정지 전하에 의한 전기 현상을 보게 되었다고 하면, 일정한 속도로 걸어가고 있는 관찰자가 이 전하를 관찰하면 전하의 상대 속도에 의해 전하가 이동하는 것을 보게 되어 정지 전하에 의한 전기 현상 대신에 전류에 의한 자기 현상을 관측하게 된다. 따라서 관찰자의 움직임에 따라 전하에 의해서 전기 현상 또는 자기 현상이 일어나는 것을 볼 수 있다는 말이다. 이것은 전기와 자기가 본질적으로 다른 것이 아니라 단지 관찰자의 운동에 따라 다르게 보인다는 놀라운 사실을 우리에게 알려준다.

이 장에서 다룬 전자기 유도 현상도 전기와 자기가 관찰자의 움직임에 따라 상대적 현상이라는 사실에 근거하여 이해할 수 있다. 전자기 이론만 알고 있으면 전기 현상으로부터 모든 자기 현상의 원리를 유도할 수 있고 혹은 그 반대도 가능하다. 물리학에서는 이런 것을 **대칭성**을 가지고 있다고 부르며, 물리학에는 이처럼 상호 보완적 관계의 대칭성이 자주 나타난다.

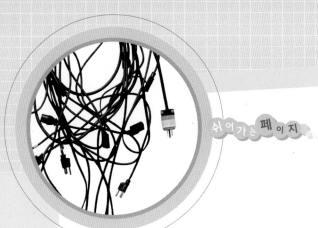

홀 효과

금속과 같은 전기를 잘 통하는 물질 안에서 움직이는 것이 음전하를 가진 전자라는 것을 어떻게 알게 되었을까? 금속 안을 들여다본다고 전자가 보이는 것이 아닌데 말이다. 1897년 음극선 실험을 통해 영국 물리학자 톰슨이 전자의 존재를 처음으로 확인하기 18년 전인 1879년 미국 존스 홉킨스 대학의 대학원생이었던 에드윈 홀(1855~1938)은 실험을 통해 전류의 본질이 무엇인지 깨닫게 되었다. 홀은 얇

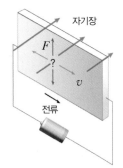

얇은 금속판에 전류가 흐르고 있다. 이 전류에 수직하게 그림처럼 자기장(B)을 걸어 주면 움직이는 전하는 위로 힘(F)을 받게 된다.

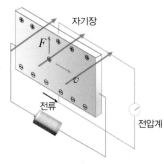

이 전하가 (+)입자라면 금속판 위쪽의 전위가 높을 것이고

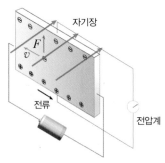

이 전하가 (−)입자라면 위쪽의 전위가 낮을 것이다.

잠깐 이것만은 알아 두자!

5장을 읽고 나니 전자기 유도에 대해 이해가 되었나요? 전자기 유도를 응용한 예가 참으로 다양하지요? 이 장에서 다루었던 내용을 간략히 요약해 봅시다.

• 패러데이는 도선 고리를 통과하는 자기 다발(도선 고리의 면적과 고리의 면에 수직한 자기장을 곱한 물리량. 국제 단위는 Wb)이 시간에 따라 변하게 되면 도선에 전류가 유도되는 전자기 유도 현상을 발견하였다. 이 현상을 수식화한 것을 패러데이의 전자기 유도 법칙이라고 부른다.

• 전자기 유도 현상에서 유도 전기를 일으키는 원인인 자기 다발의 변화에 저항하는 방향으로 도선 고리에 전류가 유도된다는 것이 렌츠의 법칙이다.

고 긴 금속판에 전류를 흘리면서 자기장을 걸어 보았다. 그러자 전류와 자기장에 수직인 방향으로 작은 전압이 발생하는 현상을 발견되었고, 홀은 이 현상을 이해하려고 노력하였다.

홀은 아주 간단한 실험을 통해 이 현상의 원인을 밝혀내었다. 전류가 흐르는 얇고 기다란 금속판이 있다고 하자. 왼쪽 끝은 (+)극에 연결되어 있고 오른쪽 끝은 (−)극에 연결되어 있다. 여기에 옆 페이지 그림처럼 자기장을 수직으로 걸어 주면 금속판 속을 흐르는 전하는 힘을 받는다.

전류의 방향과 자기력의 방향을 고려해 잘 따져보면 회로 안의 입자는 윗방향으로 힘을 받는다. 즉, 만약 도선 안에 움직이는 것이 (+)전하라고 하면 얇은 금속판의 위쪽으로 (+)전하가 모일 것이다. 따라서 금속판의 위쪽은 전지의 양극, 아래쪽은 음극으로 작용할 것이다. 반대로 (−)전하가 움직인다면 (−)전하가 위로 힘을 받아 위쪽에 쌓이게 되고 반대의 결과가 나오게 된다. 전압계를 사용하여 어떤 쪽 전압이 더 높은지를 측정하면 이동 전하가 양전하인지 음전하인지 알 수 있다. 어떤 결과가 나왔을까? 금속판의 위쪽이 음극으로 되었음은 물론이다.

홀은 반대의 상황을 상상했으나 실험 결과를 보고 '전류가 양전하가 아닌 음전하를 가진 입자들의 흐름'이라는 결론을 얻게 되었다. 이후 홀을 기념해 이 사실을 홀 효과라고 부른다.

그 후 전자가 발견되면서 금속에 전류를 흘리면 음전하를 가진 전자가 움직인다는 사실을 처음으로 알게 되었다. 홀이 측정한 수직 전압은 자기장에 비례하므로, 자기장을 측정하는 데 이용할 수 있다. 이 원리를 이용한 것이 바로 홀 센서이다. 또한 홀 효과를 측정하면 물질 안에 전류가 흐르도록 하는 전하 운반자의 전하의 부호와 밀도(주어진 부피 안에 몇 개의 전하 운반자가 있느냐)를 정확히 알 수 있어 홀 효과는 물리학과 전자공학에서 중요한 위치를 차지하고 있다.

자기장이 강할수록 전자들은 힘을 더 많이 받게 되고 따라서 위아래 금속판의 전위차도 더욱 커진다. 최근 강한 자기장을 걸어주면 전자의 양자적인 특성에 의해 생기는 양자 홀 효과가 발견되어 노벨상을 수상하기도 했다.

- 맴돌이 전류는 도체판이 자기장 속을 지날 때, 렌츠의 법칙에 따라 도체를 지나는 자기 다발의 변화에 반대하기 위해 유도된 원형의 전류를 말한다.

- 발전기는 영구 자석을 사용하여 일정한 자기장을 만들고 자기장에 수직인 축을 중심으로 도선 고리(회전자)를 빠르게 회전시켜 전기를 얻는다. 회전자가 회전을 하면 회전자를 통과하는 자기 다발의 시간적 변화에 비례하여 유도 기전력이 생겨 회전자에 유도 전류가 흐른다

- 철심의 양쪽에 감은 1차 코일과 2차 코일의 전자기 유도 현상을 이용하여 교류 전압을 올리거나 낮추는 기구를 변압기라고 한다.

- 맥스웰은 전기와 자기의 대칭성에 근거하여 전기와 자기에 대한 통합 이론인 전자기학을 완성하였다.

- 맥스웰은 전자기 통합 이론으로부터 전자기파가 존재할 수 있음을 최초로 깨달았고 전자기파가 빛의 속도로 이동하는 것을 발견하고 빛이 전자기파라고 주장하였다. 1887년 헤르츠가 최초로 전자기파를 발생시켜 전자기파의 존재를 실험적으로 증명하였다.

- 전기장과 자기장이 서로 수직하게 주기적으로 진동하며 진행하는 전자기파는 진동수에 따라 여러 이름(라디오파, 마이크로파, 적외선, 가시광선, 자외선, X선, 감마선 등)으로 분립다.

- 아인슈타인의 특수 상대성 이론에 의하면 전기와 자기는 본질적으로 다른 것이 아니라 단지 관찰자의 운동에 따라 다르게 나타나는 상대적 현상이다.

앗, 정전이다!

깜깜해서 책을 볼 수도 없고, 재미있는 텔레비전 드라마도 볼 수가 없다. 그것뿐이 아니다.

냉장고도 작동을 멈췄으니 안에 있던 음식들이 상할지도 모른다.

전기밥솥으로 밥을 할 수도 없고 인터넷도 할 수 없다.

이제 전기가 없으면 우리는 일상생활조차 제대로 할 수 없게 된 것이다.

이렇게 중요한 전기는 어떻게 우리 생활의 구석구석까지 들어오게 된 것일까?

이제 그 발자국을 따라가 보자.

전자기, 생활로 들어오다

세상을 움직인다

전기 에너지

속 보이는 과학 제 1권 '힘과 운동 뛰어넘기' 에서 우리는 이미 에너지에 대해 많은 것을 배웠다. 에너지는 일을 할 수 있는 능력을 나타내는 물리량이라는 것, 그리고 에너지에는 운동 에너지, 위치 에너지 이외에 화학 에너지, 전기 에너지, 빛 에너지 등 여러 형태의 에너지가 있으며, 에너지는 서로 다른 형태의 에너지로 전환될 수 있는 것도 배웠다. 따라서 1권을 읽은 학생이라면 물레방아가 돌아가는 것을 보면서 물이 가진 위치 에너지가 물레방아를 회전시키는 일로 변한 것이라고 생각할 줄 알아야 한다.

여기서 배울 전기 에너지 역시 에너지의 한 종류이므로 앞서 살펴본 에너지의 특징을 그대로 가지고 있다. 즉 전기 에너지를 이용해 일을 할 수 있으며 다른 형태의 에너지를 전기 에너지로 전환하거나 또는 전기 에너지를 다른 형태의 에너지로 전환할 수 있다.

1) 전기 에너지란 무엇인가?

전기 에너지가 무엇인지 설명하기는 쉽지 않지만 전기 에너지가 없으면 세상이 어떨까 상상하기 쉽다. 갑자기 전 세계에서 전기 에너지가 사라진다면 밤에 암흑세계가 될 것이다. 또 TV도 볼 수 없고 인터넷이나 게임도 할 수 없으며 전화도 할 수 없어 너무 불편하게 된다. 또 전기를 사용하는 공장이 멈추게 되어 상품 생산이 줄고 가격이 올라갈 것이다. TV, 컴퓨터, 휴대 전화, 공장의 기계들이 모두 전기 에너지를 소비하여 작동하기 때문이며, 이를 일상적으로 이들 기계가 '전기를 사용한다' 고 말한다. 보다 정확한 물리적 표현은 'TV, 컴퓨터, 휴대 전화, 공장의 기계들이 **전기 에너지를 사용하여 일을 하거나 다른 에너지로 바꾸는 역할을 한다**' 가 될 것이다.

▲ 공장의 기계들은 전기 에너지를 소비하여 작동한다.

그럼 전기 에너지는 무엇인가? 전기 에너지는 전기 기구에 전위차(즉 전압)와 전류를 제공하여 전기 기구가 제 기능을 할 수 있도록 하는 능력과 관련된 에너지를 말한다. 전기 에너지를 휴대 전화에 공급하면 휴대 전화에 전위차가 생겨 전류가 흐르게 되어 휴대 전화에 불이 들어오고 통화가 가능해진다. 또 전기 에너지를 TV에 공급하면 역시 TV에 전위차가 생겨 전류가 흐르며 화면이 나타나게 된다. 이들 전기 기구에 전기 에너지를 공급하지 않으면 전류가 흐르지 않게 되어 제 구실, 즉 일을 하지 않는다.

2) 전기 에너지는 어디서 오는가?

전기 기구가 작동되려면 전기 에너지를 공급해 전기 기구에 전류가 흘러야 한다. 그럼 전기 에너지는 어디서 오고 어떻게 만들어질까? 우리는 앞에서 운동 에너지는 물체의 운동에 의해 생기고, 중력 위치 에너지는 지면으로부터 물체의 높이에 의해 결정된다는 것을 배웠다. 전기 에너지는 전원으로부터 나오며 몇 가지 다른 방법을 통해 만들어지고 공급된다.

우선 많은 전기 기구의 경우 전기 에너지를 얻기 위해 전기 기구의 전원 코드를 벽에 있는 220V 교류 전원의 콘센트(전기 기기의 플러그 꽂이)에 연결한다. 그러고 나서 기구의 스위치를 켜면 전기 기구가 작동한다. 즉 콘센트 플러그를 통해 전기 에너지가 전기 기구에 공급된다는 것을 알 수 있다. 가정용 교류 전원에 전기 기구를 연결하면 전원 코드 양단에 220V의 교류 전위차가 생기고 이에 의해 기구에 적절한 크기의 전류가 흐르게 된다. 흐르는 전류의 양은 기구의 특성에 따라 결정되므로 기구마다 다르다. 냉장고에는 큰 전류가 흐르고 TV에는 그보다 작은 전류가, 라디오나 게임기 등에는 더 작은 전류가 흐른다.

이제 벽의 콘센트에서 전기 에너지가 나오는 것을 알았는데 그럼 콘센트 뒤에 전기 에너지를 담아 두는 통이라도 있는 것일까? 하지만 아무리 벽을 파 봐도 전기 에너지 통을 찾을 수는 없을 것이다. 우리가 사용하는 전기 에너지는 수력·화력·원자력·풍력·조력 등의 발전소에서 얻는다. 발전소에서는 발전기를 돌려 전기 에너지를 얻는다. 수력 발전의 경우 물을 발선기 터빈 날개에 떨어뜨려 발전기를 강제로 돌리면 전자기 유도에 의해 전기 에너지가 얻어진다. 물리적으로 표현하자면 발전기를 사용해 물의 위치 에너지를 전기 에너지로 전환하는 일이 발전소에서 일어난다. 화력이나 원자력 발전소에서는 화력이

나 원자력으로 물을 고압의 증기로 만든 후 증기 압력으로 발전기를 돌려 전기 에너지를 얻는다. 그럼 발전소에서는 도선을 통해 가정에 전기 에너지를 공급하게 된다.

또 다른 전기 에너지의 공급원으로 다양한 종류의 전지를 들 수 있다. 거의 대부분의 휴대용 전기 기구들은 전지를 사용한다. 전지를 전기 기구에 넣고 스위치를 켜면 전지로부터 전기 에너지가 공급되어 전기 기구에 전류가 흘러 작동을 하게 된다. 전지는 220V 교류 전원과 달리 직류 전원이다. 즉 전지에서 에너지가 공급되어 전기 기구의 회로에 흐르는 전류의 방향이 일정한 것이다.

그럼 전지는 어디서 전기 에너지를 얻는가? 전지는 전지 안에서 화학 반응을 일으켜 **화학 에너지를 전기 에너지로** 바꾼다. 다시 말해 전지는 화학 에너지를 전기 에너지로 전환시키는 역할을 한다. 전지의 종류마다 일어나는 화학 반응이 다르기 때문에 공급하는 전위차(보통 전압이라고 부른다) 역시 다르다. 예를 들어 가장 흔히 사용하는 전지의 일종인 **망간 건전지**의 경우 1.5V의 전위차를 제공한다. 반면 시계나 계산기에 사용하는 수은 전지는 1.35V의 전압을 공급한다. 전기 기구마다 필요로 하는 전위차와 전류가 다르기 때문에 전지를 잘 골라 사용해야 한다. 적절한 전지를 사용하지 않을 경우 전기 기구가 망가질 수 있으므로 조심해야 한다. 최근 전기 자동차의 동력으로 많이 이야기되는 **연료 전지** 역시 수소와 산소가 가지고 있는 화학 에너지를 전기 화학 반응을 통해 전기 에너지로 전환하는 전지의 한 종류로 효율이 높고 공해 물질이 발생하지 않아 각광을 받고 있다.

마지막으로 교류 전기를 직류 전기로 바꿔주는 **직류 전원기**도 전기 에너지의 공급원이다. 간단하게 건전지를 넣어 작동시키는 전기 기구들도 많지만, 건전지를 사용하면 돈이 많이 들기 때문에 휴대용 전기 기구에 건전지 대신 직류 전원기를 사용하기도 한다. 직류 전원기는 교류 전원에 코드를 연결해 사용하기 때문에 결국 교류 전원처럼 발전소에 공급한 전기 에너지를 사용한다.

3) 전기 에너지를 주면 왜 전기 기구에 전류가 흐를까?

전기 에너지를 공급하는 전원에 전기 기구를 연결하면 전위차가 생긴다고 했다. 교류 전원이나 직류 전원 모두 2개의 전극을 가지며 두 전극 사이의 전위차, 즉 전압이 생긴다. 앞에서 전하의 크기에 전위를 곱하면 그 전하가 가지는

▲ 항상 일정한 직류 전압을 공급해 주는 직류 안정화 전원 장치.

전기적 위치 에너지가 된다고 배웠던 사실을 기억할 것이다. 또한 전류는 전자의 흐름이라는 것도 기억할 것이다.

생각하는 것을 쉽게 하기 위해 이제 직류 전원인 1.5V 건전지를 전기 기구에 연결했다고 가정하자. 그럼 전지의 음극에 가까운 전자는 전지의 양극에 가까이 있는 전자보다 전기적 위치 에너지가 큰 것을 이해할 수 있어야 한다.

$$음극쪽 \ 전자의 \ 전기적 \ 위치 \ 에너지 = -e \times 0V = 0J$$
$$양극쪽 \ 전자의 \ 전기적 \ 위치 \ 에너지 = -e \times 1.5V = -1.5eJ$$

따라서 음극 쪽 전자는 양극 쪽 전자에 비해 전기적 위치 에너지가 1.5eJ만큼 크다. 여기서 e는 전자의 전하의 절대값으로, 1.602×10^{-19}C이고 J는 에너지의 국제 단위인 줄이다.

모든 물리 현상은 대응되는 위치 에너지를 줄이려는 방향으로 진행된다는 것이 자연의 중요한 원리 중 하나라는 것을 이미 배웠다. 높은 곳에 있는 돌이 아래로 굴러 내려오는 것은 돌의 중력 위치 에너지를 줄이기 위함이고 늘어난 스프링이 다시 줄어드는 것은 스프링이 탄성 위치 에너지를 줄이기 위함이다. 같은 원리가 위의 전자에도 적용된다. 음극 쪽 전자의 전기적 위치 에너지가 크기 때문에 위치 에너지를 줄이기 위해 양극 쪽으로 이동하게 되어 전류가 흐르게 된다.

지금까지 이야기한 것을 정리하면 전기 에너지는 전위차를 주고 전위차는 전자(또는 전하)에 전기적 위치 에너지를 주게 되어 **높은 전기적 위치 에너지를 가진 전하가 전기적 위치 에너지가 낮은 곳으로 이동하게 되어 전류가 흐르게 된다.**

4) 전기 에너지의 저장

남는 에너지를 저장했다가 필요할 때마다 일 또는 다른 유용한 에너지로 전환할 수 있다면 매우 편리할 것이다. 발전소의 경우 전기 에너지의 수요가 여름에는 많고 겨울에는 작다. 하지만 그렇다고 해서 겨울에 발전소를 멈출 수는 없다. 이때 남아도는 전기 에너지를 저장해 전기 수요가 많을 때 사용할 수 있다면 얼마나 좋을까? 과연 남는 전기 에너지를 저장하는 일이 가능한지 알아보자.

가장 흔히 사용되는 전기 에너지의 저장 방법은 **축전지** 또는 **2차 전지**를 이용하는 것이다. 축전지는 전기 에너지를 **화학 에너지의 형태**로 전환해 에너지를 저장하는 장치이다. 자동차 안에 들어 있는 배터리가 바로 축전지이다. 가장 오래 되고 흔한 축전지가 바로 납축전지이다. 자동차의 납축전지는 자동차 직류 발전기에서 생산된 전기 에너지를 저장하였다가 자동차의 시동을 걸거나 점화 불꽃을 만드는데 사용한다. 납축전지에 전기 에너지가 공급되면 화학 반응이 축전지가 전기 에너지를 공급할 때와 반대로 일어나 전기 에너지를 저장하게 된다. 납축전지는 전극에 여러 장의 납판을 사용하므로 무겁고, 부피에 비해 저장할 수 있는 전기 에너지의 양이 작다는 단점을 가지고 있다. 따라서 발전소에서 남은 전기 에너지를 모두 담아두려면 상상을 초월하는 무게와 크기를 가진 납축전지가 필요해 실용 가능성이 희박하다.

최근 휴대용 전기 기구에 많이 사용하는 충전용 니켈 카드뮴 (Ni-Cd), 니켈 수소(Ni-MH), 리튬(Li) 이온 전지 역시 축전지에 해당한다. 납축전기에 비해 가볍고 저장할 수 있는 전기 에너지의 양이 부피에 비해 크지만 이 역시 남아도는 발전소의 전기 에너지를 보관하기에는 부족하다.

전기 에너지를 저장할 수 있는 또 다른 방법을 살펴보자. 다른 형태의 에너지로 전환하지 않고 직접 저장할 수 있는 방법으로, 축전기(축전지와 축전기를 혼동하지 말것)를 이용하는 것이다. 축전기는 두 장의 평행 금속판을 마주한 전기 소자라는 것을 기억하라. 축전기의 두 금속판에 전지의 (+)극과 (−)극을 각각 연결하면 (+)극에 연결한 판에는 양전하가, (−)극에 연결한 판에는 음전하가 쌓인다. 물리학적인 표현으로는 축전기가 충전된다고 말한다. 충전은 두 금속판 사이의 전위차가 전지의 전압과 같아질 때까지 계속된다.

축전기의 충전은 공짜로 일어나지 않는다. 전지는 전하를 금속판에 공급하기 위해 자신이 가진 전기 에너지를 소비하여 일을 해주게 된다. 즉 이미 양전하(음전하)가 있는 금속판에 양전하(음전하)를 가져갈 경우 밀치는 전기력을 받아 금속판에 다가갈 수 없다. 따라서 양전하(음전하)에 일을 가해 강제로 전하를 금속판까지 이동시켜야 한다. 축전기가 완전히 충전될 때까지 전지가 소비한 전기 에너지가 결국 축전기에 충전된 전하가 가진 전기 에너지로 전환되게 된다. 충전된 축전기를 전기 기구에 연결하면 전위차와 전류를 제공할 수 있어 전기 에너지를 공급하게 된다. 그러나 축전지나 전지가 화학 에너지를 이용해 비교적 오랜 시간 동안 전기 기구에 전기 에너지를 공급할 수 있는 반면 전기 기구에 연결한 축전기는 축적된 전하를 빠르게 모두 소비하므로 전류, 즉 전기 에너지를 오랜 시간 제공할 수 없다는 단점을 가진다.

축전기 전하의 전기 에너지는 다른 말로 **전기장 에너지**라고도 부른다. 전하가 축전기에 쌓이면서 금속판 내부 공간, 즉 축전기 내부에 처음에 없었던 전기장이 생겨나고 전하가 커질수록 전기장도 비례해 커진다. 따라서 전지가 공급한 전기 에너지가 축전기 내부의 전기장을 만드는 데 사용되었다고 볼 수 있어, 축전기의 에너지를 전기장 에너지로 부를 수 있다.

전기 에너지를 전기장 에너지로 생각하는 것이 편리할 때가 종종 있다. 예를 들어 전기 에너지를 공급하는 대상이 확실하지 않을 때 유용하다. 우리가 생활하는 공간, 예를 들어 교실, 운동장, 집 등에 전기장이 있다. 공기처럼 눈에 보이지 않을 뿐이지 분명 전기장이 존재한다. 공기가 없으면 숨을 쉴 수 없듯이 전기장이 없다면 TV, 라디오, 휴대 전화 등을 사용할 수 없다. 이들 전기 기구들은 전파(즉 전자기파)의 전기장을 사용한다. 더욱이 빛 역시 전자기파이므로 공간에 빛이 있다면 빛의 전기장 역시 존재한다. 전파의 전기장이나 빛의 전기장을 만들려면 누군가 전기 에너지를 소비했어야 한다. 세상에 공짜는 없기 때문이다. 전파의 전기장은 안테나로부터 나온 것임을 짐작할 수 있을 것이다. 그리고 안테나에서 전파를 발사하려면 안테나 기지국에서 전파 송신기를 전기에 연결해야 한다. 빛은 태양이 에너지를 공급한 것이다. 따라서 전파의 전기장 에너지를 계산해보면 안테나 기지국에서 소비한 전기 에너지를 대충 짐작할 수 있다. 같은 방식으로 태양에서 나온 에너지를 빛의 전기장 에너지를 가지고 유추해 볼 수 있다.

축전기에 저장된 전기 에너지를 이용하는 장치로 사진기의 플래시를 들 수 있다. 플래시 내부를 보면 축전기를 볼 수 있다. 플래시를 켜면 건전지에 의해 충전이 일어난다. 카메라의 셔터 버튼을 누르면 플래시 축전기에 저장된 전기 에너지가 순간적으로 강한 빛으로 변화한다.

축전기를 이용한 가장 극적인 응용은 번개칠 때 지상으로 내려오는 엄청난 양의 전하를 축전기에 저장하려는 계획이다. 번개 하나의 전하만 축전기에 저장해도 우리나라가 몇 달 동안 사용하는 전기 에너지를 충당할 수 있다는 계산이 나온다. 매우 매력적인 계획이지만 이런 축전기를 만들려면 금속판의 크기가 수 km가 넘어야 한다는 것이 최대 약점이다.

177

전기 안전

전기 또는 전기 에너지는 우리 생활에 많은 편리함을 주고 있지만 동시에 많은 위험성을 안고 있다. 누구나 상식적으로 전기의 위험성과 안전한 사용법을 알아 둘 필요가 있다.

1) 과열

전기로 인한 화재의 대부분은 전기 기구의 과열에 의한 것이다. 과열은 여러 가지 이유로 일어날 수 있다.

우선 전선이 합선되거나 끊어지면(단락) 과열이 발생할 수 있다. 전선에 무거운 물체를 올려놓아 전선의 절연 피복이 벗겨지며 두 가닥의 전선이 합선을 일으키면 전기 저항이 갑자기 줄어들어 큰 전류가 흐르게 되어 많은 열이 발생하여 위험해진다. 심하면 합선이 되면서 열 때문에 도선이 녹고 불꽃이 튀기도 한다. 또 도선이 끊어지는 부분에 전기 저항이 갑자기 증가하면서 많은 열이 발생하여 위험해진다. 특히 전기 기구의 전원 플러그를 뽑을 때 플러그 몸체를 잡지 않고 전선만 잡아당기면 단락이 되면서 과열될 수 있으니 조심해야 한다. 전선이 오래 될 경우에도 전선 피복이 상하기 쉬우므로 정기적으로 확인해 낡은 전선은 새 전선으로 교체해 주는 것이 좋다.

다음으로 과부하에 의한 과열을 들 수 있다. 전기 기술자들은 전원이 연결된 전기 기구에 전력을 공급하는 것을 전원에 부하가 걸린다고 한다. 앞서 전압 V의 전원이 전기 기구에 전류 I를 흘리기 위해 VI의 전력(매초 공급하는 전기 에너지)을 공급한다. 전원이라고 해서 무한정 큰 전력을 공급할 수 없다. 다시 말해 전원의 전압이 일정하다면 무한정 큰 전류를 공급할 수는 없다. 따라서 각 전원은 자신이 공급할 수 있는 최대 전력, 또는 최대 전류가 있다. 전원이 공급할 수 있는 최대 전력을 초과해 전력을 공급하려 하면 전원에 큰 전류가 흘러 전원이 과열되어 전원이 타 버릴 수 있다. 예를 들어 오래 된 전기 기구 때문에 220V 교류 전원을 110V 교류 전원으로 바꿔주는 변압기(보통 트랜스라고 부름)를 사용하는 가정이 있다. 이 변압기의 제품 규격표를 보면 최대 전력이 적혀 있다. 보통 1kW 또는 2kW짜리가 많다. 110V-1kW 변압기의 경우 최대 $I = 1000W/110V = 9.1A$ 이상의 전류를 흘릴 수 없다. 이보다 큰 전류를 필요로 하는 전기 기구를 이 변압기에 연결하면 변압기에 과부하가 걸려 변압기가 과열되면서 화재가 날 수 있으니 조심해야 한다.

또 전력이 많이 공급되는 가정용 교류 전원의 경우에도 에어컨, 전기 다리미, 전자 레인지, 전열기 등을 동시에 사용할 경우 전원이 큰 전류를 공급해야 한다. 더욱이 이런 전기 기구들을 한 개의 콘센트에 연결해 사용하게 되면 배선에 사용된 전선의 허용치를 초과한 과전류가 흘러 전선이 과열되어 위험하다. 이를 막기 위해서는 전기 기구를 여러 콘센트에 분산해서 사용해야 할 뿐 아니라 가정용 전선의 최대 전류가 무엇인지 평소에 알아 두고 그 이상을 넘지 않도록 한꺼번에 여러 전기 기구를 사용하지 않아야 한다.

불량 전기 기구를 사용해도 과열이 될 수가 있다. 제품 규격표에 있는 대로 사용했는데도 내부 부품이 불량하다면 필요 이상의 열이 발생하기도 한다. 따라서 가능한 한 신용도가 있는 제조 회사의 전기 기구를 사용하는 것이 안전하다.

2) 누전

원래 전기 기구는 외부와 절연되어 있으므로 외부로 전류가 흐르지 않아야 한다. 그런데 전기 기구가 낡거나 기구 내부의 전선 등의 절연이 불량하여 기구 표면과 닿아 있어서 외부와 전기적으로 연결될 수가 있다. 이러한 전기 기구를 사용하면 외부로 전류가 흐르거나 손이 전기 기구에 닿을 때 전류가 통한다. 외부 물체로 이런 현상이 일어날 때를 누전, 몸에 일어날 때를 감전이라고 부른다. 누전이 일어나면 외부 물체에 열이 발생해 화재가 생길 수 있다. 또 사람 몸의 신경은 전기에 의해 정보를 전달하는데, 감전으로 몸에 전류가 흐르면 정보 전달에 문제가 생겨 심할 경우 생명을 잃을 수 있다. 앞에서 몸에 5mA만 흘러도 통증을 느끼고 100mA의 작은 전류가 흘러도 생명을 잃을 수 있다고 했던 것을 기억할 것이다.

3) 정전기

정전기는 물체의 마찰에 의해 자연에서 저절로 발생하는 경우가 흔하다. 특히 겨울철 같이 건조할 때 두 물체 사이에 충분히 많은 정전기 전하가 쌓이면 미니 번개인 정전기 불꽃이 발생한다. 이 불꽃이 인화성 물질에 닿으면 화재로 이어지게 되어 위험하다.

4) 전기 위험에 대한 대비

누전이나 과열의 위험성을 피하는 몇 가지 좋은 방법이 있다. 우선 과전류 차단기를 설치하는 것이다. 누전이나 과열의 위험을 피하기 위해서는 필요 이상의 전류가 흐르는 것을 막아주면 된다. 과전류 차단기는 말 그대로 설정한 전류 이상이 전선에 흐르게 되면 자동으로 전선을 끊어주는 일종의 스위치이다.

다음으로 퓨즈를 사용하는 것이다. 퓨즈는 크기가 작고 가격도 싸기 때문에 각 전기 기구에 사용되고 있다. 퓨즈는 허용 전류 이상의 과전류가 기구나 전선에 흐르면 열에 의해 끊어지도록 되어 있는 특수 물질로 만든 전선이다. 간단한 퓨즈의 사용 예를 자동차의 전조등에서 찾을 수 있다. 자동차의 전조등에 사용하는 전구는 12V-48W 짜리인데, 두 전구에 같은 전압이 걸려야 하기 때문에 병렬 연결되어 있다. 이 때 갑자기 전조등 전원에 이상이 생겨 높은 전압이 걸리면, 자동으로 퓨즈가 끊어져 전구를 보호한다. 두 전구의 총 소비 전력은 48W+48W = 96W가 되고, 이것을 12V 전압으로 나누면 전구에 흐르는 전류는 8A가 되므로, 허용 전류가 8A인 퓨즈를 사용하면 된다. 이제 퓨즈를 사용해야 할 곳에 전선을 사용해 연결하면 왜 위험한지 이해가 될 것이다.

누전이나 감전의 위험을 막는 또 다른 방법은 접지를 사용하는 것이다. 접지는 전기 기구의 표면을 지면과 연결하는 것을 뜻한다. 전기 세탁기 같이 전력을 많이 소비하고 물이 관계되는 기구는 반드시 접지를 해야 한다. 세탁기를 보면 접지선이 나와 있는데 이 접지선을 수도관에 연결하면 된다. 혹시라도 접지를 하지 않은 세탁기의 내부 전선이 표면과 닿아있을 경우 모르고 손을 세탁기에 대면 몸에 전류가 흘러, 즉 감전되어 전기 충격을 받는다. 그러나 세탁기가 접지가 되어 있다면 전류가 사람의 몸으로 흐르는 게 아니라 접지선을 통해 땅으로 흐르기 때문에 안전하다. 세탁기뿐만 아니라 모든 전기 기구는 접지하는 것이 안전하다. 다만 접지선이 나와 있지 않은 전기 기구를 접지시키려면 번거로워 잘 하지 않고 있을 뿐이다.

에너지를 들고 다닌다고?

전지

1) 볼타 전지

볼타 전지는 두 개의 금속 전극(양극과 음극)과 전도성 매질을 이용하여 화학 에너지를 전기 에너지로 전환시켜 주는 장치로, 전지 중 가장 잘 알려져 있으며 일정한 전위차를 제공한다. 최초의 볼타 전지는 이탈리아 물리학자 볼타(1745~1827)에 의해 1800년에 발명되었다. 그가 발명한 볼타 전지에는 구리와 아연을 전극으로, 바닷물 또는 산에 적신 골판지를 전도성 매질로 사용하였다.

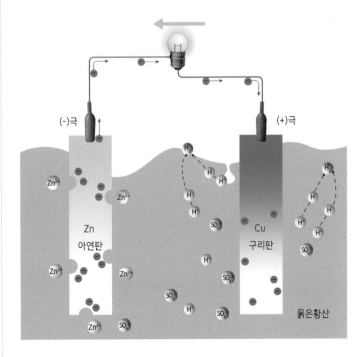

Zn(아연)
Zn²⁺(아연 이온)
Cu(구리)
SO₄²⁻(황산 이온)
e⁻(전자)

◀ 볼타 전지의 원리

볼타 전지에 있는 금속을 전극이라고 부르며, 전자를 강하게 끌어당기는 전극을 양극이라고 부르고, 전자를 덜 끌어당기는 전극을 음극이라고 부른다. 양극은 도선을 통해 전자를 음극으로부터 끌어당긴다. 양극에 쌓인 전자들이 전도성 매질 속에 있는 양이온을 끌어당겨 양극에 전기적으로 중성인 막을 형성한다. 반면 도선을 통해 양극에 전자를 빼앗긴 음극은 매질 속에서 양전하를 띤다. 음극은 매질 속에 있는 음이온으로부터 전자를 끌어당긴다. 이런 과정은 전도성 매질 속에 포함되어 있던 양이온과 음이온이 남아있는 동안 계속된다. 이 과정이 멈추면 전지의 수명이 다 되어 사용할 수 없다. 발전기가 발명되기 이전까지 전기 에너지, 즉 전류를 공급하는 유일한 공급원은 볼타 전지였으며 현대에서도 망간 전지, 알칼리 전지, 수은 전지, 리튬 이온 전지 등 개량된 형태의 볼타 전지가 여전히 전기 기구에 공급하는 전기 에너지의 많은 부분을 담당하고 있다.

▼ 볼타 전지에 의해 빨간 LED에 불이 들어오는 모습.

|직|접|해|보|자|

내 손으로 만드는 볼타 전지

준비물: 구리판 2장(2×10cm), 같은 크기 아연판 2장, 필름통 2개, 고휘도 LED, 집게 3개, 이온음료나 소금물 또는 과일즙

1. 필름통 뚜껑에 칼집을 내어 구리판과 아연판을 꽂는다.(이런 모양 두 개를 만든다)
2. 통속에 이온음료를 넣고 뚜껑을 덮어 구리판 아연판이 충분히 잠기게 한 후, 집게를 이용하여 서로 다른 통의 구리판과 아연판을 연결한다.

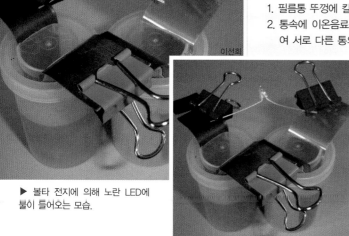

이선희

3. 양끝에 팔 벌린 구리와 아연에 LED를 집게로 연결한다. 이 때 LED의 (–)쪽을 아연판과 (+)쪽을 구리판과 연결한다. 반대로 하면 불이 들어오지 않는다.

LED를 사용하는 이유는 작은 전류에도 작동하기 때문이며, 2.2V이상의 전압이 걸려야 하므로 필름통 하나로는 이 전압을 얻을 수 없어 두 개를 직렬로 연결하는 것이다.

※구리판과 아연판을 구하기 힘들다면 구리판 대신 은수저를 사용하고 아연판 대신 알루미늄 포일을 사용해도 같은 결과를 얻을 수 있다.

▶ 볼타 전지에 의해 노란 LED에 불이 들어오는 모습.

이선희

최근에는 전지를 **1차 전지와 2차 전지**로 나눈다. 1차 전지의 경우 전기 에너지를 일으키는 화학 반응이 비가역적이어서 충전이 불가능한 반면, 2차 전지(축전지라고도 부름)는 화학 반응이 가역적이어서 재충전이 가능하다.

볼타 전지와는 다른 원리에 의해 전기 에너지를 발생하는 전지로 태양 전지가 있다. 태양 전지는 태양빛이 가진 빛에너지를 전기 에너지로 바꿔 준다.

2) 전지의 기전력

전지가 두 전극 사이에 만들어 낼 수 있는 최대 전위차를 **기전력**이라고 한다. 기전력은 원래 잘못 붙여진 이름이다. 전지를 전기 회로에 연결하면 전류가 흐른다고 생각하여 전지의 미는 힘을 표시한다고 해서 기전력이란 단어를 사용했다. 그러나 기전력은 전위의 차원을 가지며 따라서 기전력의 단위 역시 전위의 단위인 볼트(V)가 된다.

우리가 건전지를 사면 표면에 전압이 표시되어 있는 것을 볼 수 있다. 망간 전지나 알칼리 전지의 경우 1.5V이다. 이 표시 전압은 기전력과는 다르다. 전지를 전기 기구나 회로에 연결했을 때 전지의 내부 성질에 의해 전위차가 기전력보다 약간 감소하기 때문에, 전지의 기전력은 표시된 전압보다 약간 더 높다. 표시 전압은 이를 고려한 값이다.

3) 전지의 연결

전지의 연결에는 직렬과 병렬, 그리고 직렬과 병렬을 혼합한 3가지 방법이 있다. 전지를 직렬로 연결하면 전압이 커져 더 많은 전류를 흐르게 할 수 있고, 병렬로 연결하면 전압은 그대로지만 더 오래 쓸 수 있다.

이와 같은 이유는 전지를 물통에 비유하여 쉽게 이해할 수 있다. 전지는 전하의 전기적 위치 에너지를 증가시키는 역할을 한다는 것을 배웠다. 전지의 양극에 있는 양전하의 전기적 위치 에너지는 전지의 음극에 있는 양전하의 전기적 위치 에너지보다 크다. 3개의 동일한 전지를 직렬 연결하면 양전하가 각 전지의 양극을 커질 때마다 양전하의 전기적 위치 에너지가 증가하여 흡사 물통 세 개를 차례로 위에 쌓아올린 것과 같이 가장 높은 물통에 담긴 물의 중력 위치 에너지는 낮은 위치에 있는 물통의 물이 가진 중력 위치 에너지보다 커진다. 따

전지 개발의 역사

갈바니와 개구리 다리

화학 에너지를 전기 에너지로 바꿀 수 있다는 것을 처음으로 발견한 사람은 이탈리아 과학자 갈바니였다. 갈바니는 개구리를 금속판 위에 놓고 해부 실험을 하던 중 수술용 금속 메스로 개구리 다리의 신경을 건드리자 개구리의 다리 근육이 오그라드는 것을 보았다. 갈바니는 다른 금속으로도 신경을 건드려 보았고 특정한 금속을 사용했을 때 근육이 더 강하게 수축되는 것을 발견하였다. 갈바니는 근육 수축이 전류 때문에 일어나고 근육 조직이 전류를 만드는 원천이라고 생각했다.

▲ 개구리 다리가 움직이는 것을 보고 화학 에너지가 전기 에너지로 변한다는 것을 알아 낸 이탈리아의 과학자 갈바니(1737~1798).

볼타 전지

갈바니의 발견 소식을 듣게 된 볼타는 갈바니의 생각이 잘못된 것이라고 생각했다. 볼타는 전류를 통하는 매질(개구리 몸에 있는 액체) 안에서 서로 다른 두 금속(금속판과 금속 메스)이 접촉하여 전류가 생긴다고 확신했기 때문이다. 그는 두 금속이 가진 화학적 성질이 달라 전자와 양이온이 전도성 매질을 통해 이동하므로 전류가 흐른다고 생각했다. 그리고 볼타는 금속인 구리와 아연 조각을 바닷물에 적신 골판지로 분리시킨 최초의 전지를 발명했다.

망간 전지

1877년에 프랑스의 과학자 르클랑셰가 볼타 전지의 불편함을 개선한 망간 전지를 발명하였다. 망간 전지는 음극으로 아연, 양극으로 탄소봉을 사용하며 전해액으로 염화암모늄과 염화아연의 혼합물을 사용하였다. 현재 가장 많이 사용되고 있는 건전지가 바로 이것으로, 1.5V의 전압을 얻을 수 있다. 또 망간 전지와 전압은 같지만 수명이 길고 건전지 내부의 액이 잘 새지 않는 알칼리 전지도 개발되어 많이 사용되고 있다. 소형의 전자계산기, 디지털 손목시계 등에는 흔히 수은 전지가 사용된다. 수은 전지는 알칼리 전지나 망간 전지와는 달리 1.35V의 전압이 나온다.

여러 가지 2차 전지

휴대용 전기 기구들이 많이 등장하면서 재충전이 가능한 2차 전지가 중요하게 되었다. 슈퍼마켓에서 흔히 구입할 수 있는 비교적 저렴한 가격의 충전용 전지는 니켈 카드뮴 전지다. 또 부피에 비해 더 많은 전기 에너지를 낼 수 있는 고에너지 밀도를 가진 충전용 전지가 필요해지면서 리튬을 이용한 여러 가지 전지가 개발되었다. 이런 리튬 전지는 3V 이상의 기전력을 가지며, 에너지 밀도가 망간 전지의 5~10배나 된다. 전자 시계, 디지털 카메라, 바다의 부표 등에 널리 사용되고 있다.

이외에 전기 기구가 다양해지고 에너지 밀도, 기전력, 크기 등의 요구 사항이 복잡해지면서 다양한 종류의 전지가 계속 개발되고 있다. 그러나 누구나 전지가 너무 빨리 소비되는 불편함을 느낀 적이 있을 것이다. 이런 불편함을 제거한 수명이 길고 에너지 밀도가 높은 전지를 개발한다면 누구나 부자가 될 수 있다.

건전지, 이제 알고 사자!

아무 생각 없이 건전지를 사러 갔다가 당황한 경험이 있을 것이다. 1.5V 건전지라고 크기가 아주 작은 것부터 아주 큰 것까지 매우 다양하다. 크기뿐만 아니라 1.5V 전압은 같지만 망간 건전지(보통 건전지)니 오래 쓰는 알칼리 건전지니 하여 여러 종류가 있어 선택은 더욱 복잡해진다. 건전지를 선택할 때의 대표적인 궁금증을 정리해 보자.

[궁금증 1] 망간 건전지(1.5V 전압) 표면에는 크기 AAA, AA, A, B, C, D 등의 표시가 있다. 크기 AAA 건전지를 사용해야 할 전기 기구에 크기가 더 큰 C 건전지를 사용해도 될까?

답부터 말하자면, 전압만 같다면 어떤 크기의 건전지를 사용해도 된다. 즉 알칼리 전지나 망간 전지나 전압이 1.5V이므로 크기에 관계없이 사용할 수 있다. 물론 AAA 크기의 건전지가 들어갈 전기 기구에 C 크기의 건전지를 넣을 수 없다. 그러나 건전지 양극과 음극에 도선을 연결한 후 이 도선들을 기구의 전지를 넣는 곳에 올바르게 연결해 사용하면 된다.
그럼 크기만 다른 동일한 종류의 건전지를 사용할 경우 차이가 무엇일까? 차이는 전류를 얼마나 오래 흘릴 수 있느냐에 있다. 크기가 클수록 오래 전류를 흘릴 수 있다. 왜일까? 전류는 전지 안의 전도성 매질의 화학 반응에 의해 생긴다는 것을 기억할 것이다. 전지의 크기가 클수록 매질의 양이 크기 때문에 그만큼 전류를 더 오래 흘릴 수 있음은 당연하다. 이런 이유로 크기가 큰 건전지의 가격이 크기가 작은 건전지의 가격보다 비싸다. 이제 상점에 가면 어떤 크기의 건전지를 사는 것이 가격 면에서 유리한지 따져보자.

[궁금증 2] 크기가 같을 경우, 즉 휴대용 전기 기구의 전지통에 맞는다고 다른 종류의 전지를 사용해도 될까?

될 수도 있고 안 될 수도 있다. 크기는 같지만 종류가 다른 전지를 사용할 경우 매우 주의해야 한다. 일반적으로 전기 기구는 전류에 매우 예민하다. 기구를 만들 때 정한 규격 이상의 전류가 흐르면 기구가 고장나기 쉽다. 가장 흔한 문제는 전기 기구가 과열되어 타 버리는 것이다. 앞에서 전기 기구는 하나의 저항체와 같은 구실을 한다고 했다. 또 저항체는 줄의 법칙에 의해 매초 (전류)²×전기 저항 크기의 열에너지를 발생한다. 그리고 저항체에는 '전지 전압/전기 저항' 크기의 전류가 흐른다. 따라서 전지의 전압이 커지면 전기 기구에 흐르는 전류가 커지고 전류가 커지면 열이 더 많이 발생한다. 이 때문에 전압이 같은 전지를 쓰는 것은 안전하지만 전압이 더 큰 전지를 사용하게 되면 위험하다.
전압이 낮은 전지를 쓰면 안전하지 않을까? 이 경우 기구에 흐르는 전류가 작아 기구가 제대로 작동하지 않을 가능성이 크다. 예를 들어 소형 모터에 전압이 낮은 전지를 사용하면 모터가 전혀 돌지 않거나 도는 속도가 규정 속도보다 느리다.

라서 물통을 차례로 여러 개 위로 쌓아올릴 경우 물이 더 세차게 쏟아져 나오는 것처럼 전지를 직렬 연결할 경우 전류가 그만큼 커지게 된다. 이에 반하여 병렬 연결은 옆으로 물통을 나란히 둔 것과 같아 물의 양이 많아졌지만 쏟아져 나오는 물의 빠르기는 물통 한 개가 있을 때와 같아 더 긴 시간 동안 물을 흘릴 수 있다. 이처럼 전지를 병렬로 연결하게 되면 전류의 크기는 전지 한 개를 연결할 때와 같지만 전류를 더 오래 동안 흘릴 수 있다. 직렬과 병렬을 혼합한 연결은 직렬 연결과 병렬 연결의 장점을 모두 가지므로, 즉 더 큰 전류를 오래 흘릴 수 있으므로 자주 사용된다.

Section three

전기 요금, 내게 달렸어!

전력

전기 기구나 전기 회로를 작동하려면 전원에서 전기 에너지가 공급되어야 한다. 전기 기구나 전기 회로는 공급 받은 전기 에너지를 다른 형태의 에너지로 전환하는 역할을 한다. 예를 들어 전등은 전기 에너지를 빛 에너지로 전환해 불이 들어오게 하고, 전열기는 전기 에너지를 열에너지로 바꿔 난방을 하며, 모터는 전기 에너지를 회전 운동 에너지로 전환해 일을 한다.

전위차 V를 가진 직류 전원을 전기 기구에 연결해 전류 I가 흐른다고 가정하자. 이 경우 얼마만큼의 전기 에너지가 전원으로부터 전기 기구에 전달이 되는지 알아보자. 전류는 주어진 시간(1초) 동안 이동한 전하량이기 때문에 전류 I(A)가 흐르려면 매초 I(C)의 전하가 전기 기구 또는 회로를 따라 이동해야 한다. 따라서 전원은 매초 음극으로 들어온 I(C)의 전하를 양극으로 이동시켜야 하므로 매초 I(C)의 전하가 전기적 위치 에너지 VI만큼 전기 에너지를 소비해야 한다. 결과적으로 전원은 매초 VI만큼의 전기 에너지를 전기 기구나 전기 회로에 공급하는 셈이다. 전원의 전위차(전압)에 전류를 곱한 물리량을 **전력**이라고 부르며 의미는 **전원이 전류를 공급하기 위해 매초 소비하는 전기 에너지**가 된다.

전원의 전력 P = 매초 전원이 공급(또는 소비)하는 전기 에너지
= 전원의 전위차 × 전원이 공급하는 전류 = VI

이 식을 무조건 공식으로 암기하려 하면 안 되고, 또 그럴 필요도 없다. 이 식은 전기적 위치 에너지 또는 전기 에너지라는 것의 의미를 알면 쉽게 유도할 수 있는 식이다. 이처럼 유도가 가능한 식마저 의미를 모르고 억지로 기억하려 하면 머리가 견뎌낼 수 없을 것이다. 좋은 머리란 많은 것을 기억하고 있는 머리가 아니라 지식을 체계적으로 정리해 기억하고 있는 머리다.

1) 전력의 단위

위의 설명으로부터 전력의 국제 단위는 에너지/시간, 즉 J/s임을 알 수 있는데 이것을 보통 **W(와트)**라고 부른다. W는 전력의 정의로부터 전위차(전압)의 국제 단위인 V와 전류의 국제 단위인 A의 곱이 되는 것을 알 수 있다.

$$1W = 1J/s = 1A \times 1V$$

속 보이는 과학 1권 '힘과 운동 뛰어넘기'에서 이미 W라는 단위를 만난 적이 있다. 이 때 W는 매초 한 일, 즉 일률의 단위로 사용되었다. 일과 에너지는 차원이 같기 때문에 매초 소비한 전기 에너지 역시 단위가 W가 되는 것을 기억해야 한다.

2) 일상생활 속의 전력

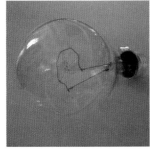

전력은 우리의 일상생활에 자주 등장하는 용어이다. 전구를 유심히 들여다보면 전구에 220V－30W, 220V－60W 등의 글씨가 적혀 있는 것을 볼 수 있다. 이것은 220V 교류 전원에 이 전구를 연결했을 때 30W 또는 60W의 전력을 소비한다는 것을 의미한다. 즉 이 전구를 켜면 매초 30J 또는 60J의 전기 에너지를 전원으로부터 공급 받는다는 것을 말한다. 따라서 220V－60W의 전구를 켜면 220V－30W 전구 2개가 소비하는 전기 에너지를 소비하므로 220V－30W 전구 1개를 켤 때보다 전기 요금이 더 나온다. 물론 220V－60W의 전구를 켜면 220V－30W 전구를 켤 때보다 훨씬 밝다는 것은 두 말 할 필요가 없다.

▲ 전구의 맨 윗부분을 자세히 보면 '220V-200W'라는 글씨를 볼 수 있다. 이것은 220V 교류 전원에 이 전구를 연결하면 200W의 전력을 소비한다는 것을 뜻한다.

220V－30W 전구를 켤 때 전구에 흐르는 전류는 전력의 정의로부터 쉽게 계산할 수 있다.

전구의 소비 전력 (W) = 전구에 걸리는 전압 (V) × 전구에 흐르는 전류 (A)

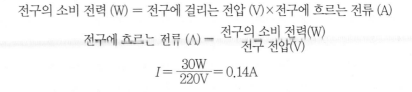

$$전구에 흐르는 전류 (A) = \frac{전구의 소비 전력(W)}{전구 전압(V)}$$

$$I = \frac{30W}{220V} = 0.14A$$

전기에 의해 작동하는 전기 기구에는 모두 소비 전력을 적도록 의무화되어 있다. 일반적으로는 가정에서 사용하는 220V 교류 전원에 연결했을 때 전기 기구가 소비하는 전력이 표시되어 있다. 같은 기능을 가진 전기 기구의 경우 소비 전력이 작은, 즉 전력 소비 등급이 높은 제품을 사는 것이 전력을 덜 소모하므로 전기료를 덜 낸다는 것을 명심하자.

3) 전기 요금

전기 요금은 발전소에서 보낸 전기 에너지를 가정이나 공장 등에서 얼마나 소비했느냐를 가지고 부과한다. 전기는 정액제가 아니라 소비한 만큼 요금을 지불하게 되어 있다. 전기 요금을 계산할 때는 전력량의 단위를 사용한다. **전력량**은 어느 시간 동안 소비한 전기 에너지의 총량을 표시하는 물리량이다.

$$전력량 = 전력 \times 시간$$

Quiz !?

전력량 단위 Wh를 에너지의 국제 단위인 J로 환산해 보라.

전력은 '전기 에너지/시간'의 차원을 가지므로 전력량의 차원은 전기 에너지와 같아진다. 흔히 사용하는 전력량의 단위는 1시간 동안 소비한 전기 에너지를 표시하는 Wh(와트시) 또는 kWh(킬로와트시=1000Wh)이다.

퀴즈를 맞게 푼 학생이라면 가정에서 전기를 1Wh 소비했다는 것은 3600J의 전기 에너지를 소비했다는 것을 의미한다는 사실을 알아차릴 수 있을 것이다.

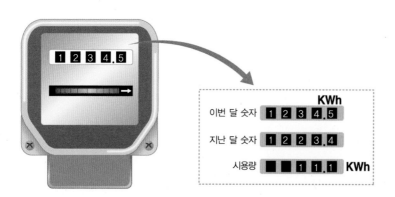

▲ 요금 징수원은 적산 전력계에 나타난 숫자를 적어 간다(계기의 숫자가 쌓여가기만 해서 '적산' 이라는 말을 쓴다).

▲ 전기 요금 명세서를 보면 이런 내용이 있는데 이번 달 숫자에서 전달 수를 빼 사용량을 알아낸다.

가정이나 공장에서 소비한 전기 에너지가 얼마인지는 전력량계(적산 전력계)를 보면 계산할 수 있다. 이번 달의 지시수에서 지난달의 지시수를 빼면 한 달간 사용한 전력량이 나온다.

사용한 전력량이 적정한지는 사용하는 전기 기구를 보면 어림짐작할 수 있다. 어떤 집에서 매일 6가지 가전제품만을 사용한다고 가정하자. 매일 60W 전구는 10시간, 40W TV는 8시간, 20W 믹서기는 1시간, 50W 냉장고는 24시간, 26W 선풍기는 5시간, 250W 다리미는 1시간을 사용한다면 하루 소비 전력량은 다음과 같이 계산된다.

$$\text{하루 소비 전력량} = 60W \times 10\text{시간} + 40W \times 8\text{시간} + 20W \times 1\text{시간}$$
$$+ 50W \times 24\text{시간} + 26W \times 5\text{시간} + 250W \times 1\text{시간}$$
$$= 2520Wh$$

이렇게 한 달을 사용했다고 하면, 하루 소비 전력량에 30일을 곱한 값인 75600Wh, 즉 약 76kWh를 사용하는 셈이 된다. 이 소비 전력량과 전력량계에서 얻은 소비 전력량을 비교하여 대충 맞아야 한다.

현재 우리나라에서는 전기 에너지 절약을 위해 누진 요금제를 채택하고 있다. 다시 말해 전기를 많이 소비할수록 더욱 비싼 요금을 내게 되니 사용하지 않는 방의 전등을 끄는 것처럼 항상 전기를 절약하는 자세를 익혀야 한다.

전류와 전압의 관계를 결정한다

전기 저항

1) 전기 저항은 왜 생길까?

모든 물질은 전류의 흐름을 방해하는 성질을 가지고 있다. 앞에서 전류는 금속 안에서 자유 전자가 이동하는 것이라는 사실을 배웠고, 금속 도선에 흐르는 전류에 대해 살펴보았다. 금속을 이루고 있는 원자핵은 무거워 거의 움직이지 않는다. 자유 전자들이 전원(예를 들어 전지)이 만든 금속의 내부 전기장에 의해 이동하다가 원자핵을 만나면 충돌을 하게 된다. 이 때 금속 안에 있는 원자의 수가 많기 때문에 자유 전자는 원자핵과 매초 무수한 충돌을 하게 된다. 이런 충돌로 인해 자유 전자가 가진 전기적 위치 에너지의 일부가 원자핵의 운동 에너지로 바뀌게 된다. 또 원자핵의 운동 에너지가 증가하여 원자핵의 운동이 더 활발해지면 금속의 온도가 올라가며 열에너지가 발생하게 된다.

물질이 전류를 방해하는 성질을 물리학에서는 **전기 저항**으로 표시한다. 전기 저항은 흔히 **저항**이라고 부른다. 앞에서 설명한 것처럼 저항은 물질이 전류의 전하 운반자인 자유 전자를 얼마나 많이 가지고 있는지, 원자핵이 얼마나 촘촘히 배열되어 있는지, 자유 전자가 원자핵과 얼마나 자주 충돌하는지, 자유 전자의 전기적 위치 에너지가 원자핵과의 충돌에 의해 얼마나 열에너지로 전환되는지에 따라 결정된다. 이와 같은 사항들 외에 격자결함, 불순물 등도 전기저항을 일으키는 원인이 된다. 물리학에서 전기 저항은 V의 전압을 가진 전원을 물체에 연결하여 전류 I가 흐를 때 다음과 같이 정의된다.

$$전기 \ 저항 \quad R = \frac{V}{I} \quad 1\Omega = 1V/A$$

전기 저항의 국제 단위는 정의로부터 쉽게 V/A가 되는 것을 알 수 있다. 그런

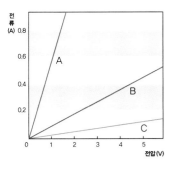

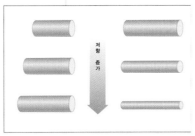

▲ 전류-전압 그래프에서 직선의 기울기가 저항의 역수가 된다. 따라서 왼쪽 그래프에서 A보다는 B의 저항값이 더 크고, B보다는 C의 저항값이 더 크다. 오른쪽 그림에서 저항은 도선이 가늘수록, 도선의 길이가 길수록 크다.

데 이 단위보다는 옴(Ω)을 사용한다. 물체의 전기 저항을 연구한 독일의 물리학자 옴을 기념해 사용하는 단위이다.

앞서 전기가 잘 통하는 물체를 도체, 잘 안 통하는 물체를 절연체라고 했다. '전기가 잘 통한다, 안 통한다' 하는 표현은 물리적으로 정확하지 않다. 이보다는 물체의 '전기 저항이 작다, 크다'라고 이야기하는 것이 정확하다. 예를 들어 도체인 구리 도선의 경우 도선의 길이가 10m가 넘어도 보통 저항이 1Ω이 넘지 않는다. 반면 나일론 줄의 경우 줄의 길이가 1mm로 짧더라도 저항이 100만Ω 이상이 되어 절연체로 분류한다. 같은 모양의 금속 도선의 경우에도 금과 은, 구리, 알루미늄, 텅스텐, 니켈, 납, 니크롬 순으로 전기 저항이 작다. 금과 은은 너무 비싸기 때문에 다음 순서인 구리가 도선의 주요 재료로 사용된다.

또한 전기 저항은 같은 물질로 만들어진 물체라도 물체의 모양에 따라 달라진다. 같은 구리 도선이라도 구리 도선의 길이가 짧으면 긴 도선보다 저항이 작아진다. 또 길이가 같더라도 단면적이 넓은 구리 도선은 단면적이 작은 구리 도선에 비해 전기 저항이 작다. 도선의 모양에 따라 전기 저항이 달라지는 것은 수도관의 비유를 통해 쉽게 이해할 수 있다. 수도관(즉 도선)의 길이가 길면 물(즉 전류)이 관을 잘 통과하기 어렵고 관의 단면적이 좁아도 물(즉 전류)이 관을 통과하기 어렵다는 것을 경험으로 알고 있을 것이다.

$$\text{도선의 전기 저항} \quad R \propto \frac{\text{길이}}{\text{단면적}}$$

2) 옴의 법칙

전기 저항을 가진 물체에 전류가 흐르면 전원으로부터 공급된 전기 에너지의 일부가 물체에 의해 열에너지로 바뀌어 소비된다. 이 때문에 전하가 전기 저항을 거치면 전기적 위치 에너지가 감소하여 전류 방향으로 전위(또는 전압)가 감소한다. 이 때 전기적 위치 에너지가 얼마나 사라질까? 1827년 독일의 물리학자 게오르크 옴(1787~1854)이 이 문제에 대한 답을 처음으로 알아냈다.

그는 전원에 도선을 연결하고 전원의 전압(전위차)을 바꿔가며 도선에 흐르는 전류를 측정하는 실험을 했다. 그 결과 도선에 흐르는 전류가 전원의 전압에 비례함을 발견하였다. 또 이번에는 전원의 전압을 일정하게 하고 도선의 길이를 줄여가며 전류를 측정하였다. 그러자 전류가 도선의 길이, 즉 도선의 저항에 반비례한다는 것을 알게 되었다. 옴은 이와 같은 실험 결과를 **옴의 법칙**으로 알려진 수학식으로 표현하였다.

$$V = IR$$

이 식에서 V는 도선에 걸어준 전압, I는 도선에 흐르는 전류이고, R은 도선의 전기 저항이 된다.

옴의 법칙은 앞서 설명한 전기 저항의 정의 $R = \dfrac{V}{I}$와는 다르다는 것을 기억하라. 앞에서 설명한 전기 저항의 정의는 모든 물체에 적용되지만 옴의 법칙은 물체에 흐르는 전류가 걸어 준 전압에 항상 비례하는, 즉 물체의 전기 저항이 전압이나 전류와 관계없이 항상 일정한 옴적 물체에 대해서만 성립한다. 금속도선이 대표적인 옴적 물체이다. 전자 소자 가운데 옴의 법칙을 따르도록 특수하게 제작된 전자 소자를 특별히 **저항체**라고 부른다.

옴적 물체 또는 저항체 $R = \dfrac{V}{I} =$ 일정

전지 연결에 따른 전류 계산해 보기

전기 저항이 1000Ω(보통 $1k\Omega$으로 적음)인 저항체를 1.5V인 건전지에 연결하면 저항체에 흐르는 전류는 얼마일까? 또 1.5V 건전지 3개를 직렬 연결하고 여기에 같은 저항체를 연결하면 전류는 어떻게 달라질까?

$I = \dfrac{V}{R}$이라는 공식만 알면 쉽게 답을 구할 수 있다. 우선 1.5V 건전지 한 개를 연결했을 때 저항체에 흐르는 전류는 다음과 같이 얻을 수 있다.

$$I = \frac{V}{R} = \frac{1.5V}{1000} = 1.5 \times 10^{-3}A = 1.5mA$$

이번에는 1.5V 건전지 3개를 직렬 연결할 때 저항체에 흐르는 전류를 구해보자. 이 경우 전체 전압이 4.5V가 되므로 전류는 다음과 같이 구할 수 있다.

$$I = \frac{V}{R} = \frac{4.5\text{V}}{1000} = 4.5 \times 10^{-3}\text{A} = 4.5\text{mA}$$

즉, 같은 전압의 건전지 3개를 직렬 연결하면 건전지 1개를 연결했을 때의 3배에 해당하는 전류가 저항체에 흐른다는 것을 알 수 있다.

비옴적 물체

전기 저항이란 전류의 흐름을 방해하는 정도로, 저항(R)이 클수록 전류의 세기는 $I = \frac{V}{R}$에 따라 작아지게 된다.

어떤 물체가 있다고 하자. 이 물체에 5V의 전압을 걸어 주었더니 100mA의 전류가 흘렀다면 이 물체에 10V의 전압을 걸어 주면 얼마의 전류가 흐르게 될까? 200mA라고 대답한 학생이라면 매우 명석하다고 할 수 있다. 그러나 애석하게도 어떤 물질인가에 따라 답은 200mA가 될 수도 있고 그렇지 않을 수도 있다. 우리가 다루는 물질들의 전기 저항은 전압에 따라 '그 때 그 때 달라요'인 경우가 대부분이다. 옴적 물체라면 200mA가 맞는 답이 될 것이며, 비옴적 물체의 경우 200mA와는 다른 값이 나올 것이다. 앞에서 다룬 구리 도선과 같은 옴적 물체의 전류-전압 그래프(A)를 보면 전기 저항이 일정하므로 직선이 된다. 그러나 비옴적 물체의 전류-전압 그래프(B)는 직선이 아닌 곡선이다. 저항 R=V/I이므로 그래프 B의 경우 전압에 따라 저항이 달라짐을 알 수 있다. 따라서 비옴적 물체에 5V를 걸었더니 100mA가 흘렀다고 해서 "이 물체의 전기 저항은 항상 50Ω"이라고 말하는 것은 잘못된 것이다.

발광 다이오드(LED)는 대표적인 비옴적 물체로서 그림 B와 같은 전류-전압 그래프를 보인다. 전압이 작게 걸릴 경우 저항이 매우 커서 전류가 잘 흐르지 못하여 빛을 내지 않지만, 어느 정도 이상의 전압이 걸리면 저항이 급격하게 감소하여 큰 전류가 흘러 밝은 빛을 낸다. 그리고 이후 전압을 증가시켜도 저항이 일정하여 빛의 세기에 큰 변화가 생기지 않는다.

3) 저항체의 전력 소비

앞에서 전압 V인 전원이 전기 기구나 전기 회로에 전류 I를 흘리려면 매초 VI의 전기 에너지를 공급해야 한다고 배운 것을 기억하는가? 그리고 매초 전원이 공급하는 전기 에너지를 **전력**이라고 했다.

이제 전기 저항이 R인 저항체를 전압 V인 전원에 연결해 전류 I가 흐른다고 하자. 전원이 공급하는 전력 VI를 받아 저항체는 무슨 일을 할까? 저항체는 공급받은 전기 에너지를 열에너지로 전환한다. 전원으로부터 전기적 위치 에너지를 얻은 자유 전자는 저항체를 빠져나가며 원자핵과 충돌하여 에너지를 잃고, 이 에너지를 얻어 운동이 활발해진 원자핵들이 서로 마찰을 일으켜 결국 전기 에너지가 모두 열에너지로 소비된다.

영국의 양조업자이며 아마추어 물리학자였던 제임스 줄(1818~1889)은 저항체가 매초 발생하는 열에너지가 바로 저항체에 공급된 전력과 같다는 사실을 발견하였다. 이를 식으로 나타내면 다음과 같다.

▲ 열이 에너지의 한 종류임을 밝혀낸 줄.

$$\text{저항체가 발생하는 초당 열에너지} = \text{공급 전력}$$
$$= VI = (IR) \times I = I^2R = V \times \frac{V}{R} = \frac{V^2}{R}$$

이 수식을 줄을 기념하여 **줄의 법칙** 이라고 부르고, 이 때 발생하는 열을 **줄 열**이라고 부른다.

4) 전기 기구와 저항

전기 기술자들은 편의상 모든 **전기 기구를 하나의 저항체로 취급**한다. 누구나 mp3 플레이어, 게임기, PC 등의 전기 스위치를 켠 후 시간이 흐른 뒤 기구를 만져보면 열이 나서 따뜻해진 것을 경험한 적이 있을 것이다. 이들 전기 기구들의 목적이 난방이 아닌 것이 분명한데도 열이 나는 것은 전기 기구가 전기 저항을 가지기 때문이다. 전기 기구를 뜯어 보면 저항체가 여러 개 들어가 있는 것을 볼 수 있다. 그러나 전기 기구의 전기 저항과 저항체의 전기 저항과는 다르다. 보통 전기 기구는 교류 전원을 사용하기 때문에 전기 기구의 전기 저항은 순수 저항체와 축전기, 코일 등의 다른 전자 소자들의 복잡한 상호 작용에 의해 결정된다. 어쨌든 전기 기구를 전원에 연결한다고 할 때 전기 기구의 전기 저항을 안다면 전기 기구에 흐르는 전류는 간단히 다음과 같이 표시할 수 있다.

$$\text{전기 기구에 흐르는 전류} = \frac{\text{전원의 전압}}{\text{전기 기구의 전기 저항}}$$

또한 저항체의 전력 소비인 줄의 법칙을 적용하면 다음과 같이 쓸 수 있다.

$$전기\ 기구의\ 소비\ 전력 = VI = I^2R = V^2R$$

여기서 V는 전원 전압, I는 전기 기구에 흐르는 전류, R은 전기 기구의 전기 저항이다.

전기 기구에는 국가에서 의무적으로 소비 전력과 전원 전압 등을 표시하도록 하고 있다. 예를 들어 헤어드라이어에 적혀 있거나 붙어 있는 **제품 규격표**를 보면 220V-1600W 등으로 표시가 되어 있다. 이 표시는 220V에 전원에 연결하라는 뜻과 연결했을 때 1600W의 전력이 소비된다는 뜻을 가지고 있다. 이런 제품 규격표로부터 간단한 계산을 통해 헤어드라이어에 흐르는 전류와 헤어드라이어의 전기 저항을 알아낼 수 있다. 즉, 줄의 법칙을 이용해 헤어드라이어에 흐르는 전류 I = 1600W/220V = 7.3A, 전기 저항은 R = 1600W/(7.3A)^2 = 30.0Ω이 되는 것을 알 수 있다.

여기서 헤어드라이어 전기 저항의 고유한 값은 30.0 Ω으로, 상황이 달라져도(이를테면 전압을 달리 걸어도) 바뀌지 않는 값이다. 그러나 전류 I의 값 7.3A는 전압이 달라지면 달라지는 값이다.

알쏭달쏭 저항

– 최대 허용 전류 측정해 보기

200W짜리 전구와 100W짜리 전구 중 어느 것이 더 밝을까? 물론 200W이다. 그럼 200W짜리 전구와 100W짜리 전구 중 어느 것의 저항이 더 클까? 많은 친구들이 저항이 커야 에너지를 많이 소모한다고 생각하여 200W의 저항이 더 크다고 대답한다. 그러나 정답은 '100W의 저항이 더 크다' 이다.

전력은 (전압)×(전류)인데, 같은 전압을 걸었을 때 저항이 작을수록 전류가 세게 흐르므로 저항이 작아야 전력이 높다. 저항이 크면 에너지 낭비가 되어 일을 잘 못 한다고 생각하면 이해하기 쉬울 것이다.

예를 들어 전기 프라이팬에는 온도를 올리는 장치가 있다. 이 장치 속에는 가변 저항기가 달려 있어서 프라이팬에 흐르는 전류의 세기를 조절하는 것이다. 그렇다면 온도를 높이려고 조종기를 돌리는 것은 저항을 높이는 것일까, 낮추는 것일까? 이제 저항을 낮추는 것임을 확실히 알겠는가?

◀ 220V–60W 전구와 그 저항의 크기 측정

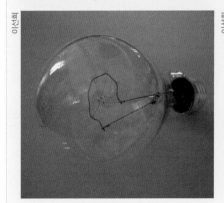

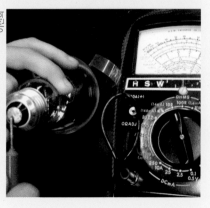

◀ 220V–200W 전구와 그 저항의 크기 측정

전기 기기 규격 읽기

전구의 표면을 보면 220V-60W와 같이 표시가 되어 있다. 이 표시는 전구를 전류 220V에 연결해야 하고, 그럴 경우 소비 전력이 60W라는 것을 뜻한다. 따라서 이 전구에 흐르는 전류는 '전력=전압×전류'로부터 $I = \dfrac{60W}{220V} = 0.27A$가 되고, 전구 전압과 전류로부터 전구 속 필라멘트의 저항이 $R = \dfrac{V}{I} = \dfrac{220V}{0.27A} = 814\Omega$이 되는 것을 알 수 있다.

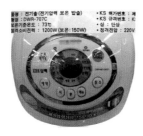

전기 밥솥에 붙어 있는 제품 규격표에는 220V-1200W라는 표시가 있다. 이 표시는 이 전기 밥솥을 220V에 연결해야 하고, 이 때 1200W의 전력이 소비된다는 것을 뜻한다. 또 '전력 = 전압 × 전류'로부터 전기 밥솥에 흐르는 전류 $I = \dfrac{1200W}{220V} = 5.45A$가 되고 저항을 구해 보면 $R = \dfrac{V}{I} = \dfrac{220V}{5.45A} = 40\Omega$이 되는 것을 알 수 있다.

헤어드라이어의 제품 규격표를 보면 220V-1000W로 표시가 되어 있다. 이 표시는 220V에 연결했을 때 1000W의 전력이 소비된다는 것을 뜻한다. 따라서 헤어드라이어에 흐르는 전류는 $I = \dfrac{1000W}{220V} = 4.55A$가 된다. 또 헤어드라이어의 저항은 $R = \dfrac{V}{I} = \dfrac{220V}{4.55A} = 48\Omega$이 되는 것을 알 수 있다.

가습기의 제품 규격표를 보면 살균 가습의 경우 220V-125W로 표시되어 있다. 이 표시는 220V에 연결했을 때 125W의 전력을 소비하고 $I = \dfrac{125W}{220V} = 0.57A$의 전류가 흐른다는 것을 뜻한다. 220V×0.57A=125W 임을 다시 확인할 수 있다.

그리고 살균 가습할 때 가습기의 저항이 $R = \dfrac{V}{I} = \dfrac{220V}{0.57A} = 386\Omega$이 되는 것을 알 수 있다.

전류가 흐르는 길

전기 회로

1) 전기 회로란?

전기 회로는 전자 부품(전자 소자)들을 직렬 또는 병렬 또는 직렬과 병렬을 혼합해 연결해서 만든다. 직렬 연결이란 전류가 흐르는 길이 하나일 때를 말한다. 따라서 **직렬 연결**일 때는 전자 부품들이 길게 한 줄로 늘어서 있다. **병렬 연결**은 전류가 흐르는 길이 여러 개일 때를 말한다. 따라서 병렬 연결일 때는 전자 부품들이 평행하게 놓이게 된다. 직렬과 병렬을 혼합한 연결은 일부는 직렬로 일부는 병렬로 전자 부품들을 연결한 것을 말한다.

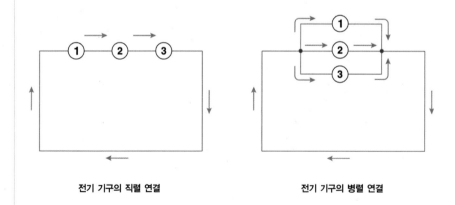

전기 기구의 **직렬 연결**   전기 기구의 **병렬 연결**

전기 회로를 표시할 때 전자 부품을 일일이 그 모양대로 그리는 것은 시간도 많이 걸리고 불편하기 때문에 그림 대신 전자 부품을 기호로 표시한다. 예를 들어 직류 전원(즉 전지)은 ⊣⊢로, 교류 전원은 ─⊙─ 로 표시한다. 전지의 양극,

음극 모양과 교류는 전류 방향이 주기적으로 변한다는 것을 생각해보면 왜 이런 기호를 사용하는지 이해가 될 것이다. 또 저항체는 —◊◊◊◊— 로 표시하는데 지그재그로 된 길은 빨리 걷기 어렵듯이 저항체가 전류 흐름을 방해한다는 의미를 보여주는 좋은 기호이다. 아래에 각 전자 부품들의 기호가 표시되어 있다.

여러 가지 전자 부품들의 기호

부품	실제 모습	기호	부품(개념)	기호	부품(개념)	기호
전지			직류		코일	
스위치			교류			
직류 전류계			교류 전원		축전기	
전구			접합점		변압기	
전기 저항			교차점		가변 저항	
직류 전압계			안테나			
			접지			
			스위치			

전기 회로에 전류가 흐르려면 전원을 포함한 전기 회로가 닫혀 있어야 한다. 따라서 직류 전기 회로의 경우 회로가 끊겨 있으면 전류가 흐를 수 없다. 전기 회로에 흐르는 전류가 수도관에 흐르는 물과 유사한 성질을 가졌다는 것을 잊지 않았다면, 왜 전기 회로가 닫혀 있어야 하는지 이해할 수 있을 것이다. 수도관이 도중에 끊겨 있다면 끊긴 부분에서 물이 새기 때문에 물이 수도관 끝까지 다다를 수 없다. 이처럼 전기 회로가 도중에 끊겨 있다면 전류 역시 흐를 수 없다. (교류 전원이 연결된 전기 회로에서는 이것이 사실이 아니라고 이야기했는데 기억하는가?)

2) 키르히호프의 법칙

전기 회로에서 가 전자 부품에 걸리는 전압과 부품에 흐르는 전류를 아는 것은 중요하다. 전기 기구가 고장 났을 때 전기 기술자는 멀티미터(전압계, 전류계, 저항계)를 가지고 고장 난 곳이나 고장 난 부품을 쉽게 찾아낸다. 전기 기술자는 경험으로 전자 부품이 정상 작동할 때의 전압과 전류를 기억하고 있어 의심

▲ 전기 회로에 있는 각 전자 부품의 전압과 전류를 구하는 원리를 발견한 프러시아의 물리학자 키르히호프(1824~1887).

되는 부분의 전자 부품의 전압과 전류를 측정하여 정상적인 값이 나오는지 확인하여 고장난 부분을 찾아낸다.

전기 회로의 종류가 셀 수 없이 다양한데 어떻게 모든 전기 회로에 들어 있는 전자 부품들의 전압과 전류를 실험으로 측정해 보지 않고도 알아낼 수 있을까? 그 이유는 키르히호프의 법칙이라고 부르는 전기 회로와 관련된 중요하면서도 간단한 원리가 존재하기 때문이다.

1800년대 말 프러시아(과거의 독일)의 물리학자 키르히호프가 전기 회로에 있는 각 전자 부품의 전압과 전류를 구하는 원리를 발견했고 우리는 이 원리를 **키르히호프의 법칙**이라고 부른다. 키르히호프의 법칙은 다시 두 가지의 간단한 규칙으로 구성되어 있는데 이 규칙들은 전류와 물의 비유를 이용하면 쉽게 이해할 수 있다.

접합점 규칙

전기 회로와 수도관을 비교한 아래의 그림을 보자. 전기 회로의 전지는 수도관 그림에서 펌프에 해당한다. 펌프는 물의 압력을 높여 수도관을 따라 순환할 수 있도록 해준다. 전지 역시 전하에 전기 에너지를 공급하여 전하가 전기 회로를 따라 이동할 수 있도록 한다. 즉 전기 회로에 전류가 흐르게 해 준다. 수도관 그림의 오른쪽에 수도관이 둘로 나누어지는 부분이 나온다. 위에서 온 물이 관이 갈라지는 점에서 둘로 나뉘어 각 관을 따라 흐른다. 수도관이 둘로 갈라지는 것에 해당하는 것이 전기 회로에서 두 저항체의 병렬 연결로 표시되어 있다. 이 경우 수도관에서처럼 흐르던 전류가 두 저항체를 만나 둘로 나누어져 각 저항체에 흐른다.

이처럼 물이나 전류가 나누어지는 또는 갈라지는 점을 **접합점**이라고 부른다. 위의 예에서 보면 접합점으로 들어오는 전류(물)의 합과 접합점으로부터 나가는 전류(물)의 합은 같아야 한다. 왜 그럴까? 그렇지 않을 경우 어떤 일이 생길지 생각해 보면 알 수 있다. 만약 들어오는 물의 양이 나가

▼ 접합점 A로 들어온 물 I는 I_1과 I_2로 나뉘어 나가므로 $I=I_1+I_2$가 되어야 물의 순환이 지속적으로 이루어진다. 전기 회로 역시 마찬가지여서 '들어온 전하 흐름 $I=$빠져나간 전하 흐름(I_1+I_2)'이라는 접합점 규칙, 즉 전하량 보존 법칙이 성립한다.

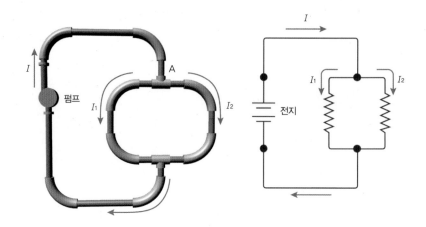

는 물의 양보다 많다면 접합점에 물이 계속 쌓여 결국 접합점에 있는 연결 부품이 부풀다 못해 터질 것이다. 또 반대로 들어오는 물의 양이 나가는 물의 양보다 작다면 접합점에서 물이 부족하게 되어 물이 계속해서 흐를 수 없게 된다. 따라서 항상 접합점으로 들어온 물의 양만큼 접합점을 빠져나가야 물이 연속적으로 흐르게 되며 전류 역시 같은 성질을 가진다. 이것을 전기 회로에서의 접합점 규칙이라고 한다.

$$\text{접합점 규칙} \quad I = I_1 + I_2$$

접합점 규칙은 전하의 보존을 달리 표현한 것이다. 다시 말해 접합점으로 들어온 전하가 사라지지 않고 빠져나가기 때문에 항상 전하의 양은 보존된다. 즉 전기 회로 안의 전하의 양이 일정하다.

위 그림에서 아래에도 또 다른 접합점이 존재한다. 즉 둘로 갈라졌던 수도관이 다시 만나는 점도 역시 접합점이 된다. 이 접합점에서도 접합점 규칙이 성립한다. 위에 있는 접합점으로 들어오는 물이 아래 접합점에서는 나가는 물이 되고, 위에 있는 접합점으로부터 나가는 물은 아래 접합점에서는 들어오는 물이 된다. 따라서 아래 접합점에서도 나가고 들어오는 물의 양이 같기 때문에 접합점 규칙이 성립한다.

고리 규칙

고리는 닫힌 경로를 뜻한다. 아래 그림을 보면 수도관이나 전기 회로나 한 개의 고리를 가지고 있다. 물 펌프를 사용해 물의 압력을 높여 위쪽 수도관으로 보내면 수도관의 마찰력에 의해 수도관을 따라 압력이 점점 낮아진다. 펌프로 돌아온 낮은 압력의 물을 펌프는 다시 압력을 높여 순환시키는 과정이 되풀이 된다. 이 때 펌프가 물에 가하는 압력은 펌프 바로 아래의 물과 펌프를 막 떠나는 물의 압력 차이가

▼ 물을 A에서 B로 끌어올리면서 높여준 압력은 파이프를 돌며 마찰로 다시 낮아진다. 전기 회로 역시 마찬가지로 A에서 B로 끌어올려준 전압 V는 저항 R을 지나면서 IR만큼 떨어진다.

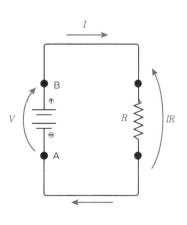

될 것이다.

이제 물의 압력을 전하의 전기적 위치 에너지 또는 회로의 전위라고 생각해 보자. 전하에 전기 에너지를 공급해 전기적 위치 에너지 또는 전위(또는 전압)를 높이는 역할을 하는 것이 전원, 즉 전지이다. 그런데 전하의 전기적 위치 에너지는 '전하의 크기×전위'이므로, 전위는 전기적 위치 에너지에 비례한다. 전하는 전지에 의해 에너지를 얻어 전기 회로를 따라 이동한다. 수도관에서처럼 전하가 전기 회로를 따라 이동하며 전기 저항에 의해 전기 에너지를 잃거나 전위가 낮아진다. 전기 회로에서 직선으로 표시하는 도선은 전기 저항을 가지지 않기 때문에 전위가 변하지 않는다.

201쪽 그림의 전자 회로에서 전지에서 나온 전하는 저항체를 지나면서 전위가 낮아진다. 그리고 낮아진 전위의 전하가 전지를 지나면서 다시 전위가 높아져 회로를 이동하는 과정이 반복된다. 수도관에서처럼 전지의 전압은 전지 바로 아래의 전하와 전지 바로 위의 전하가 가진 전위의 차이가 될 것이다.

고리 규칙이란 전기 회로의 고리를 따라 한 바퀴 돌아 다시 원래 출발점으로 돌아왔을 때 전하의 전위가 변하지 않는다는 것이다. 이를 달리 표현하면 출발점을 떠나 다시 출발점으로 돌아올 때까지 전하의 전위 증가량과 전위 감소량을 비교하면 같다는 것이 고리 규칙이다. 전위의 증가를 양(+), 감소를 음(-)으로 계산하면 고리를 한 바퀴 돌았을 때 전위 변화의 합이 0이 된다는 것을 의미한다. 그림의 전지에 저항체 하나를 직렬로 연결한 전기 회로의 경우 전지 바로 아래에서 출발해 전지를 지날 때 전하의 전위가 V만큼 증가하고 전류 방향의 저항체를 지나면서 전위가 IR(옴의 법칙을 기억하라)만큼 감소한다. 따라서 이 회로에 고리 규칙을 적용하면 다음과 같다.

고리 규칙: $+V-IR=0$

놀랍게도 이 식은 생각지도 않았던 저항체 또는 회로에 흐르는 전류의 크기가 $I=\dfrac{V}{R}$임을 알려준다. 고리 규칙은 전기 회로의 고리에서 전하가 고리를 한 바퀴 이동할 때 이 전하의 전기적 위치 에너지가 변하지 않음, 즉 보존됨을 말한다. 따라서 고리 규칙은 달리 이야기하면 전하의 에너지 보존 법칙이라고 할 수 있다.

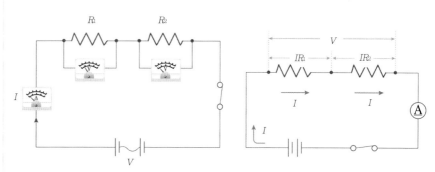

▶ 저항의 직렬 연결

3) 저항의 연결

키르히호프 법칙을 적용하면 쉽게 직렬 연결한 저항과 병렬 연결한 저항의 전체 저항을 구할 수 있다. 전기 저항이 각각 R_1, R_2인 두 개의 저항체를 전압 V의 전지와 직렬로 연결한 회로를 생각해 보자. 이 회로에서 접합점은 없고 전체 전기 회로가 고리가 된다. 전류가 흐르는 길이 하나이므로 두 저항체에 흐르는 전류 I가 동일하다.

위 전기 회로에 키르히호프 법칙의 고리 규칙을 적용하면 다음과 같은 규칙을 얻을 수 있다.

$$\text{고리 규칙:} \quad +V - IR_1 - IR_2 = 0$$

정리하면 직렬 연결된 두 저항체에 대한 옴의 법칙은 $V = I(R_1 + R_2)$가 된다. 이 식을 보면 전기 저항이 $R = R_1 + R_2$인 한 개의 저항을 전지에 연결한 것과 같다. 우리는 이 한 개의 저항체의 저항을 직렬 연결된 두 저항체의 전체(등가) 저항이라고 부른다.

$$\text{직렬 연결된 두 저항체의 전체 저항 } R = R_1 + R_2$$

따라서 저항을 직렬로 연결했을 때의 전체 저항은 각 저항체의 전기 저항보다 항상 크다.

이처럼 키르히호프 법칙을 알고 있으면 직렬 연결된 저항체의 전체 저항을 쉽게 유도할 수 있으니 위 식을 하나의 공식으로 무조건 암기할 필요가 없다. 이해를 하면 노력하지 않아도 저절로 암기가 된다.

두 개의 동일한 전구(저항체의 구실을 함)를 직렬 연결하면, 두 전구의 밝기가 같다. 이는 첫 번째 전구나 두 번째 전구나 모두 똑같은 전류가 흐른다는 것을 의미한다. 그리고 전구 한 개만을 연결했을 때와 밝기를 비교해 보면, 밝기가 어두워진다. 전구를 두 개 직렬 연결하면, 한 개만 연결했을 때의 절반인 전류가 각 전구에 흘러 전구의 불빛이 어둡다.

이번에는 전기 저항이 각각 R_1, R_2인 두 개의 저항체를 전압 V의 전지와 병렬로 연결한 회로를 생각해 보자. 이 회로에는 접합점이 두 개 있고 고리는 3개가 있다. 각자 찾아보라. 전류가 흐르는 길이 둘이므로 두 저항체에 전류가 갈라져 다른 크기의 전류가 흐르게 된다.

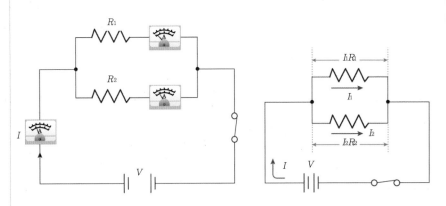

◀ 저항의 병렬 연결

전기 회로에서 작은 점(•)으로 표시된 두 접합점 가운데 왼쪽 접합점에 키르히호프 법칙의 접합점 규칙을 적용해 보자. 전류는 전기 양극에서 음극으로 흐르므로 전류는 시계 방향으로 흐를 것이다.

접합점 규칙:　　$I = I_1 + I_2$

식의 왼쪽은 접합점으로 들어온 전류이고 식의 오른쪽은 접합점에서 나간 전류이다. 오른쪽 접합점에 접합점 규칙을 적용해도 동일한 식을 얻을 수 있으니 한번 스스로 해 보라.

이번에는 회로 오른쪽 아래 지점에서 전지를 지나 전기 저항 R_1을 가진 저항체를 지나 다시 돌아오는 고리에 대해 고리 법칙을 적용해 보자.

$$\text{고리 규칙 1:} \quad V - I_1 R_1 = 0$$

이번에는 회로 오른쪽 아래 지점에서 전지를 지나 전기 저항 R_2을 가진 저항체를 지나 다시 돌아오는 고리에 대해 고리 법칙을 적용해 보자.

$$\text{고리 규칙 2:} \quad V - I_2 R_2 = 0$$

고리 규칙으로부터 병렬 연결한 두 저항체에 같은 전압이 걸리는 것을 알 수 있다. 고리 규칙 1에서 $I_1 = \dfrac{V}{R_1}$을 얻고, 고리 규칙 2로부터 $I_2 = \dfrac{V}{R_2}$을 얻는다. 접합점 규칙에 대입하면 다음의 식이 성립한다.

$$I = \frac{V}{R_1} + \frac{V}{R_2}$$

이제 두 저항체를 병렬 연결한 것을 하나의 저항체(전기 저항 R)로 생각하고 고리 규칙을 적용하면 $I = \dfrac{V}{R}$ 가 되므로

$$\frac{1}{R} = \frac{1}{R_1} + \frac{1}{R_2}$$

따라서 병렬 연결했을 때의 전체 저항은 각 저항체의 전기 저항보다 항상 작아진다.

병렬로 연결된 두 저항체의 전체 저항은 $\dfrac{1}{R} = \dfrac{1}{R_1} + \dfrac{1}{R_2}$ 또는 $R = \dfrac{R_1 R_2}{R_1 + R_2}$ 의 식을 통해 계산할 수 있다.

동일한 전구 2개를 병렬 연결할 경우 같은 크기의 전류가 흐르기 때문에 전구의 밝기가 같다, 또 전구 한 개를 전지에 연결했을 때와도 밝기가 같은데, 이는 같은 전압이 전구에 걸리기 때문이다. 전지에 동일한 전구 2개를 병렬 연결하면 전구 한 개를 연결했을 때보다 2배의 전류가 흘러 전지가 빨리 소모된다.

전하의 방향을 바꿔라!

자기 에너지

자동차의 엔진을 점화시키기 위해서는 수천 V의 전압이 필요하다. 그런데 자동차의 배터리 전압은 12V이다. 어떻게 12V 직류 전원을 사용해 수천 V의 전압을 얻을 수 있을까? 자동차에서는 점화 코일이라고 부르는 **인덕터**를 사용해 이 문제를 해결한다. 배터리로부터 인덕터에 **자기 에너지**가 저장되고 필요할 때 인덕터의 자기 에너지를 갑자기 방출시켜 높은 전압이 발생하게 한다.

인덕터는 점화 코일 이외에 단순한 도선의 원형 고리, 원형 고리를 여러 개 겹쳐 놓은 것(즉 코일 형태)과 같은 솔레노이드, 전자 부품으로 사용되는 다양한 코일 모양의 인덕터 등 종류가 다양하다.

인덕터에 전류를 흘리는 것은 흡사 축전기에 전지를 연결해 축전기 극판에 전하가 쌓이게 하여 전기 에너지를 저장하는 것과 유사하다. 또 전지가 소비한 전기 에너지가 축전기의 전기 에너지로 저장될 때 축전기 내부의 전기장이 생기기 때문에 축전기에 저장된 전기 에너지를 전기장 에너지라고 부른다는 것을 기억할 것이다. 인덕터 역시 전류가 흐르면 인덕터 내부의 자기장이 만들어지기 때문에 전지가 전기 에너지를 소비하여 인덕터에 저장한 자기 에너지를 **자기장 에너지**라고 불러도 무방하다. 다시 말해 인덕터에 저장된 자기 에너지를 자기장 에너지라고도 부른다.

자기 에너지로는 전하를 가속시킬 수 없다

전기 에너지를 전하에 가하면 전하가 가속 운동을 하여 속도를 증가시킬 수 있다. TV 브라운관에 사용하는 전자총은 이런 원리를 이용한 것이다. 필라멘트에 열을 가해 필라멘트에서 전자가 튀어나오게 한 후 일정한 전압이 걸린 축전기 형태의 극판을 지나게 한다. 전자는 극판을 통과하면서 전기 에너지를 얻게 되고 이 에너지가 전자의 운동 에너지로 전환되어 극판에 들어갈 때보다 극판에서 나올 때의 전자의 속도가 더 크다.

그렇다면 자기 에너지도 에너지니까 전기 에너지처럼 전하를 가속시킬 수 있지 않을까? 이 질문에 대한 답은 '가속시킬 수 없다' 다. 에너지라고 해서 모두 동일한 역할을 하지 않는다. 전기 에너지를 전기장 에너지라고도 부른다고 했다. 이해를 돕기 위해 전기 에너지는 전기장을 통해 전달된다고 생각하자. 전기장은 전하에 전기력을 가하고 힘의 방향은 전기장의 방향과 평행하다. 따라서 전하가 처음에 어떤 방향으로 움직이는지에 관계없이 전하가 전기력 방향으로 휘게 된다. 공을 지면에 평행하게 던지더라도 중력에 의해 공이 아래로 휘는 것처럼 말이다. 따라서 전기력이 전하에 일을 해 주어 전하의 운동 에너지가 증가하면서 전하의 속도가 커진다.

자기 에너지 역시 자기장 에너지라고도 부른다. 자기 에너지는 전하에 자기장을 작용하고 자기장은 전하에 자기력을 가한다. 그런데 자기력은 전하가 자기장과 수직한 방향으로 움직일 때만 작용한다. 이 때 전하에 작용하는 자기력의 방향은 자신이 운동하던 방향도 아니고 자기장 방향도 아닌 두 방향과 모두 수직한 제 3의 방향이다.

속 보이는 과학 1권 '힘과 운동 뛰어넘기' 에서 항상 물체의 운동 방향과 수직한 힘, 즉 구심력을 가하면 물체가 원운동을 한다고 배웠던 것을 기억하는가? 자기력 역시 구심력의 특징을 고스란히 가지고 있으므로 전하는 자기력 때문에 원운동을 하게 된다. 속도의 방향은 계속 바뀌지만 크기는 전혀 달라지지 않는 것이다. 따라서 전하의 운동 에너지는 자기력, 더 나아가서 자기 에너지에 의해 변하지 않는다. 다른 말로 하면 자기 에너지는 불행하게도 운동 에너지로 전환되지 않는다. 그럼 자기는 전기에 비해 쓸모가 없을까? 그렇지는 않다. 자기는 전하의 방향을 바꾸는 데 매우 효과적이다. 따라서 각 에너지의 특성에 맞추어 전기는 전하의 가속에, 자기는 전하의 방향 변화에 사용하는 것이 현명한 선택이다.

연료 전지와 전기 자동차

대부분의 전기 에너지는 현재 발전기를 돌려 얻고 있다. 발전기를 돌리기 위해서는 수력, 화력, 원자력 등을 사용한다. 자동차의 경우 엔진으로부터 동력을 얻어 소형 발전기를 돌린다. 그런데 화력 발전의 경우 석유나 석탄의 매장량이 한정적이고 환경에 나쁜 영향을 미치는 문제점을 안고 있다. 또 우리나라 전기 에너지 생산의 30% 이상을 차지하는 원자력 발전의 경우 안전과 방사능 폐기물 처리에 문제가 있다. 이런 문제를 해결하고 전기 에너지를 얻을 수 있는 방법이 1960년대에 등장했다. 수소를 이용하여 전기 에너지를 얻는 연료 전지이다. 최근에는 연료 전지를 사용해 움직이는 전기 자동차의 개발도 매우 활발하다. 미국에서는 이미 전기 자동차가 나왔고 머지않아 우리나라에서도 연료 전지를 이용한 전기 자동차를 타고 다니게 될 것이다. 그럼 연료 전지란 무엇인지 알아보도록 하자.

연료 전지 역시 일반 전지처럼 화학 에너지를 전기 화학적 반응을 거쳐서 직접 전기 에너지로 전환시켜 준다. 현재 사용 중인 수소를 이용한 연료 전지는 다른 전지에 비해 에너지를 전환하는 효율이 매우 높다. 또한 일반 전지의 경우 시간이 지나면 전도성 매질이 화학 반응에 의해 점차 소멸되지만 연료 전지에서는 그런 일이 일어나지 않아 반영구적인 장점을 가진다.

잠깐 이것만은 알아 두자!

6장을 읽고 나니 전자기 에너지와 전기 회로의 속사정을 알 것 같나요? 이 장에서 배운 주요 내용을 정리해 놓았으니 꼭 기억하고 넘어갑시다! 내용이 생각나지 않으면 그 부분을 찾아 다시 읽고 생각하세요.

- 전기 에너지는 전기 기구에 전위차(전압)와 전류를 제공하여 전기 기구가 제 기능을 할 수 있도록 하는 능력을 말한다. 전기 기구는 전기 에너지를 일 또는 다른 에너지로 바꾸는 역할을 한다. 또 축전기나 축전지를 사용하면 전기 에너지를 저장할 수도 있다.

- 전원(발전 또는 전지)이 매초 공급하는 전기 에너지 또는 전기 기구가 매초 소비하는 전기 에너지를 전력이라고 부르며 전원 전압 또는 전기 기구의 전압×전류, 즉 VI의 크기를 가지며 단위는 W(와트)이다.

현재 가장 많이 연구되고 상업용으로 개발된 수소를 연료로 사용하는 연료 전지의 작동 원리에 대해 알아보자. 연료 전지는 3 부분으로 구성되어 있다. 첫째 양극의 구실을 하는 연료실, 둘째 음극에 붙어 있는 촉매막인 양성자(수소의 원자핵) 교환막, 셋째 음극의 일부인 공기실과 배기관이 있다.

연료실로 들어온 수소 원자들이 양성자 교환막에 도달하면 수소 원자로부터 전자가 떨어져 나오고 양성자만 교환막을 통과한다. 양극은 떨어져 나온 전자를 모아 전류가 흐르게 하면 연료 전지의 전압은 대략 0.7V가 된다. 이 전지를 여러개 직렬로 연결하여 더 높은 전압을 얻는다. 공기실에서는 양성자가 산소와 결합하여 순수한 물을 만든다. 수소 연료 전지의 가장 큰 문제는 싼 값으로 연료인 수소를 얻는 것이다. 수소야 물속에 무궁무진한데 무슨 문제일까 하지만 물, 즉 H_2O 분자 안의 수소와 산소의 결합이 너무 강해 잘 떨어지지 않는다는 데 어려움이 있다. 또한 수소는 공기와 결합해 폭발하는 위험성이 있는 것도 문제이다. 이런 문제를 잘 극복할 수 있다면 순수한 물만을 내놓아 공기 오염을 전혀 일으키지 않는 친환경적인 전기 자동차를 타고 다닐 날이 그리 멀지 않았다.

▶ 연료 전지를 이용한 전기 자동차

- 물체의 전기 저항은 물체에 걸리는 전압을 물체에 흐르는 전류로 나눈 것과 같다. 옴적 물체의 경우 전기 저항이 전압이나 전류에 관계없이 일정하고 옴의 법칙을 따른다. 특히 옴의 법칙을 만족하는 전자 부품을 저항체라고 부른다. 많은 전자 부품들은 옴의 법칙을 따르지 않는다.

- 전기 회로는 전자 부품(전자 소자)들을 직렬 또는 병렬 또는 직렬과 병렬을 혼합해 연결해서 만든다. 전기 회로의 전압과 전류는 키르히호프의 법칙, 즉 고리 규칙과 접합점 규칙을 사용해 구할 수 있다.

- 전기 저항이 R_1과 R_2인 두 저항체를 직렬 연결하면 전체(등가) 저항 $R = R_1 + R_2$이 된다. 또 병렬 연결하면 전체 저항 $R = (R_1 R_2)/(R_1 + R_2)$이 된다. 이 식은 키르히호프의 법칙을 사용해 쉽게 구해진다.

- 전류 고리 또는 인덕터에 전류를 흘리면 자기 에너지가 얻어진다. 자기 에너지는 전기 에너지와 달리 전하를 가속시킬 수 없다.

- 전기에 의한 과열, 누전 등에 주의해야 한다. 전기 기구의 제품 규격표를 보는 훈련을 해야 한다. 다양한 종류와 크기의 전지가 존재하는데, 용도에 맞게 골라 써야 한다.

NASA

책 임 집 필
김영태(아주대학교), 김수봉(서울대학교)

도 움 주 신 분 들
손정우(국립 경상대학교), 이선희(서울 장승중학교)

책을 다 읽고 나서…

지금까지 전기와 자기에 대해 알아보았습니다. 꼼꼼하게 읽었겠지만 잊어버린 부분도 있을 것입니다. 다음 질문에 대한 답을 생각하면서 읽었던 내용을 다시 한 번 정리하고, 그 내용들을 바탕으로 새로운 의문점들을 해결해 나가는 능력도 키우길 바랍니다.

❶ 전기 현상에는 어떤 것들이 있는가? 이런 전기 현상을 일으키는 원인은 무엇인가?

❷ 자기 현상에는 어떤 것들이 있는가? 이런 자기 현상을 일으키는 원인은 무엇인가?

❸ 전하란 구체적으로 어떤 것인가? 모든 전하가 전기와 자기 현상에서 동일한 중요성을 가지는가?

❹ 전류란 구체적으로 어떤 것인가? 일상생활에서 전류가 중요한 이유는 무엇인가?

❺ 전하 사이에 작용하는 힘과 전류 도선 사이에 작용하는 힘의 특징을 설명하라.

❻ 어떨 때 전기와 자기가 분리되지 않고 같이 붙어 다니는가? 전기와 자기가 붙어 다니는 현상을 무엇이라고 부르는가?

❼ 자석과 전류 고리는 어떤 관계가 있는가?

(혼자 힘으로 잘 생각해 본 후에 214쪽에 있는 예시 답안과 비교해 봅시다.)

찾아보기

생각해 보았나요?

211쪽의 문제들에 대해 충분히 생각해 보았나요? 아래의 예시문들은 각 질문에 대한 답에 꼭 포함되어야 할 최소한의 내용입니다. 이 내용을 생각하지 못했다면 해당 부분을 다시 읽으면서 내용을 잘 정리해 보아야 합니다. 그리고 이를 바탕으로 하여 더 세밀하고 구체적인 답을 제시할 수 있도록 노력해 보세요.

❶ 전기 현상으로는 번개, 정전기, 전자 기기 작동 등을 들 수 있다. 이런 전기 현상은 전하 때문에 일어난다.

❷ 자기 현상으로는 자석이나 전자석이 철을 끌어당기는 것, 전하의 운동 경로가 굽어지는 현상 등을 들 수 있다. 자기 현상의 원인은 자석 또는 전류(가 흐르는 도선)다.

❸ 보통 전하라고 할 때는 전하를 띤 입자를 말하며, 양성자·전자 등이 있다. 전기와 자기 현상에서 가장 중요한 전하의 실체는 물체 사이에서, 또는 물체 내에서 이동이 가능한 전자다.

❹ 전류란 전하(즉 전자)의 흐름을 말한다. 전류가 중요한 이유는 전류가 흘러야 전기 기구가 일을 하기 때문이다. 전류를 흘리려면 전지와 같은 전원이 필요하다.

❺ 전하 사이에 작용하는 힘을 전기력이라고 부르며, 전기력의 법칙은 뉴턴의 중력 법칙과 비슷하다. 전류 도선 사이에는 자기력이 작용하는데, 힘의 크기와 방향을 잘 기억해야 한다.

❻ 전기 또는 자기가 시간에 따라 변하면 자기 또는 전기가 유도되어 둘이 분리되지 않는데, 이런 현상을 전자기 유도라고 부른다. 이 현상이 없었다면 빛도 전파도 없는 끔찍한 세상이 만들어졌을 것이다.

❼ 겉보기에는 전혀 다르지만 자석과 전류 고리는 같은 것이다. 자석은 원자 전류가 흐르는 매우 작은 전류 고리의 집합이다. 따라서 자석의 자기장은 전류 고리의 자기장과 동일한 것이다.